The Master Key System

完整体系包括：

1.《世界上最神奇的24堂课》（Ⅰ）
2.《世界上最神奇的24堂课》（Ⅱ）
3.《世界上最神奇的心理课》

《世界上最神奇的24堂课》（Ⅰ和Ⅱ）和《世界上最神奇的心理课》构成了史上**最有价值的潜能培训体系**，这一体系的正确运用，将使人达到常人难以企及的**幸福**、**成功**，并收获到巨大的**财富**。

那些对自己的力量依然一无所知的人，很少得到奖赏——他们很快就会发现，自己是奴隶而非主人，是追随者而非领路人，是劳力者而非思考者，因为他们对内在的自我一无所知，因此不能从他们的财富中获得利息和分红。像一个藏钱的守财奴一样，他们孤独地死去，他们所拥有的财富终成过眼烟云。

《世界上最神奇的24堂课》 读者评语

心灵的力量

近期读了好几本不错的书籍，《卓有成效的管理者》《管理的实践》《24重人格》《长尾理论》，对一名管理者来讲的确有根本上的启发。

可有一本书却给我留下了不同的感受，那就是《世界上最神奇的24堂课》，虽然商家的宣传有些噱头……但我的确感受到了思想力的伟大！

原来，世界上最奇妙的东西就是思想，最伟大的力量也是思想，成功的源头也是思想。原来，我们经常限制在自己的逻辑当中，故步自封。原来，我们可以很快乐、很健康、很富有，而这一切力量的源泉来自你的心灵！

——Mrmayou

你不能错过的三本书

第一本:《世界上最神奇的24堂课》；第二本:《思考致富》；第三本:《我疯狂我成功》。第一本书，它能让你发现一切美好的事物，它是富有者的枕边书。运用书中的原则将使你彻底告别过去的自己！这是我见过的最神奇的书。

——Yoaozhangxiu001

最近，有非常多的朋友问我：在正式接受“A-Ω终极心智·ESP心智潜能”训练前该学习些什么？

以前我回答说：你先读拿破仑·希尔的《思考致富》。

现在我回答说：你先读拿破仑·希尔的《思考致富》，然后再读读《世界上最神奇的24堂课》……继续阅读《思考致富》和《世界上最神奇的24堂课》……改变，就在你做出决定的时刻发生！

——心如来

读了好书，才知什么是好书。《世界上最神奇的24堂课》就是一本好书。

在生活中有三种东西是每一个人都需要并渴求的——财富、健康和爱。任何事物都是由这三点派生出来的。读了这本书，你就可以最大限度地拥有它们了。

——王达曙

我想说的是，像安东尼·罗宾和《世界上最神奇的24堂课》，他们所讲述的很多东西是相通的。他们对“人”的研究是比较透彻的，然后再总结出规律。毕竟人们的精神思想是最难把握的，把握住自己的思想的同时，也就把握住了自己的人生……

——凌空子

世界上最神奇的24堂课

【大全集】

[美] 查尔斯·哈奈尔 著 福 源 黄晓艳 译

THE MASTER KEY SYSTEM

台海出版社

图书在版编目（CIP）数据

世界上最神奇的 24 堂课大全集 /（美）查尔斯·哈奈尔著；福源，黄晓艳译 . -- 北京：台海出版社，2023.11

ISBN 978-7-5168-3669-9

Ⅰ. ①世… Ⅱ. ①查… ②福… ③黄… Ⅲ. ①心理学—通俗读物 Ⅳ. ① B84-49

中国国家版本馆 CIP 数据核字（2023）第 190761 号

世界上最神奇的24堂课大全集

著　　者：[美] 查尔斯·哈奈尔　　译　　者：福　源　黄晓艳

出 版 人：蔡　旭　　封面设计：田晗工作室

责任编辑：赵旭雯

出版发行：台海出版社

地　　址：北京市东城区景山东街 20 号　　邮政编码：100009

电　　话：010-64041652（发行，邮购）

传　　真：010-84045799（总编室）

网　　址：www.taimeng.org.cn/thcbs/default.htm

E-mail：thcbs@126.com

经　　销：全国各地新华书店

印　　刷：天津市新科印刷有限公司

本书如有破损、缺页、装订错误，请与本社联系调换

开　　本：787 毫米 × 1092 毫米　　1/16

字　　数：415 千字　　印　　张：27.25

版　　次：2023 年 11 月 第 1 版　　印　　次：2023 年 12 月 第 1 次印刷

书　　号：ISBN　978-7-5168-3669-9

定　　价：88.00 元

《世界上最神奇的24堂课》何以"被禁"?

《世界上最神奇的24堂课》，这部能够改变人生命运的书自1912年创作出版后在美国销售了20万册，然后于1933年又突然消失了，为什么呢？因为……

当《世界上最神奇的24堂课》发行之初，**那些成功的商人们不想让它在市场上公开发行**。他们不想让人们把这部书当作能够克服局限性的真理。他们成功了，因为这部书**被隐藏了数十年而未公开发行**。

《世界上最神奇的24堂课》是硅谷最神奇的成功秘诀。大多数硅谷创业者读过本书的全部或部分篇章，**他们的企业都取得了成功**。并且通过对这本令人震惊的书的学习和实践，使自己成为**百万富翁或亿万富翁**。

因为《世界上最神奇的24堂课》"被禁"多年，于是，查尔斯·哈奈尔的《世界上最神奇的24堂课》**手抄本成了硅谷炙手可热的畅销书**……史蒂夫、乔布斯、莱瑞、艾力森……只要是你能够说得出名字的人士，很大程度上是因为他们运用了查尔斯在书中教授的知识积累了那些巨额财富。

在一段时期内，该书的部分版本被用于各种不同的计划和活动，**每一本要花费1250美元到2500美元之间**……它们被那些有时间以及有商业能力的人所拥有，因为只有他们能支付得起……

幸运的是，今天任何一位期待得到相同结果的人都可以得到属于他们自己的一本《世界上最神奇的24堂课》。

哈奈尔为我们建造了一个**完整的个人潜能开发体系，**传授给我们为成功而奠定基础的终极原则和基本理念。在这个体系中，哈奈尔贯穿了自己获得成功的方法和经验的总结，并做了精确深刻的阐释，条分缕析、鞭辟入里、缜密透彻。这些方法和经验凝聚着他的心血和智慧，融会了他的思想和探索。

哈奈尔把这些他自己所领悟到的并付诸实践的经验，凝练成一条条切实可行的经典法则，这些法则适用于我们生活和工作的方方面面。**美国的亨利·福特说过："任何人只要做一点有用的事，总会有一点报酬。这种报酬就是经验，这是世界上最有价值的东西。"**如果你想拥有这种最有价值的东西，那就看看这本书吧，它既有指导我们走向成功的方法，又有应对复杂变化的技巧；它告诉我们如何了解生命的真谛，如何抓住时代赋予我们的机遇。

一旦你得到了这本书，会立刻意识到通过利用"世界上最神奇的24堂课"体系所取得的成果，将是绝对令人震惊的。

当你把作者查尔斯·哈奈尔在《世界上最神奇的24堂课》一书中所讲述的用于实践时，你会发现现实生活发生了很大的变化。在很多方面，哈奈尔都是时代的领潮者。即使在今天，大多数成名的商业人士，例如，安东尼·罗宾或是其他人，都不会告诉你：你的人生完全是在你的控制之下。**我们几乎都囿于传统，认为我们是处在其他人或外部环境的控制下。**外部因素决定我们将会取得什么样的成就。然而，那是不正确的。哈奈尔会告诉你**如何重新获得对自己人生的控制权。**

查尔斯·哈奈尔把自己取得成功和财富的观念及方法写入了书中。每一天里，某个人都会发现哈奈尔成功的秘密，从而继续前进，成为百万富翁。

警告：对于某些人而言，**这种巨大的成功有时是毁灭性的。**你一定听说过这样的一些故事：那些买彩票中奖的人正是被数以百万的美元所毁灭！**如果你在精神上还没有做好准备，或者你认为自己还不具备处理你生命中将会发生的重大而且积极变化的能力时，**请先不要去考虑得到《世界上最神奇的24堂课》——它会带给你权力、财富、健康和幸福。**《世界上最神奇的24堂课》并不适合所有人。**

《世界上最神奇的24堂课》适合每周阅读一课，每课之后都设有一周内的实践练习。每一课都是建立在前一课的基础之上，并且在逻辑上循序渐进，简单、自然、快速地把信息内在消化。

这种逐渐的过程，为我们把自然规律应用到实际人生中提供了一种明朗、简单而有效的方法。最后你会真正理解如何运用自己的能力来永久地改变和完善自己。那不正是你想要的吗？

《世界上最神奇的24堂课》不像今天你所看到的那些枯燥、无味、单薄的“自救书”。**它会真正使平民成为百万富翁，使普通人成为成功人士。**

哈奈尔最初把《世界上最神奇的24堂课》写成了24个部分，是因为商业协会的团体要求。哈奈尔把他自己在商业上取得成功的诀窍告诉其他人。当他们发现这对他们自身是多么适用时，**商业协会的人命令哈奈尔不要让普通的大众接触该书。**这样的结果是：哈奈尔在几年的时间内仅仅把他的方法教授给了少数的富人群体。最后，他决定把这个普遍的生存原则传达给那些想要取得巨大成功的所有人。

但是，《世界上最神奇的24堂课》发行没多久，美国教会就发现了它所发生的情况，**便立刻查禁了这本书，**直到近年才得以解禁。

据说，比尔·盖茨在哈佛大学读书的时候读到了哈奈尔的《世界上最神奇的

24堂课》这本书，从而思想受到启发，辍学创业，白手起家，结果创造了软件帝国的神话，财富的奇迹。**近些年来，从硅谷起家的百万富翁和亿万富翁，几乎每个人都看过哈奈尔的《世界上最神奇的24堂课》一书，奇迹也在硅谷不断上演。**现在越来越多的人都开始关注和研习这本书，而奇迹还将继续。

我已经读完了《世界上最神奇的24堂课》，并且我已经明白了为什么富人们不想让这本书流入普通人的手中。

需要指出的是：囿于当时的条件，作者的认识不免带有时代的烙印，有些观点我们并不苟同，还望各位读者明察。

福 源

目录

CONTENTS

世界上最神奇的24堂课（Ⅰ） THE MASTER KEY SYSTEM

世界上最神奇的24堂课（Ⅱ）MENTAL CHEMISTRY

THE MASTER KEY SYSTEM

Open the Secret to Health, Wealth and Love

世界上最神奇的24堂课（Ⅰ）

在生活中有三种东西是每一个人都需要并渴求的……财富、健康和爱。

任何事物都是由这三点派生出来的。现在，你可以最大限度地拥有它们了——财富、健康和爱。秘密就在于《世界上最神奇的24堂课》一书中。我很少随意地称赞……因此我将要说的都具有重大的意义：

在我寻求充分发展人类潜能的道路上，它是我所见过的最杰出的书。难道它对你来说没有意义吗？

——史蒂夫·格瑞葛
《百万富翁的智慧和生活钥匙》作者
企业家，互联网开拓者

拿破仑·希尔的感谢信

亲爱的哈奈尔先生：

也许您还记得我，《金规则》的编辑拿破仑·希尔。

首先，请允许我向您报告一个好消息，我刚刚被一家公司所雇用，每个月只需要工作几天，年薪105,200美元。他们看中的是我的思想以及我的思想对他们公司的影响。

想必您已经知道，正如1月号《金规则》（我的秘书给您寄了一份）的社论中所说，在我22岁的时候，还只是每天挣1美元的煤矿工人。

之所以告诉您这个，是因为，我目前取得的成功，以及我在担任拿破仑·希尔学会会长之后的所有成就，完全归功于“世界上最神奇的24堂课”体系所制定的那些原则。

正如书中所写的，一个人能够在想象中创造的事情，没有什么是不能实现的。我们所需要的，只是把蕴含在我们自身的所有潜在力量激发出来。

非常感谢您让我及时看到这本书，也感谢您现在正在让更多的人去认识这本书中的精华。我将与您合作，竭力把这些课程推荐给我所能接触到的人群，让他们与我共同分享这本书带给我们的成果。

您的忠诚的拿破仑·希尔

《金规则》编辑

1919年4月21日，伊利诺斯，芝加哥

推荐序：神奇的力量

浩瀚的历史长河中，万物如风般流逝。不管我们多么渴望，时间永远不会为某个人驻留。每个有思想的人，都不愿意自己在世上庸庸碌碌，无所作为，而是希望能在短暂的人生中尽其所能不断发展、提高和完善自己，即使到生命的终点，这种追求亦无止境。

这种提高和完善的能力，是在思考问题、处理问题的过程中获得的；是通过改变自己的思维方式，进而改变自己的行动以及现状而实现的。而改变的关键就在于如何激发自己的创造性，如何进行创造性的改变。而创造性正是世间万物发展的动力所在。

在漫长的万物发展史中，人类不断地思考和求索。人类思考的产物可谓丰硕，包罗万象。而在这些成果中，有一种终极法则，它不是叙述事物表面的信息，而是深入事物内部的规律，是激发人类的潜能从而发展、完善人类自身的真理，那就是“世界上最神奇的24堂课”体系。

“世界上最神奇的24堂课”体系的生命力，就在于它能够开启人类的智慧之门，从深层面指导我们打破陈规，更新我们的思维方式，达到激发我们的创造性的目的。有了这种创造力，我们发展的源头就不会枯竭。

人类的发展都是始于每一次的尝试，不论是成功的尝试还是失败的尝试，都是在自身思想的指引下。因此，思想的力量仍是世界上最被尊重的力量。人类只要能够很好地运用这种力量，就能够在曲折中不断前进，不断完善自我，不断改善我们的世界。《世界上最神奇的24堂课》就是教给我们如何掌握这种力量，如何恰当地运用这种力量，如何建设性地、创造性地使用这种力量。这也是这本书最有价值的地方。

《世界上最神奇的24堂课》所讲授的内容分为24个部分，也就是24堂课，建议读者每周学习一课，24周学完。书中的每一部分内容都充满了睿智，每一课都值得我们花一周或者更多的时间去细细品味。我们应该认真仔细地去研习，而不要像对待通俗读物一样只是泛泛浏览。这样你才会有更多的体会和收获。

只要你认真去阅读、使用这本《世界上最神奇的24堂课》，它会让你的人格更伟大、更优秀，让你拥有不可思议的力量，去改变你的现状，拓宽你的视野，丰富你的内涵，实现你的理想，书写你人生灿烂的华章。

F. H. 哈奈斯

作者序言

“人生而平等”，这是为大多数人所倡导的一句话，也是为大多数人所信仰的一种观念。然而人并不是平等的，虽然都是由父母带到这个世界上，虽然身体构造是相同的，但是人的思想、人的意识却有很大的差别。虽然这种差别从外表看不出来，但是正是这种差别，才有了成功与失败，富有与贫穷，非凡与平庸。

失败的人总是抱怨自己的运气不济，总是为自己的失败找借口，说如果幸运之神站在自己这边就会取得成功。同样，穷困潦倒的人也常常感叹命运不济，总认为有钱人是天生的富贵命，幻想自己如果也是富贵命，一定会比富翁更富有。其实**非凡与平庸的主要差别不在于是否拥有强健的体魄，而在于人的思想与精神，在于人的心智。**否则，那些伟人也一定是体格最健壮的人了。

在漫漫的人生旅途上，正是心智，使我们能超越环境、战胜困难。如果我们深刻理解了思想的创造力，就可以看出它的功效是非常惊人的。

世界上的万事万物并不是杂乱无章的，而是遵循着一定的规律。如同物质世界中的规律一样，人的精神世界也存在着规律。各种规律一直在控制着我们的道德世界和精神世界。

请时刻谨记，我们的思想才是能力和力量的源泉，那些依靠外在帮助的人会变得软弱，所以，只要你愿意，你就可以成为帮助别人的强者，而不是被帮助的弱者。要迅速调整自己，昂首挺胸，以积极的心态，毫不犹豫地投入到自己的想法之中，去创造奇迹。只有了解并遵循这些规律，才能够获得理想的结果；也只有恪守规律，才会得到准确的结果，毫厘不爽。

反之，如果你否认并拒绝接受通过了解这一规律给人类带来的益处，如果你不能掌握这一最新的伟大科学成果并透彻地研究和利用这一奇妙的经验，很快你就会发现，所有的人都跑在你的前面，你被远远地落在后面。富裕的获得，正是依赖于对“富裕规律”的认知。也正是如此，只有那些认识、遵循“富裕规律”的人，才能分享它所带来的好处。

“栽什么树，结什么果”，这一自然界的规律也同样适用于人的头脑。如同毫不费力地创造出积极的条件助你成功一样，**在你有意无意地想象各种匮乏、局限和混乱的同时，你的头脑也可以同样轻而易举地创造出消极的条件来把你推进失败的深渊。**

千万不要过分自信地认为自己十分小心谨慎并有足够的智谋，绝对不要犯这种低级的错误。下意识地创造不利的条件而阻碍自己迈向成功，这也是一种规律，像任何别的规律一样。它永不停息地运行，不讲情面地严格按照各人所创造的回报他们，这一规律绝不会因人而异。

当今社会，科学的精神应用于各个领域，因果关系不再为人们所忽视。人们已懂得“事凡有果，势必有因”的道理，所以，人们如果想要实现自己的志向抱负，就得为这一愿望创造出它所必需的特定条件。

规律不是显现的，而是隐藏于种种表象和假象之下，只有将大量个别的事例进行对比，直到找出其中的共通之处，才能够发现规律，我们把这种方法称之为归纳推理。规律的发现消弭了人类生活中变幻莫测的因素，代之以原则、推理和确定性。

归纳推理是最科学的方法，文明诸邦，繁荣昌盛，学术兴隆，延长寿命，减轻痛苦，跨越江河，拓宽视界，加速运动，拉近距离，促进交流，上翔太空，下探深海——种种结果的产生，都源自归纳推理的思维方式，而我们所要做的仅仅是将结果进行分类。

“世界上最神奇的24堂课”体系将以绝对的科学真理，系统地阐述如何正确运用精神属性中积极和能动的因素，以及如何培养并正确运用想象力、欲望、感情和感官直觉，激活个体生命的潜能，使人精力充沛、世事洞明、活力迸发、不屈不挠，对人的效率和才能大有裨益。**我最迫切想做的事就是教你识别机遇，加强你的推理能力，坚定你的意志，赋予你抉择的智慧，理性的同情，拥有主动进取、坚韧不拔的精神，并且教你如何尽情地享受高质量的生活。**

我不是江湖术士，既不会催眠术，也不会魔法。“世界上最神奇的24堂课”体系的目的也不是运用任何让人迷醉一时的骗术去蒙蔽善良人的双眼，误导人们。它只是单纯地想教给人们使用精神能量，不是替代品或曲解的产物，而是真正的精神能量。因为我坚信“一分耕耘，一分收获”，并且愿意和读者一起钻研和实践这一真理。

精神能量是极具创造力的，它会使你有能力为自己而创造，而不是从别人的身上巧取豪夺。大自然向来不屑此举。正像大自然让原先只有一片草叶的地方生长出一片森林一样，精神力量之于人类，也是如此。我相信，如果你能够竭尽全力开发出精神能量的巨大潜能，那么它绝不会辜负你，它会让其他人心甘情愿地听命于你，因为它可以让其他人本能地认为你就是一个充满力量、充满个性的人。

拥有精神能量意味着你能够感悟自然的基本法则，与伟大的自然融为一体；意味着你拥有取之不尽、用之不竭的力量源泉；意味着你了解吸引力的奥妙所在，了解成长的自然规律，以及在社交圈和商业圈中赖以生存的心理学法则。此外，拥有精神能量还意味着你像一块巨大的磁石，以自己的魅力吸引着身边的人和事，在其他人眼中你就是幸运之神的宠儿，你将拥有让梦想变成现实的金手指，成为世人羡慕的对象。

加深人们对生命的感悟，掌控自身，常葆健康；增强人的记忆力，提高人的洞察力；在任何情境下对机遇和困难都洞若观火，使人有能力把握住近在咫尺的大好时机。这能够改变成千上万人的生活——它以明确的原则，取代了那些飘忽不定、云遮雾罩的方法，而每一种效率体系都奠基在这些原则之上。这些都是很罕见难得的能力，同时也是每一位成功的商业人士所必备的特质，这些就是我长篇大论的宗旨和精髓所在。

洞察力能使人拨开迷雾，洞悉本质，它能摧毁猜疑、消沉、恐惧、忧郁等各种软弱，打破局限，消解匮乏；它能唤醒沉睡的才华，给你胆魄与活力，令你积极进取、精神百倍；它还能唤醒你对艺术、文学、科学之美的感受能力。在现实生活中，**经常有难以数计的人为了永远没有实现可能的事情而殚精竭虑，最终换来一头白发、两手空空，却把近在眼前的机遇拒之千里之外，与成功擦**

肩而过却浑然不觉。《世界上最神奇的24堂课》所讲述的体系旨在开发人的洞察力，增强人的独立性，令你具有远见卓识，有助于提高能力，改进性情。

“在多数大型企业中，顾问、专家、培训师等成功有效的运作管理诚然不可或缺，但我坚信，**对正确原则的重视和采纳更是重中之重**。”这是美国钢铁集团董事长埃尔伯特·加里的一句至理名言，也是他取得成功的不二法门。

《世界上最神奇的24堂课》一书的目的，不仅仅在于教给人们正确的原则，同时并不想给读者一本类似于其他学习课程的“说教”，因为这类东西已经太多了。它更愿意提出实践这些原则的方式、方法与读者分享，教读者懂得：有相当一部分人终日忙于苦读书、听讲座，然而终其一生，都没有取得任何能够证明这些理论的实际进展。这是**因为所有的原则在书本上时都是毫无用处的，只有将它应用于现实生活，才能体现它的价值和魅力。只有凭借本书所讲述的体系、所提出的方法，佐证它所讲授的原则，身体力行地在日常生活中付诸实践，才是最聪明的做法。**

一切都在变，不变的只有变化。包括世界上所有的思想观念在内的一切事物的变化正在我们身边发生。

走进生物的国度，你会发现一切都处于流体状态，永远在变化，永远被创造、再创造。在矿物世界中，看起来一切都是固体的、不易挥发的，其实不然，它们也无时无刻不在进行着细微的变化。每一个领域，总是在变得越来越美好，从有形演变为无形，从粗糙演变为精致，从低潜能演变为高潜能。当我们抵达无形世界的时候，就会发现，能量处于最纯粹、最活跃的状态，它随时准备被激发。

长期被传统的桎梏羁绊的人们现在已经挣脱了所有的束缚，代表新文明的眼界、信念与服务在不知不觉中取代了旧的习俗、教条、残暴等一切陈腐的、不适应时代发展的事物。如今，科学发现浩如烟海，揭示出无尽的资源、无数种可能，展现出那么多不为人知的力量。科学家们越来越难于肯定某种理论，称之为定规定法、不容置疑；同样，也极难彻底否定某些理论，称之为荒谬不经、绝无可能。

20世纪是一个无比光辉的世纪，它见证了人类历史上最辉煌的物质进步，

21世纪必将再创奇迹，将给精神力量和心灵力量带来更伟大的进步。一种来自我们内心的全新的力量和意识正在以难以置信的意志和决心唤醒处于沉睡中的世界，也让我们对自己的内心重新审视。

从分子到原子，从原子到量子，世界上所有的有形实体已经被人们细化到了极致，它的内部构造人们已经看得非常明白透彻。所以接下来我们要做的事情就是细分精神，找到精神的量子。“能量，就其终极本质而言，只有当它表现为我们所说的‘精神’或‘意志’的直接运转时，方可被我们所理解。”安布罗斯·佛莱明爵士如是说。

大自然中最强大的力量是什么呢？大自然中最强大的力量是无形的力量。同样的道理，人类最强大的力量是精神力量，它虽然无形，但却不容小觑。**思维是精神过程的唯一活动方式，而观念，是思维活动的唯一产物。精神力量得以显示的唯一途径是思维过程。**

所以，世事的风云变迁，只不过是精神事务而已。推理，是精神的过程；观念，则是精神的孕育；问题，其实是精神的探照灯和逻辑学；而论辩与哲学，就是精神的组织机体。

针对某一给定的主题做出一定数量的思考，就能使人的身体组织发生彻底的改变。因为想法，会招致生命机体某种组织的物质反应，如大脑、神经、肌肉等，同时会引发机体组织结构中客观的物质改变。

勇气、力量、灵感、和谐，这些想法取代了原先的失败、绝望、匮乏、限制与嘈杂的声音，慢慢在心中生根，身体组织也随之而发生改变，个体的生命将会被新的亮光所照耀，旧事已经消亡，万物焕然一新，你因此获得了新生。这就是失败演变为成功的过程。这是一次精神的重生，生命因而有了新的意义，生命得以重塑，充满了欢乐、信心、希望与活力。通过这样简单地发挥思想的作用，你不仅改变了自身，同时也改变了你的环境、际遇和外部条件。

虽然此前你是在黑暗中探索，但是现在你将看到成功的机遇，你将发现新的可能，而此前这些可能对你毫无意义。你的身上充满了成功的想法，并辐射到你周围的人，他们反过来又会帮助你前进与攀升。你将吸引到新的、成功的合作伙伴，而这反过来又会改变你的外部环境。

如果把历史倒退一百年，那时的人是如此的脆弱与无力，哪怕只有一挺现代的机关枪，也可以不费吹灰之力地歼灭整整一支用当时的武器装备起来的大军，或者更多。因此，**如果你希望获得难以想象的优势，从而卓冠群伦，那么请你相信，也请你提前准备好，因为美妙神奇、令人痴醉、广阔无边以至于几乎令你目眩神迷的崭新的一天，崭新的世界，即将到来。**

第 1 课 内在的世界，巨大的力量

LESSON ONE

让我们开始第一堂课的学习吧。经过这堂课，相信你的生命中会更加充满力量，你的生活方式会更健康，你会体验到更多的幸福。

值得注意的是，这种力量并非是你要去获得的，而是你自身已经拥有的，只是你可能还不了解它，不会运用它。我们的课堂就是让你去认知这种能量，掌控这种能量，把这种能量和你的生命合而为一，成为你生命力中的一部分，这样，你就能够征服所有的困难。人类的强大就在于这种潜意识中的精神能量。只要你想去提高自己，就一定可以做到这种改变。

人生都是由昨天、今天、明天组成。从昨天一步步走来，在今天用行动点燃希望，放飞明天的梦想。最重要的是今天，但昨天的体会和感悟也不能忽略，它们是今天做出选择的前提。那么，去认真感悟你的人生吧，世界是多彩的，生命是美丽的。而这种缤纷，是呈现给有准备去接受而不是茫茫然匆匆走过的人们的。慢慢领悟这个世界，也会使你获得更多的感受和自信，会使你生命的意义更为深刻，更为丰富。

每一天都既是明天，也是今天，也会变成昨天。好好把握和感受生命中的今天，就会迎接灿烂辉煌的明天。好了，开始第一堂课。

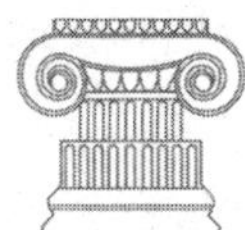

1 很多的实践都证明，准备得越多，离成功就越接近；准备得越少，离成功就越远。要知道，灵感是从积累中得来，而非偶然。

2 人类的思维是世界上最为活跃的能量，具有创造性。每个人的客观环境和一切生活际遇，都是主观思维在客观世界中的反映。

3 我们的每一次选择都不是偶然的，而是取决于我们以往的思维定式。我们只能做出我们思想范围以内的选择，不会有超越思想范围以外的行为。

4 我们的思想主导着我们的行动。从某种程度上说，每个人的思想以及思维方式决定着每个人的现状和未来。

5 我们总是忽略自己潜在的能量。要想重新认识自己，首先就要意识到这种力量的存在。而要想意识到这种力量的存在，我们必须懂得，一切力量源于自己的内心世界。

6 内在的世界不可触摸，但的确存在，而且它的强大远远超过你的想象。这是一个由思想、感觉、力量等要素构成的能动的世界。

7 思想统治着内在的世界。当我们能够意识到自己的内在世界的时候，就可以解决使我们困惑的所有问题，也可以解释所有问题的动因。我们一旦掌握了这个内在世界，一切力量、成就与财富的规律亦在我们的掌控之中了。

8 内在世界拥有惊人的潜能，其中蕴含着无尽的力量、无尽的智慧、无尽的供给，可以满足现实的一切需求。我们一旦认识到内在世界的潜能，并加以运用和释放这种潜能，结果就会如实反映到外在的世界。

9 内在世界的和谐，映射到外在世界，就会表现出良好的人际关系，舒适的生存环境，处理问题的高效和最佳的精神状态。这是所有伟大、健康、力量、胜利和成就的前提和必要条件。

10 内在世界的和谐，也表现为我们能够控制我们的思想，在外来困扰面前更加积极主动地面对而不是消极对待。

我们总是忽略自己潜在的能量。要想重新认识自己，首先就要意识到这种力量的存在。

当我们能够意识到自己的内在世界的时候，就可以解决使我们困惑的所有问题，也可以解释所有问题的动因。

11 内在世界的和谐，使我们变得乐观而又不断进取，在这种良好的精神状态下也会带来外在世界的满足。

12 外在世界也同样能反映出内在世界的变化和发展。

13 如果意识到内在世界中所蕴含的智慧，就会帮助我们开启和释放内在世界中的潜能，并获得把这种能量如实映射到外在世界的能力。

14 我们一旦意识到内在世界所蕴含的智慧，并能够运用它，我们就会在思想中也拥有这种智慧，通过控制我们的行为而拥有实际的智慧和力量，从而为我们自身和谐的发展所需要的各种条件打造基础。

15 每一个渴望有所进步的人，无论老少，都会在内在世界产生希望、热情、自信、坚强、勇气、友好和信仰，并通过这些品质完善自己的精神世界，从而指导自己获得非凡的能力，让梦想成真。

16 生命不是一个简单的从无到有再到无的过程，而是一个逐步深入、升华的多层次的过程。所有在外面世界所获得的东西，都是我们在内心世界已然拥有的东西。

17 所有的成就和财富，都是建立在认知的基础上。所有的收获都是认知不断积累的结果，而认知的中断或意识的分散会使你做事事倍功半。

18 内在世界发挥作用是与和谐息息相关的。不和谐的内在世界也会导致混乱的外在世界。因此，要想有所成就，就要与自然法则和谐共处。

19 我们凭借思想与外在世界相连。大脑是思想和意识的器官，大脑—脊椎神经系统是身体的枢纽，把身体的各个器官和组织联系起来，使我们对光、热、嗅觉、声音和味道等各种感觉做出反应。

20 当我们通过思考了解了事物的本质和事物发展的规律，而大脑—脊椎神经系统把这些正确的信息传递到身体的各个部位，各种感官和谐的统一，让这种感知是舒适而愉快的。

21 我们就是凭借思想和意识，将希望、勇气、信心、热情、活力等能量注入我们的身体。当然，思想也会给我们带来疾患、悲伤、倦怠、失望、匮乏等各种局限的东西，这是由错误的思维方式带来的，会对我们的世界带来破坏性的影响，使其变得不和谐。

22 我们通过潜意识建立与内在世界的联结。太阳神经丛是这种潜意识的器官，交感神经系统操控着各种主观感觉，如愉快、恐惧、依恋、喜好、渴望、想象等各种潜意识现象。正是这种潜意识成为我们和内在世界的桥梁，使我们能够逐步掌控内在世界的能量成为可能。

23 我们与内、外世界的联系，就取决于这两大神经系统的协调以及各自功能的运用。认知了这一点，就有利于我们把客观和主观协调一致，从而使自己和谐地发展；认知了这一点，就不会面对各种外界的变化茫然不知所措，就知道未来是否成功根本取决于我们自己。

24 我们都有这样的体会，总是存在普遍的法则遍及整个世界，在任何场合、任何角落都适用，它是丰富的、强大的、充满智慧的，永不过时。所有正确的理念和思想都被它所涵盖。

25 普遍适用的理念能够指导实践。在这种理念下有助于我们把想象转变成现实。每个人对这种理念的认识都不尽相同，但它发挥的作用是一样的。不同的认识只是它的不同表现方式。

26 能够普遍适用的意识和理念本质是相同的，所以，所有的理念归根结底就是一条理念。我们要认真体会和领悟事物的规律才会找到这条理念。

27 从宏观角度上来说，每个人大脑中聚集的意念与他人相比没有什么不同，只是作为个体化有细枝末节的差别。

28 能够普遍适用的理念是一种潜在的能量，它只能通过个体的人所彰显，而个体化意识的集合，就形成了普遍适用的理念。它们是集合和个体的关系。

> 我们通过潜意识建立与内在世界的联结。当我们有了正确的认知，就有利于我们把客观和主观协调一致，从而使自己和谐地发展，就不会面对各种外界的变化茫然不知所措，就知道未来是否成功根本取决于我们自己。
>
> 要想改变你的外在世界，就要从内在世界着手，如果只是试图从外在世界本身寻找解决问题的答案，这样做是徒劳无功的，只能解决表面的问题。

29 每个人的思维特点和思考能力的不同，是每个人作为个体之间不同的主要区别。这也是人内在意念的外化手段。意念本身是一种静态能量的微妙形式，而具体的想法则是由这种能量所产生的。想法是意识的动态阶段，意识是想法的静态阶段，两者是同一事物的不同阶段的表现。人类的思维过程正是从静态的意识到动态的想法，再到现实中起作用的。

30 世间万物的内在属性都包含在普遍适用的规则中，这些规则无所不能，无所不知，无所不在。万物的内在属性也包括人自身的属性。当一个人进行思考的时候，他自身的属性决定了他的思维动态，并且这种属性通过人的行为，反映到外在的客观环境中，与人自身的属性相互呼应。

31 正如前面所说，自身行为产生的后果归根结底都是思考的产物，因此，你要想规划好自己的行为结果就要控制自己的思想，这是根本所在。

32 内在世界是一切力量的源泉所在，而且你是有能力掌控它的。掌控的前提是准确的认知，以及而后对这种认知的践行。

33 你一旦领会了这条法则，并懂得对自己的意识加以控制，那你就可以随心所欲地运用这条法则。也就是说，你也能够真正对那些普遍适用的法则融会贯通，并运用到自己的行动中。而这条法则是世间万物发展的基础。

34 普遍适用的法则也同样是客观存在的每一粒原子的生命法则，每一粒原子的内在属性和这个法则也同样契合。每一粒原子都无时无刻不在遵守着这个法则。它们的生机也就在于此。

35 并非所有人都能意识到自己的内在世界，内在世界是如此丰富而有创造力。

36 作为一种全新的理念，大多数人并没有认识到这一点，他们只是试图从外在世界本身寻找解决问题的答案。这样做是徒劳无功的，或者说只是解决了表面的问题。真正的答案要到内在世界中去寻找，这样才能从根本上解决，从而达到和谐的状态。

37 内在世界和外在世界是相辅相成，共同存在的。内在世界是源，外在世界是流。我们在外在世界所体现的能力，取决于我们对这种能量源泉的认知。每一个个体都是这种无限能量的出口，而每个人对于其他人而言也是如此。

38 认知是一种精神体验过程，这种过程就是个体和普遍适用的法则相互作用的体现。这种精神体验过程的作用和反作用力，也是一种因果关系的法则，这种法则并非建立在个体之上，而是建立在人类共同的理念基础之上。它不仅体现为一种感受，更像是一个主观的进程，其结果就反映在我们的外在世界中，和我们的内在世界相互呼应。

39 我们拥有广袤的、丰富的精神实体的世界，就像一个深不可测的海洋。这个海洋孕育着勃勃的生机，它可以满足不同的精神需求。它通过我们不同的个体的思想得以表达和外化。

40 对这种理念的应用才是体现其价值所在。当你对这些理念和法则真正领悟并自如运用的时候，生活中无论是物质层面还是精神层面，都会发生变化：富足会取代贫困，睿智会取代迷茫，和谐会取代混乱，光明会取代黑暗。

现在就让我们把它付诸实践吧。先找一个安静不受打扰的地方，放松但不要放任你的身体，逐渐对你的身体做到完全控制。让思绪自由地在内在世界中徜徉，每次持续一刻钟或半小时，连续做三四天或一个礼拜，直到你有所感悟，有所收获，达到美好的境界。

有的人不会很快进入状态，但也有人会轻而易举就能做到。不要着急，只要每次都有进步即可。还有，控制自己的身体这是前提，是必不可少的。好啦，剩下的时间就让我们好好体会本章的内容吧。

重点回顾>>>

1. 所有成就和财富的基础是什么？

所有成就和财富都基于认知。

2. 生命个体是怎样与客观世界联结在一起的？

生命个体是通过思想和意识与客观世界联结在一起的；大脑是思想的器官。

3. 生命个体是如何同内在世界相联结的？

生命个体通过潜意识与内在世界相联结。太阳神经丛是潜意识的器官。

4. 什么是普遍适用的法则？

普遍适用的法则是客观存在的每一粒原子的生命法则。

5. 个体是如何作用于外在世界的？

每个人进行思考的能力就是他作用于外在世界的能力，而这种思考就是认知的体验过程。

6. 如何达到最和谐、最完美的境界？

和谐完美的境界是通过正确的思维方式实现的。

7. 什么导致了混乱、冲突、匮乏等各种局限的事物？

混乱、冲突、匮乏等各种局限都是错误的思维方式导致的结果。

第 2 课 习惯的策源地——潜意识

LESSON TWO

我们都知道，谁也不会一帆风顺，而我们面临的困难主要是源于混乱的观念以及并不知道自己真正的兴趣所在。而要改变这种境况，就要在这些杂乱无章中找到内在的规律，以便我们调整自身去适应自然规律。因此，清晰的思路和敏锐的洞察力就显得难能可贵。这种能力并非凭空而来，而是建立在平日的点滴努力的基础之上的。

你的感觉、判断、品味、道德感、才智、志向都会影响你在现实生活中产生的满足感。而前者是在你的学习中、实践中慢慢积累起来的成果，每个人的境遇不同，这种成果也有所不同。为了获得满足感，我们要向所有最优秀的思想学习。

所以说，思想就是力量，蕴含着强大的能量，这种能量比那些促进物质进步的梦想，或者你能想象到的最辉煌的成就都更加神奇。而积极的思想就是积极的能量，集中的思想即是集中的能量。而集中的某些积极的思想将化为非凡的力量。这种力量被那些不甘于贫穷，不甘于平庸的人孜孜以追求。

获得这种能力并彰显这种能力，前提是对这种能力的认识，认识得越深刻，他能够获得这种能力的可能性就越大。反之亦然。而一旦具有这种能力，就会一直在头脑中驻留，就会不断创造、更新着人的思想和意识，并在外在世界中显现出来。第二课就是阐述认知这种力量的方法。

1 思维是靠显意识和潜意识去运转的。这是两种平行的行为模式。戴维森教授说：“只是想用自己有限的显意识去说明整个精神世界的内涵和外延的行为，就如同想用一支蜡烛去照亮整个宇宙。”

2 我们的思维是一件完美的作品，为我们的认知活动做好充分的准备。其中潜意识的运行是准确而富有逻辑性的，不会出现张冠李戴的情况。但可惜的是，我们大多数人都不知道思维运作的规律和逻辑究竟是什么。

3 我们头脑中的潜意识，就像一位幕后的工作者、一位慈善家，在我们需要的时候就送来供给，为我们耐心地劳作。潜意识为我们最重要的精神活动提供了一个尽情表现的舞台。

4 正是通过潜意识，莎士比亚就从一个普通学生的反应中领悟到了那些伟大的真理并表现在他的作品中；正是通过这种潜意识，菲狄亚斯创作了那些著名的大理石和青铜雕塑，拉斐尔画出了圣母像，贝多芬写成了交响乐。

5 我们在工作和生活中处理问题的方式，大都不是依靠我们的显意识，而是从潜意识中而来。弹钢琴、溜冰、打字还有老练的商业行为等种种完美的技巧，也同样是从潜意识中而来。你可以一边弹奏流畅优美的乐章，一边和他人进行一场幽默风趣的谈话，这是取决于潜意识的指挥棒指向哪里。

6 我们每个人都对潜意识产生了依赖。我们的思想越是崇高、伟大、卓越，我们就越会清楚潜意识在其中发挥的作用。我们在绘画、雕塑、音乐等艺术各个方面的技巧、本能还有美感，全部都在潜意识中，而且也只能在潜意识中找到。

7 潜意识从我们的记忆库中提取我们所需要的所有信息，诸如姓名、场景，还有时间。它引导我们的思想过程、我们的品位还有对生活的态度。潜意识的价值是显意识所不能具有的，是非凡的。它无时无刻不在注视着我们的生活。

8 我们并不能随心所欲地控制我们的生理机能，不能停止自己的心脏跳动，不能阻止自己的血液循环，也不能阻碍神经系统的形成、肌肉组织和骨骼的发育。但我们可以在潜意识的指引下随心所欲地用感官去感受这个世界。

9 我们的行为可以分为下面两种：一种是听从当前的意愿发号施令，一种是根据潜意识中的规律有条不紊、从容不迫地进行。当然，我们更倾向于后一种选择，潜心研究后一种行为的过程。研究后我们会认识到，这些潜意识中的规律自从被创造以来就是如此运转，不受我们意愿的管制，不被各种影响而左右，它们似乎一直就被控制在我们永恒的内在力量之中。

> 我们在工作和生活中处理问题的方式，大都不是依靠我们的显意识，而是从潜意识中而来。
>
> 我们并不能随心所欲地控制我们的生理机能，但我们可以在潜意识的指引下随心所欲地用感官去感受这个世界。

10 在主导这两种行为的两种能量中，外在的可变能量就是显意识，或者说是客观意识。内在的可变能量就是潜意识，或者说是主观意识，保障我们的内在世界有序地进行。这种显意识和潜意识一个更接近现实层面，一个更接近精神层面。

11 我们必须认真观察显意识和潜意识各自的运行规律，以及它们在精神方面各自发挥的作用。其中，显意识是通过我们的感官对外在世界发生作用。

12 显意识是我们的意志以及意志所产生的结果的动力源，它具有分辨、鉴别、选择，甚至还有推理的能力。其中推理能力诸如归纳、演绎、分析、推论等，可以进行更深层次的开发和拓展。

13 显意识有引导潜意识活动的能力，因此可以说，显意识充当了潜意识的监护人这个角色，会为潜意识引导的行为承担后果。这个角色有时可以从根本上改变我们现有的境况。当然，显意识也在其他的精神活动中打上自己的烙印。

14 潜意识在我们意识的深层，在接受了一些错误信息后会直接反映到我们的大脑，从而影响我们的行动。而显意识可以充当门卫的作用，在潜意识接受之前，把这些错误的或者负面的信息诸如恐惧、焦虑、疾患、冲突等挡在门外，使我们的行为受到保护。

15 有一位作家这样区分显意识和潜意识：“前者是意志推理的结果，而后者是以往意志推理的累积结果产生的本能的欲望反应。”

16 潜意识本身不具备推理证明的能力，它只从现有的前提下直接得出判断和对

行为的指向，如果提供的前提是正面的、正确的，潜意识就会得出正确的判断和正确的指向；如果提供的前提是负面或错误的，潜意识得出的结论就是错误的，行为指向也是错误的。为防止这种错误的判断，就要依靠显意识来把关。

17 潜意识从来不去判断它所接受的信息是正确的还是错误的，并在它们是正确的这个前提下引导行为。可是在现实中，我们所处的境况所带来的信息并非都是正确的，如果是错误的，潜意识的判断行为就会对我们的人生轨迹产生巨大的反作用。

18 作为监护人兼门卫，显意识并非万能的，总有擅离职守或者判断失误的时候，尤其是在异常复杂的情况下。这时潜意识就会对所有的信息和暗示敞开大门，很多负面和错误的信息就会长驱直入，尤其是在激情、冲动以及各种刺激中，这种情况发生的概率会成倍增加，结果就会给人带来很多负面的东西，诸如自私、贪婪、恐惧、憎恨、妄自菲薄等，有时是长时间的悲伤压抑。所以说，保护好潜意识的大门尤为重要。

19 由于潜意识只通过直觉做出判断而不需要证明自己的判断，所以它的过程非常短暂，而显意识与其相比则显得缓慢得多。

20 潜意识反应很迅速，一旦接收到信息，就会按照它自己的规则运作，得出它的判断。而这个规则，就是我们作用于外在世界的所有行为的动力之源，这也就是我们要去探究的原因所在。

21 我们一旦了解了潜意识的运行规则，就会发现生活中能够实践的地方比比皆是。比如，事先你认为可能是个艰难的谈判，但随后也许有个合适的话题，或者由于某个契机，谈判获得圆满结果。比如，面对可以预见的很多困难，当你一筹莫展的时候，突然发现自己自然而然地能另辟蹊径，使当前的处境良性地运转起来……其实，只要懂得潜意识的规律，并且能很好地利用它，就能够驾驭各种各样困难的局面，使面前豁然开朗。

22 潜意识是我们为人处事的原则以及对未来设想的源头，我们的品位、审美、各种品质都是来自我们的潜意识。它就像已经写好的程序，直接会在我们的身体中运行。如果接受了负面的信息，要想克服负面的后果，就必须坚持不断地反暗示，直到把原有的负面暗示挤开，迫使潜意识接受新的、健康的思维方式或生活方式。坚持不断地做某一件事，就会形成习惯，也就会形成潜意识所固有的模式，而不是靠显意识去分析、鉴别、推理而产生的结果。潜意识是习惯的策源地。

只要懂得潜意识的规律，并且能很好地利用它，就能够驾驭各种各样困难的局面，使面前豁然开朗。

要认识到潜意识中蕴涵的巨大能量，认识到它的创造性，并且相信，你可以开发你的潜意识，能够使其和你的生命力量结合，发挥更大的威力。

23 如果有健康的好习惯，那就可以坚持下去，而如果有错误的、有害的习惯，就像刚才提到的，要反反复复利用相反的暗示，把这个有害的习惯去除掉。要认识到潜意识中蕴含的巨大能量，并且相信，你可以开发你的潜意识，能够使其和你的生命力量结合，发挥更大的威力。

24 让我们最后总结一下潜意识的功能：从物质的层面来说，潜意识是维护生命的需要，在大脑正常运转中也发挥着十分重要的作用。这取决于它具有的本能，如心跳、血压等。

25 从精神的层面上讲，潜意识具有记忆储蓄功能，如同巨大无比的仓库或者银行，可以存储人生所有的认知和思想感情。而且有助于发展人的智力，使人的思维更加敏捷，精力更为集中，甚至能够激发人的创造力。

26 从心灵的层面上讲，潜意识是理想、抱负和想象的源泉，能够激发出我们的内在力量。可以说，潜意识是连接人类心灵与宇宙间无限智慧的一个桥梁。

27 那么潜意识是如何改变环境的呢？可以这么回答，潜意识能够激发我们的创造性，这种创造性通过思想反映出来，并诉诸行动，从而改变我们的现状和处境。这也是潜意识的规则之一。

28 思维分为两种，一种是简单的思维，直接、无意识；一种是引导思维，有意识、有逻辑、富有建设性。当我们充分利用我们的引导思维的时候，我们就能够把主观和客观完全统一，就会激发出无穷的创造力。也就是，我们的意识具有创造力，可以对客观环境发挥能动的作用，其成果会在我们的外在世界表现出来。这一法则就是“引力法则”。

上一课我们主要对身体进行控制，如果你已经完成了这个任务，那么就开始我们下面的练习，那就是控制自己的思想。让我们再一次进入完全沉静的状态，最好跟上一次的地点相同，总之，是能够真正让你安静下来的地方。然后试着控制自己的思想，让那些幸福的、平和的感觉能够保留，让那些担忧的、焦虑的想法离我们远去。经常进行这样的练习，会让你学会如何控制自己的思想和情绪，如何保持一个良好的状态面对人生。

要知道，这个练习非常重要，如果我们控制不了我们的思想，那就控制不了我们的情绪，那我们就会为生活中无穷无尽的琐事而烦恼、郁闷，就会错过一些能够实现我们价值的机会。抛开那些无足轻重的东西，让我们时刻保持清醒，直接索取我们想要的东西，这样我们才不会虚度光阴。让我们开始今天的训练吧！

重点回顾>>>

1. 精神行为的两种模式是什么？

   显意识和潜意识。

2. 悠闲从容的理想状态取决于什么？

   悠闲从容的理想状态完全取决于我们不再依赖显意识活动的程度。

3．潜意识的价值何在？

潜意识是记忆的中枢，价值是非凡的，体现在它能够控制生命过程，警示我们，引导我们的行为。

4．显意识的功能是什么？

显意识有识别检查的功能；它有推理的能力；它是意志的策源地，并能影响潜意识的活动。

5．显意识和潜意识的差异是如何表述的？

显意识是推理的意志。潜意识是以往意志推理的累积结果产生的本能的欲望反应。

6．应该采取什么样的必要方法去影响潜意识？

在内心里不断暗示自己，强调你想要的结果。

7．这样做的结果是什么？

如果主观和客观相一致，实现所要求结果的力量就会开始运转。

8．这一规律的运转，其结果是怎样的？

我们的外部环境是客观条件的反映，而这些客观条件，与我们内在世界所规划的相一致。

9．这一法则的名字是什么？

引力法则。

10．这一法则是如何陈述的？

精神是具有创造力的，并自动与其客体相关联，在客体中彰显出它的能量。

第 3 课 无须向外界求助，自己才是最强大的

LESSON THREE

与庞大的宇宙相比，人是渺小的，就像茫茫大海里的一滴水，巍巍高山上的一块石。但是人绝不是被动的、无所作为的，人是世界的主人。人正改变着世界，让世界以我们的意愿运转。人是能作用于世界的，同样世界也作用于人。这种作用和反作用的结果就是因与果的关系。

思想总是走在行动前面，想到才能做到。因此，思想就是因，而你在生活中所遭遇的一切，都是果。有因才有果，既然这样，就不要再对过去或现今的一切境遇有丝毫的抱怨了，因为一切取决于你自己，取决于你能不能把环境塑造成你所希望的样子。

世界上最丰富的资源藏在我们的脑海里，我们的思想蕴含丰富的宝藏。努力开发精神能源吧，让它们在现实中实现，它们会听命于你，一切真实的、长久的能力，都由此而来。

无须向外界求助，你自己就是力量的源泉，没有谁比你更强大。只要你了解了你的潜能，坚定不移地朝着目标努力，你在生命的旅途中就不会被绊倒，就没有任何困难能阻止你向前迈进，因为精神力量随时随地都准备向坚定的意愿伸出援手，帮助你把想法和渴望变为明确的行动、事件与条件，只要你愿意开启它。当你实现了这些，你就找到了力量的源泉，它将使你能够得心应手地应对生活中产生的各种境遇。

当你刻意地去做一件事，这是显意识的结果。我们需要把它们变成自发的意

识，或者说潜意识，这样，就可以把我们的自我意识解放出来，关注其他。习惯渐成自然，在新一轮的回合中，这些新的行动又渐渐变成了自然的习惯，继而成为潜意识，这样，我们的心智可以再度从这一细节中解放出来，进一步投入到其他的行动中。从显意识到潜意识的转变，其实就是从刻意到自觉再到习惯的改变。

1 人体的不同器官分担着不同的工作：大脑—脊椎系统是显意识发生的器官，交感神经系统是潜意识发生的器官。大脑—脊椎系统是我们通过感官接收意识传输的渠道，并控制着全身的动作。大脑—脊椎系统的中枢在脑部，担任显意识的工作。而潜意识的工作则由太阳神经丛担当，它是一个神经节丛，在胃的后部，是精神行为的渠道，是交感神经系统中枢，支撑着身体的生理机能。

> 当你刻意地去做一件事，这是显意识的结果。我们需要把它们变成自发的意识，或者说潜意识，习惯渐成自然，这些新的行动又渐渐变成了自然的习惯，继而成为潜意识，从显意识到潜意识的转变，其实就是从刻意到自觉再到习惯的改变。

2 显意识和潜意识虽然分属于不同的器官，但是它们的必要互动在神经系统中也有相应的反应。

3 显意识和潜意识两种系统之间的连接，是通过“迷走神经”建立起来的，迷走神经从脑部延伸出来，作为大脑—脊椎系统的一部分，延伸到胸腔，其分支分布在心脏和肺部，最终穿过横膈膜，脱去表层组织，与交感神经交结起来，这样就构成了两个系统的联结，使人成为一个物质上的“单一实体”。

4 人类的大脑就像是一个显示器，每一种想法都是通过大脑接收的，并在脑海中形成相应的影像；它听命于我们的推理能力。当客观想法被认为是正确的，就会被传递到潜意识系统，或是主观意识当中，成为我们生命的一部分，然后再作为事实传递给外界。当到达主观意识之后，这些想法就对推理论辩产生免疫力了，不再受其影响。而潜意识不能进行推理，它只是执行，它全盘接受客观想法的结论。

5 太阳神经丛之所以被称为太阳神经丛，是因为它像太阳一样是分发能量的中枢机构，是把全身不断产生的能量传递出去。能量被真实的神经运送到身体的各个部位，在环绕身体的大气中散播开来。这种能量是非常真实的能量，这颗太阳也是非常真实的太阳。

6 假如太阳神经丛的辐射足够强大，人身上就会有很强的吸引力，充满人格魅力。这样的人会向周围的人群挥发良好的能量。他的出现，本身就会给那些与他接触的人带来安慰，平息他们精神中出现的风暴，就像太阳一样照耀着周围的人。

7 显意识系统就像一个马力强劲的发电机，当它启动运转，辐射出生命能量的时候，全身各部分的能量都处于激发状态，这种被激发的能量会传递给予他接触的每一个人，这种感觉令人愉悦，生命充满健康活力，每一个接触他的人都会受到感染，变得一样精神焕发。

8 当太阳神经丛系统失灵，功能紊乱时，人就处于情绪低迷状态，对一切都提不起兴致，通往身体各个部位的生命和能量也就中止。这就是人类种族之间出现各种弊病、精神和肉体上及环境中受到各样困扰的原因之所在，也是产生失败的主要原因。

9 思想上的困扰，是由于提供给显意识思想能量的通道不够顺畅；环境上的困扰，是因为潜意识和宇宙精神的联系被破坏了，因无法沟通而处于紊乱状态。

10 太阳神经丛处于十分重要的位置，就像一个枢纽，是显现的交点，生命的数量是无限的，个体可以从这个太阳的中心孕育出来。太阳神经丛是部分和整体的交汇点，在这里，宇宙转化为个体，无形转化为可见，有限转化为无限，寂灭转化为创造。

11 能量的中心里潜伏着显意识的能量，能够完成一切所当完成的，因为它是全部生命和全部智慧的汇合点，是身体全部能量的总和。

12 显意识是策划者，潜意识是执行者，潜意识能够并且必将执行显意识交付给它的一切计划和使命，二者珠联璧合，配合得天衣无缝。

13 显意识思想的质量决定着思维的质量。我们的显意识所抱持的想法的品格决定着思维的品格，其特性决定着思维的特性，从而决定着将导致最终结果的人生遭遇的特性。我们能够辐射出的能量越多，我们就会以越快的速度把令人不快的境遇改造成令人快乐、受益的源泉。因此我们所要做的一切，就是增强我们的“电量”，让我们内心的光芒照亮四面八方。

接下来，重要的问题是，如何使内心的发光体闪耀出光芒，如何产生这种能量。

产生恐惧是因为自己不够强大，是因为对自己缺乏信心。只有当你通过实践证明了自己足以凭借思想的力量战胜任何的不利因素，从而自觉地认识到这种力量的时候，你就不再恐惧，因为你比恐惧更强大。

14 烦恶的念头就像寒流，会削减太阳神经丛的光芒，使这颗太阳黯然失色；愉悦的念头就像暖风，能给太阳神经丛升温，使太阳神经丛不断扩张。才能、信心、勇气、希望，就是太阳神经丛的暖风；而太阳神经从最主要的敌人就是恐惧，要彻底打垮、消灭这个敌人，把它驱逐出境，直到永远。只有这样，才能令太阳神经丛永远灿烂，不被乌云遮蔽光芒。

15 恐惧是一个贪心的恶魔，它不停地扩展它的疆土。你一旦感染上恐惧，它就会在你全身扩散，使你每时每刻都处于它的控制之下，让你恐惧每一件事和每一个人。只有当恐惧被全然有效地清除，你的太阳才会闪光，阴霾才会消散，你才能找到力量、活力和生命的源头，找到久违的快乐。

16 产生恐惧是因为自己不够强大，是因为对自己缺乏信心。只有当你发现自己真的拥有了无限的力量时，当你通过实践，证明了自己足以凭借思想的力量战胜任何的不利因素，从而自觉地认识到这种力量的时候，你就没什么可恐惧的了，因为你知道，你比恐惧更强壮有力。

17 正是因为我们不敢坚持自己的权利，世界才会变得苛刻。只有对那些不能为自己的思想争求容身之地的人，世界对他的发难才会冷酷无情。正是由于畏惧这种发难，才使得许多思想深埋在黑暗之中，不见天日。有期望才能有所得。如果我们一无所望，我们就将一无所有；如果我们冀望颇多，我们将得到更多。

18 太阳不需要光和热，因为它本身就在散发着光和热。拥有太阳的人，太忙于向外界辐射自己的勇气、信心和力量了；他们的心态期许着他们的成功；他们将把障碍砸得粉碎，跨越恐惧摆放在他们前进道路上的怀疑和犹豫的鸿沟，因为没有什么能阻挡他们成功。

19 当你意识到自己拥有太阳，你就不会再畏惧黑暗。一旦认识到自己有能力自觉地向外界辐射健康、力量与和谐，我们也就认识到了没有什么可畏惧的，因为我们力量无穷。

20 运动员是通过锻炼才变得健壮有力，我们是通过“做”来学习的。只有把知识付诸实际应用，才能获得深刻的认识。

21 每个人都有不同的使命，对物质科学情有独钟的人可以唤醒自己的太阳神经丛；偏爱严格的科学阐释的人则可以让自己的潜意识发挥功效。

22 潜意识如同显意识的镜子，会准确地对显意识的意愿做出有力的回应。那么，要想让你的潜意识发挥你所想要的功效，最简单的方法又是什么呢？那就是在内心里关注你所向往的目标；当你真的集中内心的关注点，潜意识就已经开始为你服务了。

23 创造就意味着打破一切框架，意味着不受束缚。创造性能量是绝对无限的；它不受任何先例的约束，因而也就没有可以应用其建设性原理的已有范式。

24 宇宙精神是整个宇宙的创造原理，作为宇宙精神的部分，潜意识和宇宙精神的整体是相合的、统一的。潜意识会对我们的显意识意愿做出响应，这意味着宇宙精神无限的创造性能量在人类个体的显意识的掌控之中。

25 一杯水浇熄不了一堆燃烧的木头，无限的能力无须有限的能力告知它如何去做。你只需要简简单单地说出你所想要的，而不是你想如何去实现它。这不是唯一的方法，但却是一个简单有效的方法，是最直截了当的方法，因而也是能够获得最佳效果的方法。

26 潜意识是宇宙精神的一部分，是宇宙的渠道，混沌一片的宇宙由此得以分化，这种分化是通过占有来实现的。你只需要为你想要的结果加上“因”的动力，就可以扬鞭驱驰了。这一结果，宇宙只能通过个体来实现，而个体也只能通过宇宙来实现——二者是合而为一的。

27 弓的弦不能总是紧绷着，一张一弛才是文武之道。紧张会导致精神活动的反常变化和动荡不安；它会产生忧虑、牵挂、恐惧和焦急。因此放松，是绝对必要的，它可以使精神功能游刃有余地进行。

请你完全地静默下来，尽最大可能勒住思想的缰绳，而且要放松下来，让肌肉保持正常的状态；身体的放松是一个意志自主的练习，这个练习将对你大有裨益，因为它能令血液在周身畅通无阻地运行。这将从神经当中驱逐出一切的压力，消弭那些将会导致肉体劳顿的紧张状态。

尽可能地放松你的每一块肌肉和每一条神经，直到你感到宁静从容，与自身和世界相和谐为止。太阳神经丛就要开始运作了，结果将会让你称奇不已，你会感觉自己的能力在一点一滴地增强。

重点回顾>>>

1. 什么是显意识器官的神经系统？

是大脑–脊椎神经系统。

2. 什么是潜意识器官的神经系统？

是交感神经系统。

3. 什么是身体产生的能量分发的中枢？

是太阳神经丛。

4. 能量的分发经常被什么干扰？

能量的分发被抗拒、苛刻、混乱的想法所干扰，其中最严重的是恐惧。

5. 能量分发被干扰的后果是什么？

干扰的后果就是整个人类所遭遇的一切苦难。

6. 身体产生的能量是如何被控制、引导的？

是被潜意识所控制、所引导的。

7. 恐惧如何能够彻底消灭？

这需要对于一切能量的真正来源有所领悟、认知。

8. 我们生活中的一切境遇由哪些因素决定？

是由我们精神中占主导地位的态度决定的。

9. 太阳神经丛如何被激活？

集中精神，专注于我们渴望能够在生活中出现的境遇。

10. 什么是宇宙的创造原理？

是宇宙精神。

第 4 课 你可以成为任何一类人

LESSON FOUR

因果相循，无因则无果，有因才有果。大多数人都只注重结果。

这是由于因是潜在的，隐藏在过程之中，不引人注意。而果则是显现的，吸引了所有的目光。思想就是能量，能量就是思想，但由于世界所熟知的一切宗教、科学、哲学都是这能量的表现而不是能量本身，因此，能量作为“因”，就被忽视或误解了。

“世界上最神奇的24堂课”则反其道而行之，它只关注“因”的一面。与快乐、享受、幸福、健康、财富相对的悲伤、痛苦、不幸、疾病和穷困，其实都是纸老虎，我们应该敢于并且有能力消除它们。生命就是表达，和谐而富有建设性地表达自己，是我们的分内之事，是我们不可推卸的责任。

消除这些因素的过程，需要高于并超越种种限制。如同船长驾驶他的船舰，又如火车司机开动火车一般，所有厄运、幸运、在劫难逃之运，都尽在掌握之中。一个强化并净化了思想的人，无须再担心细菌的侵扰，一个懂得了财富法则的人，瞬时就能看到供给的水源。

一个人的想法、做法和感受，决定了他是一个怎样的人。因此，有了宗教上的神与鬼，有了科学上的正与负，有了哲学上的善与恶。而做一个强者还是一个弱者，做一个成功的人还是失败的人，都由自己决定。

1 “自我”既不是血肉之躯，也不是心智。身体只是“自我”用来执行任务的工具，而心智是“自我”用来思考、推理、谋划的工具。

2 如果你认识了“自我”的真实特质，你就将享受到以前从未感知过的充满力量的感觉，因为“自我”能够控制并引导身体和心智，能够决定身体和心智如何去做、怎样去做。

3 你可以成为任何一类人，因为所有的个人特征、癖好、习惯和性格特点，都潜藏在你的身体里，这些都是你以前思维方式的产物，它们和你的“自我”并没有真正的关联。

4 思想的力量是“自我”被赋予的最伟大、最神奇的力量，然而不幸的是，极少有人知道什么是具有建设性的，或者说正确的思考，人就是这样而产生了差别，有了好坏、善恶之分。大多数人允准他们的思想停留在自私的层面，这正是幼稚的心智不可避免的结果。当人们的心智变得成熟时，就会懂得自私的想法是孕育失败的温床。

5 认为别人比自己愚蠢的人才是最蠢的人。做任何一件事务，都必须让每一个与这件事务相关联的人能够从中受益，任何一种试图利用他人的软弱、无知或需求而让自己受益的举动，只会得到赔了夫人又折兵的下场。

6 宇宙是由无数个个体组成，个体是宇宙的一部分，同一个整体的两个部分之间不能相互敌对。每一个部分的幸福，都建立在对整体利益的认知的基础之上，只有团结才能产生合力。

7 在最大程度上把注意力集中到任何一个主题上；不让自己精疲力竭，敏捷地消除一些游移不定的想法；不在无益的目标上浪费时间或金钱。这才是最明智的做法。

8 春天播种，秋天收获；种瓜得瓜，种豆得豆。为了增强你的意志，认识你的力量，你可以借用一句强有力的口号：“我要成为怎样的人，就能成为怎样的人。”

9 尽自己最大的努力去理解“自我”属性的真正内涵；如果你能做到，如果你的目标和意图是具有建设性的，并且与宇宙的创造原理和谐统一的话，你将无往而不胜。在奔向成功的道路上，你跑在最前面，所有人只能看到你的背影。

> 不幸的是，极少有人知道什么是具有建设性的，或者说正确的思考，人就是这样而产生了差别，有了好坏、善恶之分。大多数人允准他们的思想停留在自私的层面，这正是幼稚的心智不可避免的结果。当人们的心智变得成熟时，就会懂得自私的想法是孕育失败的温床。

10 不论在什么时候，不管在什么地方，只要你想起“我要成为怎样的人，就能成为怎样的人”，就重复一遍，持续下去，直到它成为一种习惯，成为你生命中的一部分。

11 要坚持到底，绝不能虎头蛇尾。当我们开始做某事但不把它完成的话，或是做了某项决定却并不坚守的话，我们就形成了失败的习惯——彻头彻尾的、可耻的失败。如果你不打算做一件事情，那就别开始；如果你开始了，即便天塌下来也要把它做成，不要受任何人、任何事的干扰。你身上的“自我”已做出决定，事情已经板上钉钉，骰子已经掷出去了，没有讨价还价的余地，只有完成它。

12 一滴水也能折射太阳的光辉，从最小的事情做起，从那些你能够掌控、能够不断努力的事情做起。在任何情况下，都不要容许你的“自我”被推翻，你将发现你最终能够战胜自己。要知道，许许多多的男男女女都曾悲哀地发现，战胜自己，并不比战胜一个国家更容易，小事中也藏着大玄机。

13 最强大的敌人往往是自己，当你学会战胜自己，你将发现你的“内在世界”征服了外在世界；你将攻无不克、战无不胜；他人和所做的事都会对你的每一个愿望做出回应。那时成功对于你来说，就如探囊取物。

14 “无限之我”即为宇宙精神或宇宙能量，人们通常把它叫作“上帝”。“内在世界”是由“自我”掌管的，而这个“自我”正是那个“无限之我”的一部分。

15 “在我们身边的所有奇迹中，最令人确信的是：我们一直身处万物或由此而产生的无限而永恒的能量之中。”赫伯特·斯彭德如是说。这些并不仅仅是为了证明或建立某种观点而提出的一种陈述或者理论，而是一种被最优秀的思想和科学理念接纳的事实。

16 科学和宗教有不同的分工，科学发现了亘古常在的永恒能量，然而宗教却发现了潜藏在这能量背后的力量，并把它定位在人们的内心之中。但这绝不是什么新的发现;《圣经》中早已言之凿凿，语言平易简朴、令人信服："岂不知你们是神的殿，神的灵住在你们里头吗？"这就是"内在世界"的神奇创造力的奥秘之所在。

17 你不能给予别人你没有的东西。无所取，何以予。如果我们软弱无力，也就无法帮助他人，如果我们希望对他人有所帮助，我们首先要让自己拥有能量，让自己先变得富有。

18 人的潜力是永远挖掘不尽的，无限意味着永远不会破产，而我们作为无限能量的代言人，自然也不应以破产的面貌出现。开发自己的潜能吧，这会让你受用不尽。

19 克己忘我不能和成功画上等号，战胜一切并不意味着目中无物。这就是力量的奥秘所在，也是控制力的奥秘所在。

20 我们必须对他人有所帮助，我们施予的越多，我们所得的就越多。我们应当成为宇宙传递活力的渠道。宇宙处于不断寻求释放的永恒状态之中，处于帮助他人的永恒状态之中，所以它总是在寻求让自己能够最好地释放的渠道，这样才能做更多有益的事，能够给予他人最大的帮助。

21 眼光要放长一些，不要只拘泥于自己的计划或人生目标，让所有的感觉安静下来，寻求内心的热望，把精力的焦点放在内心的世界中，在这种认知中安居——静水流深；密切注视各种各样的机遇，找出万有能量所赋予你的精神通道。

22 万物的精华，不在于它拥有什么，也不在于它如何有力，皆在于它的精神，精神是真实的存在，因为它就是生命的全部；当精神离去的时候，生命也就消逝了，熄灭了，不复存在了，精神是生命的灵魂。

23 精神活动是在大脑和心灵中完成的，是属于内在世界的，属于"因"的世界；

而一切环境和景况，都是由内在世界产生的，它们是“果”。正因如此，你就是创造者。这便是极其重要的事，比其他所有的事都更重要。

24 精神和肉体一样，会操劳过度，也会感觉倦怠。如果精神产生倦怠，就会停滞不前，这样就无法再进行一些更重要的实现意识力量的工作了。所以我们应当经常寻求适时的“寂静”。在“寂静”中，我们可以得到安宁，当我们安宁下来，我们才能思考，而思考，正是一切成就的奥秘。力量是通过休息得以恢复的，所以不要忘记让自己的精神也常休息一下。

25 思考不是静止的，是一种运动形式，它遵循爱的定律，激情赋予它振动的活力；它的成形与释放都遵循增长规律；它是自我的产物，同时也是神圣的、精神的、创造性本质的产物。

26 为了释放能量、财富或实现其他具有创造性的意图，首先必须唤醒心中的激情，激情可以让思考成形。

27 你会发现我们持续思考同一件事情，到最后这种思考就变成自发性的了，我们会情不自禁地思考这件事情；直至我们对所思所想持积极的态度，再没有什么疑问了。这是因为精神力量的获得，同身体力量的获得一样，是通过锻炼达到的。我们思考一件事情，可能在第一次非常困难，但当我们第二次思考同样的问题时，就变得容易多了；当我们反反复复一遍又一遍地思考的时候，就成了一种精神习惯。

> 你不能给予别人你没有的东西。如果我们软弱无力，也就无法帮助他人，如果我们希望对他人有所帮助，我们首先要让自己拥有能量，先让自己变得富有。
>
> 我们应当经常寻求适时的“寂静”。在“寂静”中，我们才可得以安宁，当我们安宁下来，我们才能思考，而思考，正是一切成就的奥秘。
>
> 精神力量的获得，同身体力量的获得一样，是通过锻炼达到的。当我们反反复复一遍又一遍地思考的时候，就成了一种精神习惯。

28 任何还不能有意识地迅速而完全放松下来的人，还不能算是自己的主人。他尚未获得自由，他仍然受到外在条件的奴役。但我现在假定你们都已经熟练掌握了上周的练习，就可以进行下一步了，也就是进入精神放松的练习中。练习放松精神，做自己的主人。

闭上眼睛，什么都不要想，完全彻底地放松，除去一切的紧张，然后让憎恨、愤怒、焦虑、嫉妒、艳羡、悲痛、烦忧、失望……精神中一切的不利因素，离你远去，你会感到轻松无比。

万事开头难，很少有人一次就成功，不要放弃，你会越做越好，不管是做这件事情，还是做其他事情；不仅如此，你还一定要坚持下去，驱除、消灭、彻底摧毁心中一切消极负面的想法；因为这些想法是你心中持续不断产生的、各种可以形容或无法形容的不和谐状况的种子，会使生命的乐章变调。

重点回顾>>>

1．什么是思想？

思想就是精神能量。

2．思想是如何运行的？

思想遵循共振原理运行。

3．思想如何获取活力？

它遵循爱的定律，激情赋予它活力。

4．思想如何成形？

它的成形遵循增长规律。

5．如何解释创造性能力？

创造性能力是精神的活动。

6．如何开发勇气、信念和激情？

通过认识我们的精神本质。

7. 能力来源于何处？

源于对他人的帮助。

8. 如何解释能力源于对他人的帮助？

因为有所予才能有所取。

9. 什么是寂静？

寂静是身体处于安宁状态。

10. 安宁的价值何在？

安宁是控制自我、主宰自我的第一步。

第 5 课 真诚渴望—主张权力—势必占有

LESSON FIVE

现在开始讲第五课。思想的产生，源于心智在行为中发生的作用。人类的思想具有充沛的创造能量，当今活跃于世的各种想法意识，与过去相比，已经有了决定性的进步。毋庸置疑，我们所处的这个时代，正因为创造性的思想而得以发展和丰富，与此同时，对于那些在思想方面有着卓越贡献的人们，世界也同样馈赠给他们不菲的物资和精神奖赏。

然而，这一切并不是思想凭空施魔法变出来的，也是有规则可循的，这就是自然法则；思想释放自然能量，推动自然能力，最终又在人类的言行举止中得以体现，在人类相互的碰撞中产生作用，直至影响和改变人类所存在的这个世界。

人，能够产生创造性的思想，也正因为这种自身的创造性，使人充满能量，正所谓：只有想不到的，没有做不到的。

1 人的精神生活中，潜意识至少占据了90%，这种主导性地位不容忽视。有些人不懂得潜意识的巨大威力和影响力，他们的生活和生命也就因此会受到限制。

当我们想给自己建造住房时，总是周密筹划，密切关注每一个小细节，认真鉴别选用质量上乘的材料。与此相对的，我们在为自己构建精神家园的时候，却往往失去了如此般的细致周到。人类的损失也就在此。

2 只有我们在生活中正确地对待并引导潜意识，它才能够为我们解决出现的各种困难，为顺畅的人生保驾护航。人，可以休息，然而潜意识却无时无刻不在工作。对于人和潜意识之间的互动，我们是单纯地被动接受呢？还是应该发挥主观能量，引导其运作呢？换句话来说，我们是应该积极主动地把握住自己命运的舵盘，提前预知防范可能的风险，还是随着命运的潮水，任自己在际遇中漂流呢？

3 众所皆知，精神存在于我们肉体的每一个部位，受其牵引和影响。而牵引力和影响力的根源，可能是我们所面对的某个客体，抑或是在我们的心智中业已形成的某种想法观念。

4 融会在我们身体血液中的精神，有某种一脉相承的气质，这通常就是我们所谓的遗传。它是我们的先人们对自身经历的一种反应，体现的是一种永无止息的生命力量。一旦我们正确地理解了这一点，我们就能正视自身暴露的一些令人不悦的小毛病和弱点，也能够利用自身的主观能量去加以改变，让自身得以提升。

5 我们的主观能量就体现在：保留并发扬自身遗传下来的好的、正向的性格特点；隐藏、修正或摒弃那些不好的、容易招致非议的性格特点。

6 由此可以看出，我们自身的意念性的精神，绝不仅仅是简单的遗传，而是我们所处的家庭、事业，以及社会环境综合作用的结果。在这个作用过程中，还有无数的人以及他们的想法、思想感染着我们，众多的直接或间接经验启发着我们，当然，其中也不乏我们自身的一些主观性思考，有选择性地对待。然而，就在我们赤裸裸地面对这一切经过的时候，我们几乎没有检查或考虑的时间。

7 亘古以来，我们人类得以创造、再生自身的方式和源泉也正在于此：昨天的思考成就了今天的我，而今天的思考必将引导和塑造明天的我。这就是应验在人类身上的引力法则。它回馈给我们的，只是我们自身，而绝非其他。这个“自身”就是我们思想的产物，不论中间是否有意识的作用，我们绝大多数人仍在无意中遵从这个法则，创造着自身。

8 当我们想给自己建造住房时，总是周密筹划，密切关注每一个小细节，认真鉴别选用质量上乘的材料。与此相对的，我们在为自己构建精神家园的时候，却往往失去了如此般的细致周到。人类的损失也就在此。因为，就重要性而言，后者远远超过前者。我们的精神家园构架如何，其中所选用的材质如何，氛围如何，都将直接影响我们面对生活中每一个细微问题的具体观点态度。

9 话说回来，那么，什么叫精神家园材质呢？其实，它是过往经历集中反映在我们潜意识中所得到的一种反馈。一旦反映出来的印象充满了恐惧、忧愁、焦虑，那么，反馈自然也就是负面的、消极的、充满怀疑的。这就意味着我们今天能够用来建造精神家园的材料，其质地无疑也是负面的、腐烂的，这对我们的生活没有任何好的影响，只会将生命淹没在痛苦与怨恨之中，我们不甘心，竭尽全力地去改造，耗尽心力，只是为了让它看起来像样一点。

10 反过来呢，一旦我们勇敢坚定、乐观向上，主动同一切不良不利的观念作斗争，主动摒弃或改造它们，长此以往，我们留下的精神材质绝对上乘。有了这个做基础，我们甚至可以自主选择想要营造的色彩，构建的精神家园自然也是恒久坚固，历经风雨不褪色，我们大可以信心十足地面对将来，精神有了好的栖息之所，还有什么疑虑呢？大胆往前走就对了。

11 以上陈述的种种，从心理学的角度来讲，都是摒弃了猜测和理论推导的事实，没有任何神秘的色彩。道理确实简单，让人一目了然，领会于心。我们因此而得到告诫：精神家园的建设不可偏废，需要用心经营，持久关注，让它的氛围充满着阳光、温馨、整洁的气息，这对我们在生活中的全面进步，绝对有着不可小觑的影响力。

12 只有我们很好地完成了精神家园的基础性建设，我们才能在此徜徉，用剩余的“上乘材料”卓有成效地构筑我们理想中的天地。

13 在这里，我们不妨用一个美好的比喻：有一处良田美地，那里有着庄稼田园、清澈的流水，以及坚实的木材，举目望去，宽阔无垠。还有一座豪华大厦，内藏有罕见的名贵字画、极尽奢侈的家具摆设，应有尽有。作为财产继承人，唯一要做的，就是心无旁骛地行使自己的继承权，占有并使用这些配置，不让它闲置。美好的存在一旦被荒废，那就等同于被无情地放弃。

> 在人类的精神领域，确实也存在着这样一处房产。而你，就相当于房产的继承人！你大可以无所顾忌地占有并适应，发挥自身最大能量去掌控它，营造出自然和谐、繁荣兴旺的景象，它将回馈给你幸福与安详。

14 在人类的精神领域，确实也存在着这样一处房产。而你，就相当于房产的继承人！你大可以无所顾忌地占有并使用，使出浑身解数，发挥自身最大能量去掌控它，营造出自然和谐、繁荣兴旺的景象，这就是资产负债表中的净资产，它将回馈给你幸福与安详。你失去的只是你的软弱无能和无助无奈的状态，付出努力，你就掌握了决定自己生命方向的权杖，你将为生命和尊严而战！

15 要想顺理成章地占有这笔丰厚的财产，不要吝啬迈出的脚步：真诚渴望——主张权力——势必占有。三点一线的终点，就是你所企及的美好家园。平心而论，迈出这三步对你而言并非难事。

16 在遗传学的领域里，睿智的先祖们，譬如达尔文、赫胥黎、海克尔及其他生物科学家，已经用如山的铁证为我们确立了遗传法则，在人类进化演变中所占据的主导性地位。人类的直立行走，以及其他种种生理能力——运动、消化、血液循环、神经系统、肌肉力量、骨骼结构，甚至是精神能力，一切的一切，都得益于人类遗传的成就。

17 然而，还是有一种遗传被遗漏在外了，它超越了科学先知们所能研究和想象的范畴，对此，他们深感无力无望，对于这种非凡的遗传现象的存在，既有的科学依据和理论无法阐明界定，因此无法向世人昭示。

18 这种流淌在人类自身体内的无限生命就是人类自身，进入的大门就是人类的感官意识。你大胆地敞开这扇大门，就能轻而易举地获得这股能量，还踯躅什么呢？

19 有一个重要的事实不容忽视：内心世界是诞生一切生命和能力的源泉。你所处的环境、经历过的人和遇到的事也许会帮助你意识到跟前的机遇和需求。但是，只有从内心着手，你才能找到正确面对机遇、需求的力量与能力。

20 这其中不乏一些赝品，这就需要我们去伪存真，发掘主观能量，认真鉴别，依照宇宙精神的形象和样式来为自己的精神家园打造坚实的基础。

21 我们在获得美好精神家园的同时，也因此而重生，拥有了敢于面对一切的勇敢与坚定，我们不再彷徨、怯弱、恐惧、害怕。一些新的意识在心底被唤发，我们瞬间拥有了无穷的潜能，指导我们跨越生命的沟壑，笑着无畏地前行。

22 这股改变的能量来自哪里？它是由内而生的，只有我们先付出主观能量，才能继而拥有它，除此之外，别无他法。全能的宇宙能量在形态分化的过程中，注入我们每一个人的体内，为了不让能量在体内聚集堵塞，我们必须将它释放，也只有这样，我们才能获得新的能量。在生命前行的每一步中，我们只有实实在在地付出越多，才能得到越多。我们需要身体更强壮，就必须付出比一般人更多的毅力和心血去坚持锻炼；我们需要积累更多的财富，就必须先投资金钱去搭建平台，只有这样，才能获得丰盈的回报。

23 以此类推，商人用商品换回利润；公司用高效的服务赢得主顾；律师用有效的辩护维持客户。这个道理存在于所有奋斗经历之中，也存在于精神能量的领域中——我们只有对自身已经拥有的精神能量加以使用，才能得到一切来自外部其他的能量。我们失去了精神，就什么都没有了。

24 一旦意识到了精神的力量如此强大的事实，我们就拥有了去获取所有力量——精神上的、心灵上的、物质上的能力。

25 一切财富是心灵力量和金钱意识相互作用累积的结果。心灵力量就好比那柄充满魔力的杖棒，让你接受有效的理念，为你安排可行的计划，让你在执行的过程中充满快乐，最终在收获中获得成就满足感。

不妨现在就尝试一下：还是坐在原先那个座位上，以相同的姿势，做一个深呼吸，放松心情，在脑海里面勾勒这样一幅精神愿景——大地、建筑、树木、朋友……可以是你所能想到的一切美好的事物。刚开始，你会有些许沮丧，因为你可以想到太阳下所有事物，然而就是圈定不了自己渴望专注的理想愿景。请别丧气，每天不间断地重复做这样一个简单的尝试，你会发现：改变就在眼前。

重点回顾>>>

1. 潜意识在人类精神生活中的储备到底占据多大分量？

90%以上的主导地位。

2. 这一主要储备一般被人类加以利用了吗？

很遗憾地被搁置了。

3. 为什么被搁置呢？

原因就在于，绝大多数的人都忽略了自己的主观能动性。

4. 存在于显意识中的倾向性调控指令，它的根源在哪里？

先人的经验性意识作用在我们身上的结果，也就是所谓的遗传。

5. 我们谈到引力法则，它回馈给我

们人类的到底是什么？

我们“自身”。

6. 何谓“自身”？

我们之前的经历和意识综合形成的结果，包括显意识和潜意识。

7. 构筑精神家园的物质材料指什么？

存在于我们自身的观念想法。

8. 如何认识我们自身体内的这股能量？

这是宇宙全能威力分化的结果。

9. 它是如何产生的？

一切的一切都源于内心。

10. 我们从哪里、怎样获得或拥有能量？

这需要我们对已有能量恰当使用。

第6课 需要—谋求—行动—收获

LESSON SIX

这一课重在向你揭示有史以来最奇妙的一种机制，在这种机制的运行下，你能为自己创造太多的拥有——健康、勇气、成功、财富，以及其他一切你想达到的圆满。你在“需要”中谋求，在“谋求”中行动，在“行动”中收获。这个链接过程，指导我们走向一个又一个完全不同于今天的“明天”。就好像宇宙的进化一样，个人的发展也经历着循序渐进的过程，伴随其中而无法舍弃的，正是我们不断增长的能力。

有个道理再浅显不过了：我们一旦侵犯了他人的权利，就会成为道德的绊脚石，在前进的过程中磕碰不断。我们因此而懂得：成功应该伴随一种崇高的道德理念——“为更多的人谋求最大的利益”。

我们要实现心中的目标，就需要维持梦想、坚定渴望，构筑和谐的关系。而偏执、错误的观点、理念只会把我们引向成功的反方向。

我们只有维持自己内心的和谐，才能与永恒的真理统一步调。智慧的传递要求接收者与传递者步调一致。

思想来源于心智，心智是蕴含创造力的，但是却不能创造和改变宇宙的运行方式，只有我们去适应它，有创造性地去维系我们和宇宙之间和谐良好的关系，这样，我们才能向宇宙索求，才有资格去拥有值得拥有的，我们也才能够经营自己有价值的人生。

1 奇妙的宇宙精神深不可测，蕴含着无穷的结果和实用性能量，能生发无限可能。

2 我们在承认心灵是一种精神智慧的同时，也不能否认它的物质存在性。那么，精神形态如何分化？我们又怎样得到想要的结果？

3 电学家会这样阐述电的功效：“电是一种运动的形式，它的功效取决于它的运动方式。”我们所拥有的光、热、电力、音乐等，都是电在特定的运动模式下，供人类驱使所产生的种种功效。

4 思想的功效又是如何的呢？回答就是，就好像空气运动产生风一样，精神运动形成思想，不同的思维机制产生不同的思想结果。

5 这就可以解释精神能量的所在，它完全是我们自身思维机制的体现。

6 我们在使用任何一种园艺器械的时候，都习惯性地查看相关的机械原理，便于操作；就好像我们在驾驶汽车之前，必须先弄清楚操作规程一样；可是，我们中间没有多少人，能正视自己对伟大生命机制的无知，说到底，这种机制就是人的大脑。

7 在这种机制下所创造的奇迹遍地开花，对它的领悟成为一种必然。

8 首先，我们在一个宏大的精神世界中存在、生活、运动。包罗了这一切的这个世界具有无穷无尽的能量，能随时对我们的渴望做出回应。我们的存在法则决定了我们的信念和目的，这种信念应该是富于建设性的、创造性的，它会产生一股无坚不摧的力量驱使我们去实现自己的目标。有句话说得恰到好处：“你的信念如何，你的力量也必如何。”

9 思维过程是个人与宇宙两者之间互动的结果，而大脑是完成这一互动的器官。这其中的奇妙之处可以想象：你在音乐、文学、芬芳的花朵中沉醉，你的思绪超越时空的阻隔与那些古代的、近现代的天才自由地对话共鸣。一切无他：你的大脑通过某个可以沟通的轮廓来让你获得所有美的感悟。

10 大脑无疑相当于一个宝库，能释放自然界中任何一种美德或原则。它的胚胎结构蓄势待发，能够在任何需要的时候发育成形。一旦你确认了这点，你就直接接触到了自然界中奇妙的法则之一，也就一定能够领悟到那创造一切的伟大机制。

有个道理再浅显不过了：我们一旦侵犯了他人的权利，就会成为道德的绊脚石，在前进的过程中磕碰不断。我们因此而懂得：成功应该伴随一种崇高的道德理念——“为更多的人谋求最大的利益”。

11 如果以电路来做形象比喻，神经系统就好比一个细胞蓄电池，能量产生于此；神经纤维就是传输电流的绝缘电线，这里的电流就是我们的血液奔腾的冲动和渴望。

12 脊髓是感官渠道，相当于一个巨能发电机，接收和传递大脑发布的信息；随着脉搏跳动，在血管里流淌的珍贵的血液，能不间断地更新和焕发我们的能量；最外面的，是我们细腻的肌肤，它用完整的躯壳覆盖住整个身体。机制的运行就在这个完美的构架之中进行。

13 我们可以将它称之为“永生之神的殿”，我们每一个人都能在领悟这种伟大机制之后完全地掌管这殿堂，掌管的好坏，就取决于你对机制认识和运用程度的深浅。

14 我们的每个想法，都具有推动脑细胞的能量。起初，脑细胞中的相应物质不会轻易接受这种想法，只有当这一想法精确、集中到让这种物质屈服，才会被回馈，从而淋漓尽致地被表达出来。

15 心灵的这种能量能影响作用于身体的任何一个细胞，能够直接摒弃所有负面的效果。

16 一旦人类用心领悟并掌控了精神世界的法则，运用在商业行为中，必将产生无可估量的巨大价值，同时，能提高你对事物的洞察力，从而在更全面地理解问题的基础上，做出最终、最客观的判断。

17 在使用这种全能力量上，那些专注于内在世界的人，无疑拥有了战胜一切的优势，不会被轻易绊倒，这终将让他的生命旅程充满了美好、坚定、温暖的景象。

18　集中意念、全神贯注，在精神文明的发展过程中，可能称得上是至关重要的一个环节了。当你越是专注地对待一件事情，结果就越会超乎你的想象。因此，对于那些希望获得成功的人而言，培养意念集中，应该是他首要的功课，也是他通往幸福之旅必备的条件。

19　这就好比放大镜，我们知道，放大镜可以聚焦太阳的光线，但是如果把放大镜晃来晃去，光柱不断移动，这时的放大镜就没有任何能量，只有当它静止下来，才能把光线集中于一点，过一段时间会看到奇妙的景象。

20　思想的能量与此异曲同工：一旦你的思维游散、飘离，就导致能量无法集中，当然也就难以成就任何事情；只有当你全神贯注地对准一个目标笃定不放弃，等到时机合适，相信你取得任何成就都是可能的。

21　说到这儿，也许会引来某些轻蔑的说法：原来获得成就这么简单呀！只要集中精神就好了。这无疑是忽略了锁定目标的重要性。随便让你将意念集中在一件事物上，你肯定难以办到，会不停地走神，不断回复到最初的目标上，每一次都等于前功尽弃，到最后毫无所获，因为，这个随便的目标根本吸引不了你全部的注意力。

22　的确，通过集中意念，全神贯注，我们就能克服和解决前进路途中遇到的种种挫折和困难，然而，获取这种奇妙能力，只有一种实践的途径，那就是熟能生巧。任何事情都逃不过这唯一的途径。

23　像那些大企业家、大金融家们，往往都在尝试远离人群喧嚣，过一种避世退隐的简单生活，无非也就是为了在这种简单纯粹中用心思考和计划，还自己一个明净平和的心态。

24　不少商业精英已经在这方面为我们做出榜样，我们即便不像他们那样有天赋，但是追随他们思考的方式，相信在某个方面也一定会有所成就。

25　机会只给有准备的人，这句话不假。所以我们要为自己营造一个良好的心灵模式，在这种随时随地做好准备的心灵中，说不定就会产生价值连城的金点子了。

> 当你越是专注地对待一件事情，结果就越会超乎你的想象。因此，对于那些希望获得成功的人而言，培养意念集中应该是他首要的功课。

26 我们要学习与庞大的宇宙精神保持和谐，与万物保持一致，尽可能准确地掌握思维的基本法则和原理，这将帮助我们有效地改变世界，成就人生。

27 你会发现，周边的环境和我们的际遇会随着我们精神的进步和成长而发生变化。要知道，我们在认识中成长，在行动中焕发激情，在际遇中洞察一切。只有心灵跟随，人生的进步才会永无止境。

28 渺小的个人不过是巨大的宇宙能量分化的渠道，它赋予我们的能量无限，因此，我们可能取得的进步仍不能停歇。

29 切记这样一点：思想是汲取精神能量的过程。任何时候都不要忘记。这本书中力求阐明的方法，就是让你不断地领悟和学会实践一些基本的原理，只有你真正做到了这一点，才算得上是找到了开启宇宙真理宝库的钥匙。

30 人生所有的苦难也无非是两种：肉体上的病痛和精神上的焦虑。追根溯源，往往是由某些违反自然法则的行为导致。这种违背，其实是由我们有限的认识所造成的。当我们摒弃过去一些不完备的知识，全方位地获取新的信息和认知，这一切伴随的悲苦境遇，就会随之消失殆尽。

想尝试培养这种能力的方式很简单：拿一张照片，回到你之前的那个座位，以相同的姿势坐定。请你认真观察手上的这张照片，从照片中人的眼神，到他的面部表情，再到他的衣着打扮，包括他的发型设计，等等，坚持10分钟以上。然后，拿走照片，闭上眼睛，尝试着在心里勾勒这张照片的每一个细节，如果照片能在你的心底清晰呈现，那么你的尝试就是成功；如果不能，就请你反复尝试，直到最后出现效果为止。

这个简单的步骤，充其量也只能算是在松土，真正播种的过程还在我们下面的讲述中。

这个练习主要是让你学会控制心灵的情绪、态度和意识。

重点回顾>>>

1．电力能创造哪些效果？

随着电运动形式的改变，有光、热、能量和音乐。

2．产生这些效果的机制是什么？

电力被使用的机制。

3．人的精神和宇宙精神互动的结果是什么？

人生各种各样的际遇。

4．如何改变这些际遇？

改变宇宙在形态上分化的机制。

5．那这个机制又是什么呢？

人的大脑。

6．大脑如何改变际遇？

通过“思维”的过程，作用于大脑，从而指导行动。

7．集中意念、全神贯注的能量如何？

这是每个成功的人所必备的品质，能帮助人类抵达任何一项伟大的成就。

8．如何能做到这一点呢？

这需要切实地进行“世界上最神奇的24堂课”体系中的训练。

9．为什么这一点如此重要？

因为这将使我们能够掌控自己的思想，而思想是因，境遇是果，如果我们能够控制成因，也自然能够把握结果。

10．客观世界的境况何以发生不断的变化？成效为何能不断累积？

因为人们开始学习建设性思考的基本方法。

第 7 课 视觉化你的目标

LESSON SEVEN

广袤博大的世界是由无数各不相同的有形实体和主观事物构成，有形实体是指可以通过感官来认知的客体、物质等一切可见之物。与之相反，主观事物不可见的非实体，是属于精神层面的，但是它却非常重要。

而人则是有形实体和主观事物的结合体，首先，人的形体是有形的实体，可以看得见，摸得着。而人的思想、意识和精神则是非实体。人的有形实体拥有选择能力和意志力，可以称之为显意识，可以在能够解决困难问题的种种方法中遴选出最佳方案。而作为非实体的精神，因为不能意识到自身的存在，被称为潜意识。精神虽然依托人的形体而存在，无法进行选择，但却是一切力量的源泉，像一个运筹帷幄的操纵者，它可以支配驾驭“无限”的资源来实现目的。

思想、精神等潜意识是人类取之不尽、用之不竭的宝藏，是伟大的造物者赋予我们财富。利用潜意识来开发无限的潜能，就像用一把金钥匙打开未来之门，它将带给你无数的挑战和惊喜。

下面的一课将立体直观地阐述神奇的力量，详谈自觉地利用这种无所不能的能量的方法。要想领略掌握这种神奇的力量的精髓，你就要怀着一颗赞赏、理解、认同的心，仔细地研读。

1 要想画好翠竹，先要胸有成竹；万丈高楼起始于一张设计图纸，因为无论你要建造什么，你总是在计划的基础上建造。当工程师计划挖一个深渠时，他首先要确定成千上万个不同部分所需要的力。当建筑师计划建造一幢30层的高楼时，他预先在心中描画好了每一个线条和细节。

> 利用潜意识的第一步是要在心中设定一个目标，目标可大可小，但是一定是你愿意并能够为之付出努力的。在心中画一幅精神图景，一定要用心描绘，要绘制得具体、清晰透亮、轮廓鲜明，接下来就要将这幅图景深深地植入心中，然后按部就班，坚持不懈地为之努力。

2 利用潜意识的第一步是要在心中设定一个目标，目标可大可小，但一定是你愿意并能够为之付出努力的。也就是说你先要在心中画一幅精神图景，一定要用心描绘，绝对不能信手涂鸦，因为你要对自己负责任。

3 精神图景一定要绘制得具体、清晰透亮、轮廓鲜明，每一笔都要勾勒得很清晰美好。不要考虑成本，不要为画布够不够大、颜料是否充足的事忧心，不要让自己的思维被局限。你应该从无限中汲取能量，在想象中构建它。放开思想的缰绳，让它自由地驰骋，设想一个不受限制的宏大图景；请记住，没有任何人能限制你，除了你自己。

4 绘制宏图是第一步，图景绘制得精美宏大就有一个好的开始。接下来就要将这幅图景深深地植入心中，然后按部就班，坚持不懈地为之努力。你付出一分艰辛，它就会向你靠近一步。尽管很少有人愿意付出这样的努力，然而工作是必不可少的——劳作，艰辛的精神劳作。这是一个非常著名的心理学事实，一分汗水，一分收获，这是永恒的真理，但是仅仅知道这样一个事实对你的心灵毫无帮助，你必须将它转化成行动，付之于实际。

5 在你行动之前，一定要明确地知道你的目标在哪里，知道你应该朝哪个方向前进，正如同在播撒任何种子以前，你一定要知道将来能收获什么一样。你将会明白，未来为你准备了什么。千万不要在没考虑清楚的情况下盲目行动，这样会让你离正确的轨道越来越远。如果你不知道该往哪走，不知道朝哪个方向努力，那么就停下来仔细思考，不要怕浪费时间，因为明确的目标和周详的计划才是事半功倍的保证。这时候你一定要平心静气，日夜思考，一步步展开逐渐清晰明了的画卷。首先是一个非常模糊的总体规划，但是已经成形，轮廓已经出现，继而是细节。然后你的能力会循序渐进地增长，直到你能够详尽地阐述你的宏伟蓝图，因为你的最终目的是让它在现实生活中得以实现。

6　思想引发行动，行动产生方法。“视觉化”是一个生动形象的说法，同样也是一个行之有效的方法。赋予抽象的事物以形象，在脑子中为它画像，仿佛就在你眼前，能够看到它一样，这就是我们说的“视觉化”。运用这一方法，你能够看到一个趋于完善的画面。当细节在你面前展开，细节就像一个一个的零件清晰可见，环环相扣。

7　人类的思想具有极强的可塑性，可以按照主观意愿将它塑形。如果你想建造一所大房子，那么首先你要在头脑中给这所房子画像。不管是高楼大厦还是田园庭院，无论富丽堂皇还是平淡朴素，都由你自己做主。你的思想就是一个可塑的模具，而你心目中的大房子最终就是从这个模具中诞生的。

8　“用这种方式，我得以迅速提高并完善一种想法，而不需要碰任何事物。当我前行到这种地步——设计出我所能想到的所有改进方式，看不出任何纰漏——的时候，我才让头脑中的产物具体成形。我设计制作的产品最终总是与我所设想的一模一样，20年来无一例外。”这是尼古拉·泰斯拉——人类有史以来最伟大的发明家之一，一生信奉的箴言。尼古拉·泰斯拉拥有神奇的天赋，创造了最令人叹为观止的传奇。他在实际创造之前，常常是先把这种发明在头脑中视觉化。他首先在想象中逐步建立起理念，使它成为一幅精神图画，然后在脑海中重组、改进，而不是急于在形式上把它们具体化，然后再耗时费力地去修正。

9　形态能够表现思想，这是一条规律。只要你有意识地循着这一方向前进，你将发展出信念，这种信念就是你成功的前奏，有了这种信念你将无往不胜、无坚不摧。这种信念还会带给你自信，一种带来毅力和勇气的自信，让你相信自己已经为成功做好了准备；你将发展出集中意念的力量，它使你能够排除一切杂念，把思想集中在与目标相联系的一切事物上。如果你是这样一个人，如果知道如何成为一个非凡的思想者的人，那么你就拥有了金字塔尖上令人景仰和艳羡的地位，你就成了人群中的“意见”领袖。

10　要想构造出有价值的产物也需要合适的材料，材料的品质决定了成品的价值。

因此，要想构建质量上乘的作品，首先要做的事就是要确保材料的品质。再精湛的工艺也不可能用再生绒纺织出上好的呢料，可以说，材料的优劣决定事情的成败。

11 为了生存和发展，各种形态的生命都要为自己的成长聚拢所需的物质，我们的精神也遵循同样的法则、采取同样的方式。而获得所需材料的最可靠的途径，是要完善并发展自身，聚拢最优秀的材料。其实这对于你来说并不难，因为你拥有超过500万的精神建筑工，它们的名字是脑细胞，它们时刻待命，为你的宏伟事业冲锋陷阵。这些细胞不停地创造并重塑着身体，而除此之外，他们还能够进行一种精神活动，把进一步完善所需要的物质聚拢到自己身边。你是个富有的老板，因为你的体内还有数以亿万计的精神建筑工，每一位都有足够的智慧去领悟并作用于所接收到的信息或建议，帮助你在关键时刻做出英明的决断。

思想引发行动，行动产生方法。“视觉化”是一个行之有效的方法。赋予抽象的事物以形象，在脑子中为它画像，你能够看到一个趋于完善的画面。

有的人总认为自己很无力，总希望从“外在世界”中寻求力量和能力，从内心以外的各个角落寻找力量，这实在是太荒唐了。

12 大部分人都喜欢创新，讨厌重复，其实重复是十分重要的事。只有不断地在头脑中重复精神图景，它才能够变得清晰无误。重复不是无用功，每一次重复的过程都会使图像比先前更加生动立体，而图像清晰准确的程度与它在外在世界中的展示成正比。你的思考能力无边无际，这意味着你的实践能力无边无际，足以让你创造出一切你自己渴望拥有的外部环境。你必须在内在世界，在你的心灵中牢牢地把握它，直至它在外在世界中显现出自己的形象。

13 有的人总认为自己很无力，总希望从“外在世界”中寻求力量和能力，从内心以外的各个角落寻找力量，这实在是太荒唐了。其实最强大的力量在人的内心之中，但令人十分扼腕惋惜的是，许多人丝毫没有察觉到自己拥有这样巨大的力量，这样超自然的能力。有朝一日，这种力量一旦从他们的生命中彰显出来时，他们准会被自己吓一跳，他们会发出这样的感慨：“原来我是如此的强大啊！”

14 永远不要受外部环境的影响，让我们仅仅是设想蓝图，让我们的内在世界美丽丰饶，外在世界自然会表达、彰显你在内心拥有的状态。一块白布上有一个小黑点，如果你把自己的目光一直聚集在这个黑点上，那么这个黑点就会被无限放大，最终挡住你的视线，使你看不到白布，虽然白布才是主体。这样的做法带来的结果是：你因为一个小黑点而失去了一整块白布。

15 诚挚的愿望将带来自信的预期，而这些反过来又会由于坚定的渴求而进一步增强。愿望、自信和渴求必将带来成就的辉煌，因为内心的愿望是感觉，自信的预期是想法，而坚定的渴求是意志。感觉为想法赋予活力，而意志使你坚定不移，直至“生长法则”使愿景成为现实，这些都是不争的事实。设想一幅精神图景，让它清晰、完美、明确；牢牢地把握它；方法和手段会随之而来，指引你在正确的时间，用正确的方式，去做正确的事情。

16 所有人都希望得到金钱、权力、健康、富足，却没透彻了解因果相循的道理，有善因才有善果，天下没有免费的午餐。有许多人无比积极地去追逐健康、力量及其他外部条件，但似乎没有成功，这是因为他们在和“外部”打交道。相反，只有那些不把目光专注于外部世界的人，他们只想寻求真理，只要寻求智慧，而智慧就赐予他们，力量的源泉就会向他们敞开，认识到自己创造理想的力量，而这些理想，最终将会投射到客观世界的结果中。他们会发现智慧在他们的想法和目标中展现出来，最终创造出他们渴望的外在境遇。

17 在很多时候，我们就像是一个刚刚开始换牙的孩子，总是好奇地用手去摇动松动的牙齿，总是不自觉地用舌头去碰刚长出的新牙。毫无疑问，在这种情况下，牙齿通常会长得畸形。我们想要做一些事情；我们需要帮助；我们沉陷于忧虑之中无法自拔，我们表现出来的也是忧虑、恐惧、悲愁。而这正是许许多多的人在自己的精神世界中所做的事情。

18 对于那些胸怀勇气和力量的人来说，引力法则必将带来富裕丰饶；而对于那些常常怀抱着匮乏、恐惧的想法的人来说，引力法则必将带来穷困潦倒、匮乏短缺。由此可见，一切都在于你怎么想、怎么做。

19 只要我们拥有一颗开放的心灵，应运而生、应时而动，我们就能做比以前更多更好的工作，新的渠道将不断出现；新的大门将为我们敞开。思想是能量之源，它产生的动力足以推动财富的车轮，我们在生活中遭遇的所有经历，都取决于此。思想的力量，是获取知识的最强有力的手段。没有什么是超出人类理解力的，但要利用思想的力量。

20 你是否能够坚持自我，抑或是像大多数人一样随波逐流？你是不是时常感觉到自我与形体同在？这是你每天都要问自己的问题，并且要在内心深处寻找答案。当蒸汽机、动力织布机以及其他每一次技术进步和改良措施被提出来的时候，都遭遇过强烈的反对，不过这并不影响它们走进我们的生活。不要永远只是被引导，要勇于担当引导者。

静下心来，在脑海中想象一下你最亲密的人。他的外貌特征、穿衣打扮、言谈举止、音容笑貌——回想你最近一次见到他时交谈的情景。我们本周的练习是，把你的一位朋友在你的脑海中视觉化，直到你的头脑中清楚地出现他的形象，完全像你最近一次看到他时那样。看那屋子、家具，重复你们对话的场景，最后看他的面庞，仔细清楚地观察，然后就某个有共同兴趣的话题和他进行交谈；观看他的表情变化，看他的微笑。你能做到吗？好的，你没问题；然后激起他的兴趣，告诉他一次历险的经历，看他的眼神中闪烁着的兴奋开心的光芒。你能做到这些吗？如果可以，你的想象力很棒，你正在取得了不起的进步。

重点回顾>>>

1．视觉化指的是什么？

精神图景形成的过程就是视觉化。

2．视觉化会产生什么样的结果？

可以在内心产生一幅理想的景象，并且能够指引你按部就班地行动，实现目标，成为自己希望成为的人。

3．什么是理想化？

理想化是最终会在客观物质世界中实现的计划视觉或是设想的过程。

4．为什么理想化或是视觉化中的清晰度或准确度非常重要？

因为“视觉”创造出“感觉”，“感觉”改变我们的境况。首先是精神上的，继而是情绪上的，最后是实现的无限可能性。

5．怎样实现这种清晰度呢？

每一次重复会使得这幅图景比前一幅更清晰、更准确。

6．建设精神图景的原材料是如何获取的？

这些是由成千上万个脑细胞完成的。

7．怎样获取使理想在客观物质世界中实现的种种必要条件？

这是通过引力法则实现的。一切境遇或经历的发生都遵循着引力法则。

8．把这条法则付诸实践有哪些步骤？

有三个步骤，真诚的渴望、自信的预期、执着的追求。

9．许多人失败的原因是什么？

因为他们把关注点放在了损失、疾患和灾难上，引力法则运行不怠；他们恐惧什么，什么就会降临在他们头上。

10．如何正确地取舍？

专注于你渴望生活中实现的理想。

第 8 课　和谐的思想酿出美好的结果

LESSON EIGHT

生活看起来千头万绪，丰富多彩，变幻无常，其实生活是符合规律的，而并非受制于各种飘忽不定的偶然性，处于一种相对稳定的状态。这种稳定的状态就是我们的机遇，因为只要遵从这个定律，我们就可以准确无误地获得想要的结果。我们可以自由地选择自己思考的内容，然而想法的结果却总是服从一条铁的定律。如果不是因为有了这个规律，那么宇宙就不是朗朗乾坤，而是一片空虚混沌了。因此我们说，正是这个规律使宇宙变得和谐欢乐。

思想是行动的前提和动力，如果思想是和谐的、具有建设性的，那么结果一定是美好的；如果思想是破坏性的、嘈杂不堪的，结果一定是不幸的。思想是善恶之源的奥秘，幸与不幸，全部由思想来主宰。

成功与失败只不过是用来描述行为结果的词语而已，或者说，用以说明我们对这一规律是遵从抑或违逆。这一点我们可以用卡莱尔和爱默生的例子加以佐证：卡莱尔憎恨一切坏事物，他的一生可以说是一部永远嘈杂不宁的纪录片。与卡莱尔形成鲜明对比的是爱默生，他的一生就是一首宁静而和谐的交响乐，他热爱一切美好事物。

两位人类历史上的智者，为了实现同一个理想却使用了截然不同的方法。卡莱尔接纳了破坏性的思想，因此给自己带来了无尽烦躁与不宁。而爱默生则利用了建设性的思想，因此与自然法则和谐一致。

由此我们可以很清晰地看到，恨是极具破坏性的，憎恨任何事物都不是明智的

做法，即便是“坏事”。种瓜得瓜，种豆得豆，持有破坏性的思想不放手，收获的必将是难以下咽的苦果。

1 相类似的思想总是会更容易地结合在一起，因为这是宇宙的创造原则。思想得以成形，生长法则终究会彰显出来。一切有生命的物种都有生长的过程，并且总是自觉不自觉地朝着实现这个目标努力。寻找到一种方法，能够使建设性的思维习惯取代那些给我们带来不利效应的思维习惯，这一点就变得至关重要。

2 每个人都可以任自己的思想天马行空，自由驰骋，但所有持久的想法都会在个人的性格、健康和外在环境中产生相应的结果，这是一切想法产生的结果，必然遵从的一条不变的定律。

3 精神没有形状，抓不到摸不着，所以精神习惯很难掌控，但并不是说完全无法做到。你可以试一下，从这一秒钟开始，看看自己的想法在生活中是不是必要的，以形成分析任何一种想法的习惯。将脑海中那些破坏性的思想剔除，以建设性的思想取而代之。

4 “学会关上你的大门，不要让任何不能给你的未来带来明显益处的东西进入你的心灵、你的工作、你的世界。”这是乔治·马修·亚当斯留给我们的一句话，其中的道理是实在的，因为所有的人都很有必要培养一种有助于建设性思维的心态。有些想法是有价值的，是与“无限”步调一致的，它能够生长、发展，结出丰硕的果实，那么，保留它、珍视它。如果你的想法是批评性的或破坏性的，那么，在任何条件下都只能招致混乱与不和谐，因为这些想法都是一个个毒瘤，要毫不手软地剜去。

5 想象力是思想的建设性形态，一切建设性的行为，都有想象力作为先导。想象力是光，这道光为我们照亮了一个崭新的思想和经历的世界。想象力是一种可塑的能力，它把感知到的事物塑造成新的形态和理念。想象力是一个强有力的工具，所有探险家、发明家，都需借助这一工具，开辟从模仿先例到积累经验的通途。

思想是行动的前提和动力，如果思想是和谐的、具有建设性的，那么结果一定是美好的；如果思想是破坏性的、嘈杂不堪的，结果一定是不幸的。思想是善恶之源的奥秘，幸与不幸，全部由思想来主宰。

6　一个影片导演如果找不到优秀出色的剧本，他就拍摄不出什么良好票房收入的片子，而这关键的剧本则是来自想象力。如果把未来比作一件衣服，那么想象力则能够起到积聚原材料的作用，而心灵的作用是把材料编织成衣裳，而我们的未来，就是从这样的理想中浮现出来的。可以说，想象力的培养，有助于引发理想。

7　真正的事物是由伟大的思想创造的，物质世界中的事物如陶工手中的泥，由思想将它塑造成形，而这工作的完成不得不借助想象力的运用。为了培养想象力，做一些练习是有必要的。

8　我们身体的肌腱需要加强锻炼，才能变得更加结实健美。精神的臂力也需要锻炼，需要营养，否则无法成长。

9　白日梦是一种精神的挥霍浪费行为，它将导致精神上的疾患。切忌混淆想象力和幻想；或是把它和很多人爱做的白日梦等同起来，它们之间有本质上的区别。

10　有些人认为最为艰辛的劳动莫过于建设性的想象力，这是一种高强度的精神劳动，但是它的回报也是最为丰厚的。企业领导如果不在他的想象中预想整个工作计划，他就无法建造一个拥有上百个分公司、数千名员工、上百万资产的大集团公司。因为生命中一切最美好的事物都赐给了那些有能力思考、想象，并使自己梦想成真的人。

11　你只要有意识地运用思想的能量，与精神这个全能者保持步调一致，那么你就能够在通往成功的道路上大踏步前进。因为，精神是唯一的创造原理，精神无所不能、无所不知、无所不在。

12　一切能量都是由内而生，真正的力量来自内心。因此我们必须有一颗乐于接纳的心灵，这种接纳性也是需要经过训练的，这种能力需要培养、提高、发展，就像锻炼身体一样。接下来，就是要把自己放到一个能够接收这种能量的位置上，因为这种能量无处不在。

13 真正起作用的，是在我们心中占主导地位的精神状态。如果一天大半的时间沉浸在软弱、憎恨、负面的想法中，不可能凭借在教堂中的一小会儿沉思，或是读一本好书时的状态而消减，也不可能指望仅凭一瞬间的强大、积极、创造性的想法，就能带来美好、强大、和谐的状态。这是由于引力法则必然准确无误地按照你的习惯、性格以及占主导地位的精神状态，在生活的景况、境遇、经历等方面回馈于你。

14 内心蕴含着人人都能使用的所有力量，人的内在力量在等待你通过第一次认识它从而让它变得可见，然后主张对它的所有权，把它注入你的意识中与你合而为一。

15 自古以来，健康长寿一直都是人们孜孜不倦的追求，但是就目前来看，进展甚微。长寿不是仅仅依靠多多锻炼、科学呼吸、每天喝足八杯白开水，用健康的方式食用健康的食品就能得到的。这些都是细枝末节，不是问题的关键，无知是一切错误产生的根源。但是，当人们敢于肯定自己同一切“生命”的合一，就会发现自己变得耳聪目明，腿脚便捷，浑身洋溢着青春的活力；就会发现自己找到了一切能量的源泉，仿佛得到了长生不老的灵丹妙药。

16 知识的获得带来能力上的增长，这是成长和进步的决定性因素，是宇宙的灵魂。知识的获取和证实是能量的组成部分，这种能量是精神能量，这种精神能量是潜在于一切事物核心的能量。

17 思想是推进人类意识进化的动力，知识是人类思想的结晶和升华。如果人类的思想停止进步，理想不再提升，他的能力就开始瓦解；相由心生，他的面容也将随之改变，记载这些变化的情况。

18 坚定不移的理想，为成功准备着必要的条件。因此，你可以把精神与能量的华服编织到整个生活的锦缎上，与之融为一体。因此你能够过上充满快乐的生活，免除一切苦难；因此你自己可以产生积极向上的能力，将富足与和谐吸引到你的身边。如果你忠实于自己的理想，当环境适合于实现你的计划时，你将听到心底发出的召唤，结果将与你对理想的忠实度严格成正比。

真正起作用的，是在我们心中占主导地位的精神状态。引力法则准确无误地按照你的习惯、性格以及占主导地位的精神状态，在生活的景况、境遇、经历等方面回馈于你。

19 思想是建设理想所用的材料，而想象力则是理想的精神工作室。心灵是他们用来把握周边环境和人物的永不停息的动力，他们用这样的心灵去筑造成功的阶梯，而想象力正是一切伟大事物诞生的母体。

20 只有少数人知道，他们所见的一切都只是结果，他们还知道形成这些结果的原因。而大多数看到的都只是表面现象，这就是随处可见的波动、不安的主要原因。

21 一艘战舰，如一座21层摩天大楼一般高大的怪物漂浮在太平洋上，用肉眼望去看不到任何生命，一切都是静默的。它就像冰山一样，有一大半身躯沉在海平面以下。

22 这艘舰船看起来默默无语、顺从听命、无咎无知，却能发射数千磅的炮弹，重创几英里[①]外的敌军。船上有一支整装待发的精英部队，船体的每一部分都由能干的、训练有素的、技巧娴熟的军官驾驭着，他们通过驾驭这艘巨大的船体来证明自己的胜任度。它尽管看起来已经被万物遗忘，但它的眼目观测着周边几英里内的每一件事物，任何东西都逃不出它的视野。这些是我们通过观察而产生的联想和推断。

23 想想钢板。看，有上千个铸造机械厂的工人从矿山提取了铁矿石，将它们运上货车或汽车，然后熔化，锻造出了许多钢板。这些钢板就是造船的原料。这样我们就知道了这条舰船的由来。

24 然而，这艘战舰是如何来到现在的地点，在开始之时又是如何诞生的呢？如果你是个细心的观察者，所有这一切，你都会想知道。

① 1英里约为1.6千米

25 为什么要建造这样一艘大的舰船呢？也许是发自国防部长的命令；但更有可能的是，自战争开端以来战舰就被设想出来了，国会通过了拨款提案；也许有反对票，也有支持或否定这个提案的演讲。进一步的思索会让我们明白一切事件中最重要的事实，那就是：如果没人发现如何使这个钢筋铁骨的庞然大物能够在水面上行驶而不至于沉下去的规律，这艘战舰就根本不会诞生。

26 我们需要把思想回归到战舰无形无物、无法触摸的形态中，它仅仅存在于工程师的脑海中。于是，我们的思想轨迹起始于这艘战舰，终结于我们自己。最后我们会发现，自身的思想总是对这个问题或其他很多问题负责，而这些正是我们常常忽视的。

27 当我们的思想能够看穿事物的表象，一切都与先前截然不同了，琐碎卑微变得意义深远，本是了然无趣却变得趣味无穷；一些我们曾经认为毫无用处的事情，将成为生命中至关重要的存在。

心灵训练

lesson eight

为了培养自己的想象力、洞察力、感知力与敏锐度，可以随便拿起一件物品，追本溯源，条分缕析，看看它到底是什么，有怎样的构造。这个不能依靠多数人的观察得来，必须透过事物的表面，用分析的态度细致观察。试试看，这是个好办法。

重点回顾>>>

1、如何解释想象力?

想象力是我们用以洞察思想和经历的新领域的照明灯。是所有发明家或探索者开路冲锋的强有力的武器。

2. 运用想象会有什么结果?

播种想象，将使你得以大展宏图、开拓未来。

3. 如何播种想象?

想象力的成长离不开训练。

4. 如何区别想象力和白日梦?

想象力是建设性思维的一种，它必须伴随着建设性的行动，白日梦是精神涣散的表现。

5. 错误由什么产生?

错误是无知的结果。

6. 什么是知识?

知识是人进行思考的能力。

7. 成功人士运用何种能力取得成功?

他们运用的是心智；心智是保证他们把握他人和外部环境以帮助他们完成蓝图的原动力。

8. 是什么预定结果?

是理想。心中坚定不移的理想能够带来实现理想的必要条件。

9. 敏锐地分析观察会产生怎样的效果?

想象力的开发、洞察力的深入、感知力的增强，与睿智的增长。

10. 上述这些将带来怎样的结果?

富裕与和谐。

第 9 课 改变我们自己

LESSON NINE

世上的事无法总尽如人意，人们都有美好的愿望，但是要实现它却要步步受阻。我们无法改变社会来适应我们，只能改变自己以适应社会，如果想要改造环境，首先要改变自己。但是这并不意味着我们无能为力，只能听从社会和环境的摆布。总会有这样或那样的办法克服阻力，美梦成真。

大千世界中有形形色色的人，有的人懦弱胆怯、优柔寡断、害羞内向；而有的人坚强勇敢、胸怀壮志、热情开朗；有的人由于恐惧即将到来的危险而过度紧张、焦虑烦躁；而有的人天生喜欢挑战，在与困难作战的斗争中永远是胜利者。这一切差别都是性格使然。

性格不是天生的，而是持续努力的结果。医治的良方非常简单，用勇气、能力、自强、自信的念头，取代那些无助、畏怯、匮乏、有限的想法。积极的想法必将摧毁消极的念头，就如白昼驱散黑暗一样肯定，结果会是百分之百奏效。因为在同一个时间、同一个地方，两种不同的东西不能共存。如同植物的种子发芽长叶一般，我们内心深处的愿望、期盼完全可以找到表达的方式。

坚定不移的信念要靠不断的重复来巩固和增强，不断地重复，会使心中所渴望的愿景成为我们自身的一部分。假设我们想要改变环境，如何做呢？回答很简单：改变我们自己。我们改变了自己，把自己改变成向往中的样子。

有了改变的想法就要行动，行动是思想盛开的鲜花，境遇是行动的结果。只有把思想落到实处，美好的愿景才能形象化、视觉化，才能得以实现。

1 爱、健康与财富，这是人类个体最高层次的追求，最全面的完善。也可以说人从呱呱坠地到寿终正寝，一生孜孜不倦追求的就是这三件事，这是人类天生的使命。那些同时拥有健康、财富与爱的人，他们的“幸福之杯”已完全满溢，再也加不进别的东西了。

爱并不符合守恒定律，如果你需要爱，那么请认识到得到爱的唯一方式是施予爱，你施予得越多，得到的也越多，而你能够施予的唯一方式，是让你自己充满爱。

2 健康的身体是快乐的本钱，如果肉体痛苦，又怎么能享受快乐？

3 当然财富是必不可少的，虽然这种说法显得有些市侩，出于某种心理的一些人并不会爽快地承认。但比较于丰富、阔绰、豪奢等充足的供应，所有人都不堪忍受匮乏、拮据和局限，因为选择好的东西是人的本能。如果你需要“财富”，那么只要你认识到，你内在的“自我”与宇宙精神合一，而宇宙精神就是全部的财富，它无所不在，这种认识将帮助你实现并运行引力法则，使你与那些能够使你走向成功的能量发生共振，并给你带来与你宣称的目标绝对一致的能力与财富。

4 爱是一种神奇的东西，很难给它下准确的定义。爱并不符合守恒定律，如果你需要爱，那么请认识到得到爱的唯一方式是施予爱，你施予的越多，得到的也越多，而你能够施予的唯一方式，是让你自己充满爱，直到你成为爱的磁石。爱是全世界通用的语言，对于人类幸福来说，是头等重要的大事，与健康和财富相比，爱似乎更为重要。只有健康和财富而缺少爱，生活就不会完美，是无法弥补的遗憾。

5 人们总是南辕北辙地在“外在世界”中追寻这三样事物，其实他们隐藏于人的“内在世界”。找到它们的秘诀非常简单，就是找到一种合适的“机制”，与全能的宇宙力量相联系。宇宙物质等同于“全部健康”“全部财富”“全部的爱”，而我们能够用来和这无限相联系的机制，就是我们的思维方式。

6 内心是属于精神的，那么它必然是绝对完美的。思想是精神的活动，而精神是创造性的。把这一点谨记在心，现实的景况就会与你的思想保持一致。因此，“我完整、完美、强大、有力、热爱、和谐而幸福”的宣称，绝对是科学的陈述。

7 应该想些什么是关乎人类生存和发展的大问题，正确的思维，实际上就是神奇的金钥匙，就是“芝麻开门”的神奇咒语。正确的思维，会使我们领悟爱、健康与财富的真谛，带领我们进入“至高者的圣殿”。

8 真理既是所有事业和社会交往中的潜在法则，又是每一次正确举动的先决条件。如果说真理是世人梦寐以求的宝藏，那么正确、合理的思维就是引导我们找到宝藏的地图，有了正确的思维这盏指路明灯，我们就一定能够找到真理之所在。

9 自信且肯定地认识真理就是与“无限”和“全能”的力量和谐相处，就是可以获得真正满足的钥匙。因此，认识真理就是使自己与战无不胜的力量相连，这是一切其他事情都无法比拟的。在这个充斥着怀疑、冲突和危险的世界中，它是唯一一块坚实的地面。因为真理是强有力的，它可以席卷各种各样的嘈杂与混乱，可以战胜一切怀疑与谬误。

10 一个人的成功，在很大程度上取决于其行为是否能和谐地与真理保持同步，哪怕是绝顶聪明的人，哪怕他学富五车、明察秋毫，如果他的希望是建立在错误的前提之上的话，他也会迷失在谬误的丛林里，对接下来的结果无法形成概念；反之，即便是最缺少智慧的人，也可以靠直觉对一件基于真理之上的行动的结果进行预测。

11 真理是宇宙精神的至关重要的原则并且无所不在，不管是故意还是无心，任何与真理相抵触的行为都会导致混乱不安，因为真理是个专横的独裁者，它不容许任何人、任何事挑战它的权威，也容不得有丝毫的反叛。

12 内在的“自我”是具有精神属性的，而所有的精神都是合一的；如果把最伟大的精神真理与生命中的细微之处相联系，那么，就已经找到了解决所有问题的秘密。如果我们能做到这一点，那么我们体内的每一个细胞都将彰显我们所认识的真理。如果你看到的是缺憾，它们彰显的也是缺憾；如果你看到的是完善，它们彰显的也是完善。大胆宣称“我完整、完美、强大、有力、热爱、和谐而幸福”，将给你带来顺逐的境遇。这是因为，这样的宣称是与真理严格一致的，当真理彰显出来，一切的谬误和混乱都将消失。

13 近朱者赤，近墨者黑，人和事是可以相互影响渗透的。如果一个人与伟大的理念、伟大的事业、伟大的自然物、伟大的人朝夕相处，那么，他就会在潜移默化中受到鼓舞，思想也会变得深邃。

> 所有的成功，都是通过把意念恒久地集中于看得见的目标而实现的。而视觉化是一种非常实用的机制，许多伟大思想的产生都要归功于视觉化。

14 视觉化拥有旺盛的生命力，是在人们的不断摸索实践中成长起来，它是经过千百年发展进化而趋于完美的机制。视觉化是想象力的产物，因此也是主观世界，即“内在世界”的产物。

15 视觉化是一种非常实用的机制，它借给我们的思想一双眼睛，使我们能够直观地看到无法在物质世界中显形的精神，许多伟大思想的产生都要归功于视觉化。

16 让我们进行一次视觉化训练。取来一粒种子。花也好，草也好，别管是什么种子，只要把它埋入土中。给它浇水、悉心照料它，把它放在能够让阳光直射到的地方，看那个种子抽出嫩芽。一个活着的、开始获取生存物质的生命就会诞生了。

17 利用视觉化的机制你能够看到那些生命的细胞，它们不断地分解、再分解，不久就能增长到上百万个，每一个细胞都充满智慧，知道自己想要得到什么，并知道如何获取它们。它的根，正在向泥土中延伸；它的芽，正在向上下伸展；它发绿长叶，向上向前生长，它的枝丫是那样的完美匀称，它的叶子逐渐长成，它抽出小小的茎杆，一个个害羞的小花蕾正腼腆地对着你笑。

18 你想看到的东西你就能够看到，因为我们能视觉化。当你能够让你的视野变得清晰明朗，你就能够进入到一件事物的灵魂深处。有意识地集中注意力，你喜爱的花儿出现在你眼前，你将闻到一股清香，这是你视觉化带来的芬芳。

19 不管你的意念是集中在健康上、理想上，还是一朵鲜花、一个棘手的商业方案上，或是人生的其他种种问题上，视觉化能令精神世界异常真实地展现在你的面前，你将要学会的是心神的集中。

20 所有的成功，都是通过把意念恒久地集中于看得见的目标而实现的。

21 信念的力量令人惊讶，弗里德里克·安德鲁斯从一个弱小、萎缩、畸形、跛脚、只能用手和膝盖在地上爬行的孩子，长成了一个强壮、挺拔、健康的人，就生动地证明了这一观点。

22 “不，没有机会了，安德鲁斯太太。我也是这样失去我的小儿子的，我为他付出了全部所有的力量。我特别研究过这种疾病，我知道他确实没有好起来的希望。”

“医生，如果他是您自己的孩子，您会怎样做？”

“我会一直战斗、战斗，只要孩子一息尚存，我就要战斗下去。”

弗里德里克·安德鲁斯的成长过程是一场持久的消耗战，也是一场信念与绝望的对抗赛，他的母亲在希望与失望之间不断地来回穿梭，但是最终的胜利是属于有坚定信念的人。

23 信念坚韧有力，可以让所有的医生们都认为没有治愈希望的残疾儿童奇迹般地生存下来，但是信念也需要鼓励、安慰，给它加油，因为所有的人都经受不住长期的失望。

24 如果你抱持着“我完整、完美、强大、有力、热爱、和谐而幸福”的信念，翻来覆去，从不改变。每日早上醒来所说的第一句话，也是每天夜里睡前所说的最后一句话，那就是：“我完整、完美、强人、有力、热爱、和谐而幸福”。一遍遍地对自己说这句话，那么你就真的完整、完美、强大、有力、热爱、和谐并幸福了。

25 我们常说，生活是一面镜子，你笑它也笑，你哭它也哭。如果我们付出了爱与健康的想法，它也一定会照此回报我们；但如果我们付出的是恐惧、忧愁、嫉妒、愤怒、憎恨等，那么，在我们生活之中也一定会看到恶果。

26 如果你想要熊掌，就不要害怕在别人面前肯定它，彰显你的态度与信念，它将使你受益，你会发现你想要的东西已经在你的手中了。如果你需要什么，你最好能够运用这句宣言，这实在是一句极其完美的话，“我想要。”

27 根据一些科学家的研究推断，所有的人都只有11个月的年龄，因为人类的肉体每隔11个月都会重塑一次，11个月是一个周期。如果我们年复一年地把缺陷植入我们的身体，那可就怪不得别人了，只能从我们自己身上找原因。

28 如果我们的心灵倾向于软弱、嫉妒、破坏、毁灭，我们就会发现周边的环境自然摒弃了与我们思想不符的状况，成为我们心灵状态的映射。相反，如果我们精神中的主要倾向是力量、勇气、宽厚和同情，那么，环境也一定会照此折射出来。

29 因果法则也可以称之为引力法则，对这个法则的认知和运用，将决定着一切的开端和结局；这就是世世代代的人们在实践中获得力量的法则。思想是因，境遇是果。思想是创造性的，它将自动与客体相关联。这就是精神的优势所在，精神是无处不在、唾手可得的。唯一需要做的，就是认识它的无所不能，并心甘情愿地接受它的善意。

如何摒弃一切糟糕的念头，而抱持令人振奋的好想法呢？人是自身思想的总和，刚开始可能我们不能阻止坏念头的侵入，但我们可以不去理会它。拒绝它的唯一方式，就是忘却——这意味着，找一些东西替代它。那句准备好了的宣言，现在就可以派上用场了。不管是办公室的办公桌旁边，还是在家里的睡床上，你可以随时随地运用它。

光明可以打败黑暗，温暖可以战胜寒冷，善能够战胜恶，光明美好的事物一定会让邪恶自惭形秽，退避三舍。当愤怒、嫉妒、恐惧、焦虑等思想病毒偷偷摸摸地潜进你的脑海时，开始运用你的宣言吧。运用它，照着它去做；把它带入你静默的灵魂深处，直至它沉浸到你的潜意识中，成为你的习惯。

重点回顾>>>

1. 幸福的必要条件有哪些？

是善行义举。

2. 什么能产生正确举动？

是正确的思考。

3. 商业活动或社会交往的前提条件是什么？

认识真理。

4. 真理能为我们带来什么？

如果行为基于正确的前提，我们能够很容易地预测出这种行为的结果。

5. 行为基于错误的前提会导致什么样的后果？

我们无法预知随后可能出现的结果。

6. 简单阐述真理的定义？

我们应该认识这样一个事实，真理是宇宙至关重要的总则，因此无所不在。

7. 解决各种问题的秘诀是什么？

是运用精神真理。

8. 精神方法的优势体现在哪些方面？

生活中的方方面面。

9. 运用真理的必要条件有哪些？

渴望成为精神力量的慈善行动受益人。

第 10 课 因果法则

LESSON TEN

没有人能随随便便成功，生活没有特别地偏爱谁。任何事情的发生都有一个明确的原因，看到别人成就的同时，也要想想他为之付出的汗水与艰辛。当你如愿地赢得了胜利，你也要弄清自己为什么会胜利。

原因和结果是直系血亲，它们从不分离。有什么样的原因就会产生什么样的结果。不了解事件的因果关系的人经常被自己的感受和情绪牵着鼻子走，而做出错误的判断。一盆鲜花摆在面前，他们会认为花就是花，长得漂亮和埋在土里的根没有任何关系，似乎花朵不需要根为其提供养料和水分。遇到问题他们不去分析原因，而是一味地怨天尤人。成功了只顾着庆幸而不总结经验，失败了就埋怨别人抢走了他们的好运气。如果缺少朋友，他们会说没有人懂得欣赏他们敏感的心灵。这样的人从来都不去全面地考虑问题。一言以蔽之，他们不懂得一切结果都是由某个特定的原因造成的，而是用许多借口和理由来安慰自己。他们所能想到的只有消极地自卫。

学会不偏不倚地思考问题，把“凡有果，必有因”的道理铭记于心，学会根据精确的事实制订计划。你在任何情况下都能通过把握事件的原因来控制局面。这样如果经商赔本了，就不会埋怨运气不好，而是去找经营中的漏洞，生意很快就会扭亏为盈。即便只是一个名不见经传的办公室小职员，也会同集团CEO一样成为令人羡慕的对象。

知其然亦知其所以然，轻松自由地跟随真理的脚步。看透每一个问题，并能充分恰当地做好自己应该做到的事。如此收获到的将是这个世界真情无私的回馈，无论是友情、爱情，还是荣誉、赞许，都会投进你的怀抱。

1 大自然无比慷慨，向世界上的每一个人敞开它宽广的胸怀。宇宙的自然法则之一就是富裕充足。千百万的树木与花儿，动物、植物和浩大的繁殖体系，创造与再生永恒进行着，这一切，无处不证实着大自然为人类准备了丰富豪奢的供应，大自然的丰盈充裕在万物中彰显出来。

2 大自然在一切造物上都毫不吝惜，无时无处不是慷慨、大方、豪奢的。但是遗憾的是，相当一部分人找不到入口，走不进这个堂皇的大门。他们还不能认识一切财富的普遍存在性，也不知道精神是使我们与渴想的事物相联系的活动原理。

3 并不是所有的能量都是物质能量，精神能量同样存在，心理和心灵上的能量同样存在。

4 亨利·德拉蒙德说：“正如我们所知道的，物质世界分为有机物和无机物。矿物世界是无机物的世界，它和动植物世界完全隔绝；往来的通道被打上了封印。这些障碍无法跨越。物质无法改变，环境无法改造，没有化学，就没有电，没有任何形式的能量，也就没有任何种类的变革可以为矿物世界的一个小小原子打上生命的烙印。”

5 生命使这个世界生动起来，没有生命的地球只是一片死寂，所有的一切只有和生命联系在一起时才有意义。丁铎尔说：“我承认，没有一丝一缕的确凿证据，可以证明我们今天所能见到的生命是与更早的生命毫不相关的。”

赫胥黎也赞成这一观点，他说过，生源论即生命只能来自生命的信条放诸四海而皆准。如果生命不曾降临，这些没有生机的原子就不会被赋予生命的属性，矿物的世界就永远只能停留在无机的层面。

6 凡是有生长的地方，就一定有生命；凡是有生命的地方，就一定有和谐。因此，所有有生命的物质都在不断为自己谋取充足的供应和合适的环境，以便尽可能完美地表达自己。大自然的一切，在生长法则中不断彰显自己。

7 一条无法跨越的鸿沟横亘在无机物和有机物之间，这时两者是互不相干的个体，并没有交集。而生命就像一道桥梁，它沟通了两个世界。生命开启了物质的宝库，如果没有开启，就没有有机体的改变，没有精神能量，没有心灵力量，没有任何种类的进步，能够使人类进入精神世界的领域。

没有人能随随便便成功，生活没有特别地偏爱谁。任何事情的发生都有一个明确的原因，看到别人成就的同时，也要想想他为之付出的汗水与艰辛。当你如愿地赢得了胜利，你也要弄清自己为什么会胜利。

当我们尽可能地让自己的思想与自然的创造性准则保持和谐，我们就走上了成功的快车道，事半功倍。

8　生命和非生命之间的联系同自然世界与精神世界的联系是一样的。正如植物深入到矿物世界当中，用生命的神秘触摸这个世界，宇宙精神也是这样屈身来至人间，赋予人类新奇、陌生、美好，甚至是奇妙的力量。世界上的万事万物、方方面面，都是通过这种联系取得了骄人的成就的。

9　思想就像一条沟通的纽带，它让无限与有限之间保持联系，让个体与宇宙之间保持联系。

10　一切环境和境遇都是我们思想的客观形式，思想只有在精神的温床上才能茁壮地成长。当一颗思想的种子渗透到宇宙精神不可见的诞育万物的财富宝库中，生根发芽，生长规律就开始生效。

11　“你决定要做何事，必然给你成就。”

其实一切可见的客观世界中的物体都是出自不可见的能量的创造。思想是动态能量的重要活动形式，它能够与客体相联系，并使生命能量视觉化，一切事物都是通过这种规律显现的。思想作用于无声之处，但它的成就却是非常显著的。

12　宇宙由无数个个体组成，这些个体精神联系结合在一起构成了宇宙精神，即宇宙的灵魂。个体化的宇宙精神，用完全相同的方式创造着我们的生存环境。

13　宇宙精神是最具有创造力的，这种创造性的力量，取决于对潜在精神力量或心灵力量的认知。创造力能够使客观世界从无到有。

14　宇宙精神在彰显自己的力量，宇宙精神值得信赖，它能够寻找到实现一切需要的途径。而我们并没有做什么，只不过是遵从这个规律，而使一切发生的，则是那诞育万物的精神，一切力量来自精神。

15 作为个体的我们，唯一的使命就是创造完美无缺的理想。

16 精神就像电一样，既实用又危险。如果你可以合理地掌控并运用这种看不见的力量，它就能通过成千上万种方式为我们的幸福和舒适服务，照亮我们的整个世界。但是如果你不了解它，驾驭不了它，有意或无意地违反了电的规律，在未曾绝缘的情况下触碰了火线，带来的后果很可能是毁灭。对于许许多多的人来说，他们的苦难正是由此而来。

17 要时刻提醒自己与精神世界的法则保持和谐一致，前提是一定要了解这个法则是什么，否则就不能与这个法则保持一致。

18 如果我们尽可能地让自己的思想与自然的创造性准则保持和谐，那么就会与“无限精神”步调一致了，如此我们就走上了成功的快车道，事半功倍。但是，你很有可能有些想法与“无限能量”并不和谐，那么我们就会产生内耗，就会掉队，所以一定要及时清除这些不和谐因素。

19 和谐能提高效率，实现共同进步，而对抗则产生内耗，这是很浅显的道理。就如同和谐的乐曲能让人心情愉悦，而不和谐的音符则异常刺耳。建设性的思想必定是创造性的，而创造性的思想必定是和谐的，这些会代替那些破坏性的或竞争性的思想。

20 智慧、勇气和一切和谐的景况都是力量的结果，而我们知道一切力量都是由内而生。同样，一切软弱、匮乏、局限和种种不利的境遇都是软弱的后果，而软弱无非出自力量的缺乏。开发力量的方式与开发别的能力的方式一样，都是通过练习。

21 天上不会掉馅饼，世上也没有免费的午餐。确定一个具体的目标的意识，以及执行目标的意志力，并使它付诸实践。当这个法则畅通无阻地运行，你将发现你所寻求的东西会找上门来。

在一面空白的墙壁前坐下，在意念中画一条大约6英寸[①]的黑色的水平线，试着看清这条线，如同它画在墙上一样。然后，再用意念画出两条垂直的线，与前面的那条水平线的两端相连。接着再画一条水平线，把这两条垂直的线连接起来。这样就形成了一个正方形。试着看清楚这个正方形；看清以后，在正方形中画一个圆；在圆心画一个点，然后把圆心的点向你自己的方向拉近10英寸。现在，你在一个正方形的底面上做成了一个圆锥；你应该能记住这个圆锥是黑色的；再把它变成红色、白色、黄色。如果你能够做到，你已经取得了很了不起的进步。

其实我们这样做的目的是锻炼我们的注意力，过不了多久，你就能够做到在心中所想的任何一件事情上全神贯注、集中心神了。如果一个目标或事物已经在思想中非常清楚地成形，那么实现它的日子就近了。

重点回顾>>>

1. 财富是什么？

财富是力量的产物。

2. 财产有哪些价值？

只有当财产能赋予力量的时候，它才有它的价值。

3. 知道"因与果"的道理有什么好处？

它使人能够大胆、无惧地制订并执行计划。

4. 生命是如何在无机世界中诞生的？

只有借助某种生命形态的介入。舍此别无他途。

① 1英寸约为2.54厘米。

5. 有限和无限之间的联系是什么？

二者通过思想相关联。

6. 为什么是这样呢？

因为宇宙只有通过个体的人来彰显自己。

7. 什么是建立因果关系的基础？

建立在正负两极关系的基础上，好比一段闭合的电路，宇宙是生命蓄电池的正极，个人是负极，思想形成回路。

8. 为什么许多人在生活之中无法保证境遇的和谐？

他们不懂得这一法则，在他们的生命中没有正负两极，电路没有闭合。

9. 如何做到和谐？

要充分地认知引力法则，在某一特定的目标中有意识地将它付诸实践。

10. 结果会怎样？

思想将与其目标物建立关联，并让目标物得以彰显，因为思想是人精神的产物，而精神是整个宇宙的创造原理。

第 11 课 万事万物都有规律可循

LESSON ELEVEN

人的一生似乎很漫长，其实不过是由一长串的因果关系链组成的。不管是哪一个“果”，都会有相应的“因”。而原本的“果”，反过来又成了“因”，从而导致其他的“果”，而这些“果”又成了另外的“因”。

在自然界和社会中，各种现象之间是普遍联系的，因果联系是现象之间普遍联系的表现形式之一。因果联系是普遍的和必然的联系，没有一个现象不是由一定的原因引发的；而当原因和一切必要条件都存在时，结果就必然产生。所谓原因，指的是产生某一现象并先于某一现象的现象；所谓结果，指的是原因发生作用的后果。原因与结果具有时间上的先后关系，但具有时间先后关系的现象并非都是因果关系；除了时间的先后关系之外，因果关系还必须具备一个条件，即结果是由于原因的作用所引起的。

因果关系链环环相扣，如果中间的某一环节出现问题，整个链条就会断开，无法运行。掌握了因果关系并正确地利用它，你将会受益无穷，反之必受其累。

“我现在的生活真是太惨了，这并不是我自己想要的结果，因为我从来也不想看到这样的结果。”这是因果关系链脱节的人发出的抱怨，这是因为他们没有认识到，自己心中的想法不仅不会带来某种友谊和交往，还会影响到一些境遇和环境，所有这些，反过来又会成为他们对现状产生抱怨的缘由。

1 归纳法是人类伟大的发明之一，它是通过对事实的比较得出结论。正是运用这种研究方法，把很多独立的例证进行相互的比较，然后从中找出引发它们的共同原因，人类才得以发现了大自然中的许多规律，也正是这些发现，造就了人类历史上划时代的进步。简而言之，归纳推理是一种客观思维的过程。

2 归纳推理有两个要点：一是比较，二是找共同点，掌握了这两点，就可以得心应手地运用这一方法了。

3 归纳法以规律、理性、确定性替代并消除了人类生活中变幻莫测的成分，它能够使我们避开愚昧迷信布下的圈套，走进智慧的领地。

4 归纳法就像一个尽忠职守的门卫，绝对不会让虚假、混乱的表象进入人们的思想，混淆视听。

5 归纳法可以使人类大跨步地前进，归纳法也有助于人们集中并增强人们的能力，获得那些尚待撷取的成果；有助于人们通过运用精神最纯粹的形式，找到解决个人和宇宙一切问题的答案。

6 在这个地球上的每一个文明国家中，人们都是通过某些过程来获取结果，但他们自己却知其然而不知其所以然，因而常常为这些结果附加一些神话色彩。我们找出原因的目的，就是要探求使结果能够得到实现的规律。

7 有些人似乎有着被上帝亲吻过的好运气，其他人需要艰苦跋涉也不能达到的目标，他们毫不费力地达到了。他们从来不需要进行良心的交战，因为他们总是走在正道上；他们的行为举止总是恰当得体；他们无论学习什么都是轻而易举；他们无论开始做什么，总能窥其堂奥，轻松完成；他们和自身保持着永恒的和谐，从不需要反思自己的作为，也不需要经受困难或辛劳所带来的考验。其实这并不是什么命运，只不过是因为他们掌握了归纳推理这种方法的精髓。

8 归纳法所向无敌，但它从不轻易降临。人的心智只有在合适的条件下才能拥有这种神奇的力量，它可以被利用并引导来帮助解决人类的一切问题，认识这种力量，明白这样的事实，有着极其重要的意义。

9 我们生存的环境按照我们所熟悉的规律有条不紊地运行着：太阳从东方升起，西方落下；地球在绕着太阳公转的同时进行着自转；春天花开，夏天结果，秋天落叶，冬天飘雪；水在不同的温度下可以有固态、液态和气态三种形式……浩瀚宇宙的每一个角落，都充满着力量、生命，不断运动，秩序井然，令人惊奇。

> 归纳法是人类伟大的发明之一，它是通过对事实的比较得出结论。人的心智只有在合适的条件下才能拥有这种神奇的力量，它可以被利用并引导来帮助解决人类的一切问题。

10 同性相斥，异性相吸，酸碱中和，供需互补，这是大自然的法则。人类也可以借鉴，人与人之间，力与力之间，总是相互保持着一定的距离，而具备不同才能的人也是可以相互吸引，相互配合的。

11 需求、向往与渴望引导着人们的视线，人的眼睛搜寻并满意地接收的都是他想要得到的东西。人们能够在矿石中找到金子，在茫茫大海中找到珍珠，就是因为这些都是他们需要的。

12 考古学家能够根据一块碎陶片还原出整个容器的模样，部分和整体需要互相匹配，是相互联系的，并具有统一性，整体的属性在部分中也有所体现。我们能够认识到这些，实在是莫大的幸运。因为世界很广大，而我们的视野却很有限，我们只能管中窥豹，通过个体来了解整个社会。

13 当天王星的运动轨道出现偏离，打乱了太阳系的秩序，而海王星就在预定的时间和地点出现了，冥冥中似乎有神的安排，其实这个神就是规律。所有的事物都有规律可循。

14 动物趋利避害是出于本能，人类学习和思考是出于理性。哪里有“存在”的想法，哪里就有“存在”的事实。

15 阿基米德说：“给我一个支点和一根足够长的杠杆，我可以撬起地球。”在风云变幻的今日，借助飞速发展的科学，我们可以握住那根撬动地球的杠杆，我们的意识同外在世界有着如此紧密、多变、深切的联系，我们的目的、愿望也和整个宏大的宇宙结构相吻合。我们是宇宙中的个体，我们同宇宙是统一的。

16　我们所有的人都是大自然共和国的公民，我们个人的利益的总和就是这个国度的整体利益。个人利益被国家的武器所保护。个人需求的供给，在某种程度上取决于这些需求是否能够被普遍地、有规则地感觉到。大自然就可将人与外部世界之间相互作用所需的劳动力合理分配，以最好地实现创造者的意图。这里我们要强调的是和谐与统一，个体与整体对抗的后果只有灭亡。

17　每个人心中都有渴望，每个人脑海中都有一幅美丽绝伦的画卷。柏拉图通过归纳法想象出100幅类似的画面，在他的脑海中出现这样的一片乐土：一切人工的、机械的劳动和重复性劳动都指派给大自然的力量去完成。

18　不管理想看来有多么遥远，它一直用种种恩惠环绕着人们，这些恩惠同时也是对过往忠诚的酬报，对未来勤恳耕耘的激励。我们的愿望只需要我们意念灵动，加以精神的运作就可以完成；一切供应都由需求创造出来，你越渴望，它实现得就越快。

19　古代的人们总是羡慕鸟儿的翅膀，总是想象自己也能在蓝天上飞翔，这在当时无异于痴人说梦。但是在几千年后的今天，这一理想实现了。千万不要把远大的理想贬低成异想天开，因为理念定会成为现实。为了实现你所寻求的东西，就要相信这些东西已经实现。

20　理想代表着一种决心、一种态度。当你的心中产生某个理想时，伴随着它产生的是你为之努力、付出艰辛的决心和态度。

21　理想并不是水中月、镜中花，它是实实在在的，通过努力可以达到的。把一颗种子种在土壤中，只要不打扰它，它就会发芽长大，结出外在的果实。把我们渴想的某一件特定的事物，作为一个已经存在的事实，让它在宇宙主观精神上留下印记。我们首先要相信，我们的渴望已经实现，接下来就必然是看到它的实现。这样，我们就可以在绝对的层面上进行思维，排除很多相对的条件或限制。

22 无论是出自美国人之口，还是出自日本人之口；无论是写在书本上，还是用口语阐述，真理的意义都不会变，本质都是相同的。只要对这些论述加以分析，就会发现其中都包含着相同的真理。唯一的差异就是表达方式的不同。

理想代表着一种决心，一种态度。当你的心中产生某个理想时，伴随着它产生的是你为之努力、付出艰辛的决心和态度。

23 没有任何单一的人类公式可以表述真理的每一个层面，真理应该用一种新的、与以往不同的方式告诉每一个时代的每一个人。真理与人类的需求之间正在建立新的关系，而这种关系渐渐被理解并获得普遍的认知。

24 现在是一个快节奏的社会，新事物迅速生长，旧事物也急剧消亡，我们正处在一个新旧交替的十字路口。新型社会秩序的道路已经铺好，所有的一切都在为新的秩序扫清道路。社会的新陈代谢，比迄今为止人们所梦想的所有事情都更加神奇。

25 新的社会运动的巨大能量摧毁了传统中陈旧腐朽的一面，将精华部分保存了下来。每一种新的信仰的诞生，都呼唤着新的表达形式，这种信仰正是通过对能量表现的深层领会，让它在各个层面的精神活动中体现出来。

26 宇宙精神大而无形，所有的事物中都有它的影子。它于矿物质中休眠、于植物菜蔬中吐纳、于动物体内运行，达到人类心灵巅峰。它将天下万物联系起来，它使我们得以跨越理论和实践的鸿沟，飞渡行动与目标的天堑，巩固了我们的统治能力，使我们成为自己的主宰。

27 思想的力量是如此之强大，它不甘于被埋没和漠视，它要在我们的生活中唱主角。思想的力量的重要性在各个研究领域中也正在凸显出来，我们因为这一发现而受益匪浅。

28 思想是处于激活状态的，它不断地改变，不停地创造，它是富有智慧的创造力。思想的创造力是由创造性的理念构成的。这些理念通过发明、观察、应用、鉴别、发现、分析、控制、管理、综合等手段，运用物质和力量，使自身客观化。

29 越靠近思想的核心，思想的热力也就越强；思想自身不断完善和升华，通过了真理的各项严格的检验，过去、现在、未来，都将融为庄严和谐的整体，进入了永恒之光的所在，这就是智慧。

30 智慧是思想的最高形式，智慧诞生于理性的破晓，在这个自我沉思的过程中，诞生的将是智慧创造性的启示，这种启示高于一切元素、力量或是自然法则。智慧，是阐明的理性，智慧引导人走向谦卑，因为谦卑是智慧之大成。智慧能够被领悟、被改造、被治理，按照你的终极目的应用一切、主宰一切，因为智慧天生就有领导才能。

31 生活中有许多令我们惊奇的事，有许多无坚不摧的力量令我们惊叹。有许多人取得了看似不可能的成功；有许多人实现了自己一生渴求的梦想；有许多人改变了一切，包括他自身。然而这一切并不神奇，只不过是世界的自然法则而已，如果能合理地运用它，我们也是令人惊奇的对象。

我们所一再强调的就是信念，坚定的信念。“凡你们祷告祈求的，无论是什么，只要相信，就能做成功。”这期间唯一限制我们的，是我们自己思考的能力，适应一切场合、一切情况的能力，要记住信心不是缥缈的影踪，而是确实的存在。想到就能做到，这是我们的口号，也是我们的宣言。

重点回顾>>>

1. 归纳推理如何解释？

归纳推理是一种客观思维的过程，把很多独立的例证进行相互的比较，然后找出引发它们的共同原因。

2. 归纳导致了什么样的结果？

发现了人类进步史上划时代的统治法则。

3. 什么主导并决定人的行为举动？

是需求、期望和渴求；这些在最大程度上促使、引导并决定着人的行为。

4. 解决一切个人问题的基本公式是什么？

我们要相信我们所渴求的已经实现；接下来的就是看到它的实现。

5. 有哪些伟大的传道者支持过信念的观点？

耶稣、柏拉图、斯韦登伯格。

6. 信念能够产生什么？

我们的想法就像在土地上播种，如果让种子安静地生长，它一定会生根发芽、开花结果。

7. 为什么规律从科学的意义上来讲是正确的？

因为它就是自然规律。

8. 信念是什么？

“信是所望之事的实底，是未见之事的确据。”

9. 引力法则是什么？

引力法则就是让信念成为确据的法则。

10. 你认为这项法则的重要性有多大？

它消除了人类生命中变幻莫测、反复无常的成分，代之以规律、理性和确定性。

第 12 课 集中你的能量，专注你的思考

LESSON TWELVE

知识是死的，没有生命力，它不会应用自己。在没有人的参与下，知识与荒废的土地一样，不起任何作用，也产生不了什么价值。只有人类个体将其付诸应用，知识才能发光，焕发出青春。而应用，就在于用充满生机的目标去浇灌思想之花，使之丰饶。所以，有思想的人是主体，而知识只不过是一个工具。

很多人终日奔波，一生都在忙碌中度过。他们手忙脚乱，身心疲惫，但却没有任何成就。这是因为他们的努力漫无方向，浪费了大量的时间、想法、精力，所做的都是无用功。可是如果他们朝着愿景中的某些特定的目标努力的话，结果就会截然不同，可能会创造出奇迹。这就是专注的作用。

专注是一种至高的境界，心无旁骛地做一件事情。为了做到这一点，你必须集中你的精神能量，定位在某一特定的想法上，排除一切杂念的干扰。如果你曾经观察过摄像机的反光镜，你就会知道假如不对准镜头，物体产生的影像就会模糊不清，而当你调整好焦距，图像就会变得清晰明朗起来。这说明了集中精神所具有的力量。如果你不能把精力集中在你所期待的目标上，你只能得到一个朦胧暧昧、模糊不清的理想轮廓，其结果与你的精神图景相一致。

如果你专注于这些思考，把你的注意力全部投入在上面，则会引发你的另外一些与它们相和谐的想法，你很快就能领会到你所关注的这种思想的深刻意义。专注能提高效率，专注能使目标明确，专注成就非凡。

1 宇宙是无限的，人的思考力是无限的，因而创造力也是无限的。科学地把握思想的创造性力量，生活中的任何目标都可以得到完美的实现。

金山会在瞬间崩塌，财富也会在一夜间化为乌有。世界上唯一可以依靠的，就是对思想创造力的实际运用，虽然思想看不到摸不着，但它确实是最值得依靠的。

2 恐惧、焦虑、气馁等消极的情绪具有强大的思想能量，它们总是袭击我们，让我们与渴望的东西渐行渐远，常常使我们进一步、退两步。这种优柔寡断、消极负面的思想，其后果常常表现在物质财富的损失上。而唯一可以让我们避免后退的方法就是不断前进。

3 思考力是人所共有的，这是我们头脑的本能。思想为其客体而生，最终拉近我们与客体之间的距离。

4 理想之所以称为理想是因为它具有稳定性和确定性。理想不是衣服，可以今天穿一件，明天换一件，后天再换一件。如此频繁的更改只会耗散了你的力量，让一切变得混乱不堪、毫无意义，后果必将一无所成。

5 雕塑家得到一块上好的大理石，他想雕一座宙斯的神像，然而还没雕出轮廓，他又想雕一个美女，刚凿几下他又想不如换成植物，如此不停地更改，那结果会怎样呢？他什么也没能雕成，而上好的原料却浪费掉了。

6 你或许会认为金钱和财产是世界上最坚挺的东西，拥有了它就拥有了稳定。然而，金山会在瞬间崩塌，财富也会在一夜间化为乌有。世界上唯一可以依靠的，就是对思想创造力的实际运用，虽然思想看不到摸不着，但它确实是最值得依靠的。

7 我们无法改变“无限”的存在，只能通过调整自己的思考力以适应无所不在的宇宙思想。我们所能拥有的、唯一真实的力量，就是调整自己，使之与神圣的永恒原则相协调。这种与全能力量协调合作的能力，预示着你的未来将会取得怎样的成就。

8 只有当你懂得了这一点，实际应用的方法才会被你所掌握。作为回报，你会

清楚地认识到你拥有这样的能力。

9 我们常常将一时的冲动、固执、莽撞等问题认为是思想的力量，其实这些只是鱼目混珠的赝品，它们或多或少能产生成功的假象，让人迷醉一时，但它们所带来的后果，非但无益，反而有害，甚至会让人迷失了目标。

10 对于焦虑、恐惧等一切负面的想法，我们何不以积极向上的信念取代，因为产生的后果也是各从其类；那些抱持消极、悲观想法的人们，最终会收获自己种下的恶果，而乐观的人们却在对面盘点他们收获的成功与欢乐。

11 迷信于鬼神的人整日沉醉在毒害作用很深的精神世界的潮流中。他们不明白这是一种让他们变得消极、被动、驯服的力量，这种力量让他们沉迷于这种思想形式中，并且最终将使他们精神耗尽，元气大伤。他们至死也不明白正是他们的信仰消耗了他们的生命。

12 另外还有一些人，他们确实努力地进取，也看到了一种力量之源。但是他们却没能坚持到底，一旦意念消退，形式也随之而凋零，充斥其中的能量，转瞬间就消失得无影无踪。一句话，这些人失之于坚持。

13 意念的感染性极强，如果意图明确，这种意念也会传递出去，影响和带动周围的人，形成一个强有力的团体，那时就不是一个人孤军奋战了，奔向目标的脚步也会变得轻快起来。

14 只有愚蠢的人才会想要控制他人的意志，因为要想向人宣传虚假，首先要先让自己信以为真。这如同催眠术对受催眠者来说和施术者同样起作用，所有这些曲解，都有其暂时性的满足，甚至有一定的迷惑力，施术者将逐渐地丧失他们自己的力量，掉进自己挖的陷阱中。

15 精神力量永恒存在，而不是过眼烟云，稍纵即逝。它是实际存在的创造性力量，蕴藏着无限的魅力，借助这种力量，我们可以为自己创造新的环境和际遇。它不仅能起到补救的功效，弥补以往错误思想的结果，也能起到预防的作用，保护我们免受种种形态、种种样式的危险的侵害。对精神力量的真正领悟，会随着对它的使用而不断增长，因为精神力量的魅力令人折服。

精神力量永恒存在，它是实际存在的创造性力量，蕴藏着无限的魅力，借助这种力量，我们可以为自己创造新的环境和际遇。它不仅能起到补救的功效，弥补以往错误思想的结果，也能起到预防的作用，保护我们免受种种危险的侵害。

16 精神与物质相联系，思想与其客体相关联，在精神世界中思考或产生出的东西，在物质世界中都会一一对应地实现。精神是真实的，每一种思想都有与生俱来的“真”的萌芽，因此它们在物质世界里有落脚点。

17 爱是一个永恒的基本法则，在万物之中，在一切哲学体系、一切宗教、一切科学中，它都是与生俱来的。一切都离不开爱的法则。它是一种赋予思想以活力的情感。情感就是渴望，而渴望就是爱。在爱中孕育而生的思想，生长规律才能把“善”注入外部显现中，因为只有善才能赋予永恒的力量，才会所向披靡、战无不胜。爱的法则是一切现象背后的创造性力量，创造了整个世界、整个宇宙，以及想象力能够赋予形态和观念的万事万物。

18 爱的法则十分有力，它能够吸引整个宇宙中的一切，小到一个原子、分子，大到整个世界乃至整个宇宙。

19 我们发现，宇宙精神不仅仅是智慧，也是物质，这种物质是一种吸引力，正是通过这个奇异的引力法则的运行，赋予思想以动态力量、使之与其客体相关联，使世世代代的人类相信，一定有什么人格化的存在，可以对人们的祈求和心愿做出回应，操控着大小事件，以应允人们的需求。

20 思想在爱中孕育而生，思想的力量可以强化爱的法则。思想和爱这两位大力士强强联手就所向无敌了，形成了不可抗拒的力量，这种力量就是引力法则。我们应该知道自己对这个法则的了解还有所欠缺，就像在一个数学难题中，我们并不总是能很迅速、很容易地得出正确答案，但是我们不放弃，我们一直在努力。

21 世界上的任何事物都是先有“神”后有“形”，事物都是先在精神世界或心灵世界中被创造出来，然后才在外在的行为或事件中出现，只有神形兼备才能

完整。

22 为什么我们很难接受或认可一种全新理念呢？我们怀疑、抵触是因为我们的大脑中，如果没有脑细胞和一种全新的理念发生共振，人的思想就肯定不会接受这种理念。这就是其中的原因，因为我们的大脑中没有能接收这种信号的细胞。

23 也许，你尚未了解引力法则的全能力量，不了解它如何运行的科学方法，或者，你还不知道无限可能性的大门敞开着，那么，从现在开始吧，创造出需要的脑细胞，让你自己体会到这种无限的力量。只要你与自然法则协调一致，这种力量就会属于你。要把引力法则落实在行动上，而要做到这一点，你必须通过专注心神或集中意念。

24 意图控制着注意力。是控制思想力量的简单过程，帮助我们创造了将要发生在我们未来生活中的事件。通过集中意念，深邃的思想、睿智的谈吐和一切至高的潜力，都可以淋漓尽致地发挥出来。

25 假如你能和潜意识中无所不能的力量建立密切的联系，那么一切力量都将从这里发展出来，给你无穷的动力。

26 粗心大意的人可能会认为，“寂静”非常简单而且容易实现。然而寂静指的不是外部环境，而是人的内心。渴望智慧、力量或者任何不朽成就的人，都会在内在世界中找到这些。内在世界会不断为你揭示各样的奥秘。但是要记住，只有在绝对寂静的状态下，才能够触摸到神本身，才能领悟到永恒不变的法则。

还是走进那间屋子，坐在椅子上，保持和先前同样的姿势。一定要放松，让心灵和肉体都保持自然的状态，绝对不要在压力下进行任何的精神劳作，神经和肌肉都保持放松的状态，让自己感觉舒适。现在，要意识到自己与全能的力量是和谐一致的，认识到宇宙能力将满足你所有的要求；认识到你与任何人已有的或将有的潜力完全不相上下，因为任何个体都不过是宇宙整体的彰显或表达，全都是整体的组成部分，在种类和性质上并无不同，差异仅仅在于程度不同而已。通过一年时间集中和坚持不懈地练习，你就会为自己打开通往完美的大门。

重点回顾>>>

1．如何完美地实现生活的目标？

通过准确地理解思想的精神实质。

2．绝对必要的三个步骤是什么？

第一，要了解你的力量；第二，要有挑战的勇气；第三，要有去做的信心。

3．如何获取实际而有效的知识？

通过理解自然法则获取。

4．理解这些自然法则会得到什么样的回报？

理解这些自然法则，就能自觉地意识到自身的能力，以便适时调整我们自身。

5．怎样看待我们的收获或是成功的程度？

看看我们自己是不是能认识到这个道理：我们不能改变

"无限"，只能与它合作。

6．赋予思想以动态力量的法则是什么？

是引力法则，引力法则建立在爱的法则之上。在爱中孕育而生的思想是战无不胜的。

7．为什么这一法则颠扑不破？

因为它是自然规律。一切的自然规律都是颠扑不破、永不改变的。

8．为什么有时我们会在生活中遇见一些棘手的问题？

就如同我们做数学题时有时会遇到困难一样。做题的人没有经验或是没有学过此类知识。

9．为什么我们的心智无法领会一种全新的观点？

因为在我们的头脑中没有共振的脑细胞接受相应的信息。

10．如何获取智慧？

通过集中精神；让集中精神为你开启智慧之门，智慧是来源于内在的。

第 13 课 做有益的精神付出

LESSON THIRTEEN

造型别致的悉尼歌剧院，古朴典雅的巴黎圣母院都是由聪明睿智、富有创意的建筑师设计建造的。虽然他们如今不在了，但是他们的作品令后世景仰，他们的名字被载入史册。梦想也是伟大的建筑师，甚至更伟大。梦想潜藏在人们的灵魂中，它们透过怀疑的薄雾和纱幕，洞穿未来时间的墙垣。它们是国家的创始人，他们为之奋战的一切比皇冠更加宝贵，比宝座更加高不可攀。

在美轮美奂的梦想国土，墙垣上绘着梦想家灵魂中的幻影。装甲的车轮、钢筋的痕迹，哪怕一颗小小的的螺丝钉，都是梦想用来织造神奇挂毯的织梭，一切为梦想所支配。梦想是一种精神作用，它总是先于行动和事件。墙垣崩塌了，国家倾倒了，大海的潮汐涨落，撕裂着岩石坚硬的壁垒。时光的树干上不断有腐朽的王国枯萎落下，唯有梦想家亲手缔造的一切存留下来，亘古不变。

物理科学带我们走进了这个发明创造的神奇时代，精神科学眼下正在扬帆启航，梦想家一显身手的日子到了，他们可以发挥出全部聪明才智，令世界完美，令精神中形成的图景最终成为我们自己所拥有的现实，使我们生活在梦境一般的现实中。

1　通过对罕见、特殊的事物进行概括，做出对日常事件的解释是科学发展的趋势，也是社会进步的需要。就如同有了指南的磁针，引导着科学的全部发现。

2　地球内部的热能运动引起了火山爆发，闪电揭示了一种常常在改变着无机世界的微妙能量。通过对这些偶然现象进行概括，我们可以得出这样的结论：因为地球内部的热能运动，让地球表面形成了现在的样子，闪电将电能带入我们的生活。

3　考古学家在西伯利亚发现的一颗巨齿，记录着过往岁月的变迁；地质学家在地球深处发现的一块化石，向我们昭示着今天居住在其中的山陵河谷的起源。

4　归纳法是建立在推理和经验基础上的科学方法，它破除了迷信、常规与先例。归纳法像手术刀一样切掉了人们头脑中狭隘的偏见、根深蒂固的理论，比使用最锋利的讽喻更加卓有成效。

5　科技的进步和生活水平的提高，大多归功于归纳法成功地把人们的目光从虚无缥缈的天际之处带回现实世界，得到令人吃惊的实验，并不是强有力地批驳人们的无知；而是把最新有用的发现公布于众。300多年培根勋爵就向世人大力推荐这种归纳法，因为这种方法培养了他发明创造的本领。

6　无论是无垠的文学空间，还是严谨的数学国度，不管是包含内涵广阔的社会学，还是细致入微的细胞学。所有的科学领域里都有归纳法留下的足迹，在新时代所赋予的新的观察手段下这种方法也不会过时，照样行之有效。这就是归纳法的真正本质和范围。

7　脉搏每分钟跳动70下，这种规律是经过归纳和推理得出的。人的寿命延长了，是因为破坏人类健康的疾病被攻克了；地里的作物增长了，是因为人们摸清了植物的生长规律；外出旅行更加方便快捷了，是因为交通工具更先进了。古人认为无法逾越的大江大河两岸可以沟通了，光明驱走黑暗，人类的视野被大大地拓宽，人们可以放心大胆地潜入大海深处的那些幽深的地球的穴洞里，可以自由地在高高的天空上遨游，现在没有什么事能阻挡我们了。

8 利用一切手段和资源，细致、耐心、正确地观察个体的事例，是实施归纳法的前提。人类科学的成就越是卓越，我们就越是应该对这些例证和教导心领神会，从而得出普遍规律的结论。

> 归纳法是建立在推理和经验基础上的科学方法，它破除了迷信、常规与先例。像手术刀一样切掉了人们头脑中狭隘的偏见、根深蒂固的理论。
>
> 利用一切手段和资源，细致、耐心、正确地观察个体的事例，是实施归纳法的前提。

9 富兰克林为了探知闪电的原理和电动机上出现火花的原因，他勇敢地在电闪雷鸣的大雨中放风筝；牛顿为了弄清苹果为什么会落在地上而不是飞到天上这个问题，他反复地实验和思索。他们都是我们学习的榜样。

10 我们不能只注意自己希望看到的事物，而忽视那些我们不愿意见到的东西。科学这个上层建筑很雄伟，它需要扎根在宽阔稳固的基础上。基于我们对普遍、稳定的进步的期盼，基于我们所认定的真理的价值，我们不允许暴虐的偏见让我们忽视或毁伤那些不受欢迎的事实。因为那些重要性压倒一切的事实，也正是那些日常生活中不易观察到的现象。

11 在这个多元化的社会，充斥着大量的、繁杂的信息。千万不要对此感到迷惑和厌烦，因为大量事实对于解释自然规律来说，意义和价值各不相同。通过观察，我们可以收集越来越多的资料，再用归纳法对一切事实进行筛选。

12 我们所生存的星球如此广阔，经常有一些奇怪的、令人无法理解的现象发生。如果我们被吓得退缩，说这些是超自然现象干预的结果，那么这些现象对我们来说就永远是个谜。如果我们利用思想的创造力去探究，就会发现其实所有的异常现象都可以用科学来解释。对自然法则的科学理解会让我们明白，没有任何事情是超自然的现象。

13 因果关系原理在任何情况、任何领域都适用，一切现象的发生都有它们的原因，而这种原因一定是某种固定的法则或原理，不管我们承不承认，其必然是精密准确、始终如一的。

14 为了更容易地发现事物运行的基本规律，我们应该细心思考任何一件引起我们注意的事实。我们会发现，不管是物质的、精神的，还是心灵的，思想的创造力能够解释一切的经历或际遇。

15 在科学的广阔国土上，我们可以随心所欲地探险，没有不允许进入的“禁地”，也没有什么东西是我们不应该知道的。虽然提出新的理念或许会遇到反对，但这种反对声音是不值一提的。哥伦布、达尔文、伽利略、布鲁诺都经历了这样的冷嘲热讽甚至残酷迫害，但是他们的学说和观点最终还是被世人接受认可，奉为真理。

16 思想是精神状态的领导，有什么样的思想就会产生与之相适应的精神状态。如果我们对疾病恐惧，疾病就会成为这种念头的必然结果。这种思想形式会使多年的辛苦努力付诸东流，健康就会离我们远去。

17 俗话说境由心生，把意念集中在需要的情境上，就会引发这种情境，再付出适当的努力，就会推动这种情境。最终，有助于我们实现自己梦想的际遇。如果你希望自己成为一个富翁，你就应以此为目标，最后你真的成为一个富翁。

18 幸福与和谐是所有人的梦想，是我们全人类的梦想，也是每一个人向往追求的。共同的梦想把我们联系在一起。如果我们能够使其他人幸福快乐，我们自己才能感觉到真正的幸福。

19 健康、力量、知己好友、令人开怀的际遇，这是世界送给我们的礼物，把握这个世界所能给予我们的一切，我们就获取了真正的幸福。

20 宇宙精神是最伟大的创造者，是一切物质的起源。我们被赋予了天地万物间最美好的一切，只要我们有愿望，有渴求，就能实现所有的梦想。

21 一切的实现都来源于实践。如果让一个孩子读很多关于描述狮子的书籍，却不让他接触真正的狮子，那么有一天可能他与狮子面对面也不会躲避的，因为他不知道自己遇到的就是书本上说的可以吃人的野兽。

22 思想是因，境遇是果。因此，只要付出各种有益的思想，如勇气、激情、健康，相应的结果一定会出现。自然法则很公平合理，每个人的收获完全与他的付出成正比。付出不过是一个精神过程，而收获却是实实在在的。

思想是精神状态的领导，有什么样的思想就会产生与之相适应的精神状态。

只要付出各种有益的思想，如勇气、激情、健康，相应的结果一定会出现。自然法则很公平合理，每个人的收获完全与他的付出成正比。

23 思想是精神世界中最活跃、最有创造性的一分子，但是如果不受到有意识的、系统化的、建设性的引导，就不能有任何创造。这就是空想和建设性思想的差距，空想只是蹉跎光阴，浪费精力，而建设性思想则意味着创新和创造，意味着成功。

24 降临到我们身上的一切遭际，都遵循着引力法则。快乐的意识相互吸引，却极力排挤不快乐的念头。因此，为了适应新的情形之下新的需求，意识必须发生变化，当意识发生改变的时候，一切情景都会适应变化了的意识而逐步改观。

25 宇宙物质是无所不在、无所不能、无所不知的。通过认知宇宙精神的无限能量和无限智慧，我们可以更好地维护我们的利益。通过这种方式，我们还可以用无限的宇宙精神实现我们的愿望。

我们这一周的功课就是，认识到个体是整体的一部分，在本质上和属性上都完全相同，自我是伟大整体不可分割的组成部分，在实质、种类和性质上，创造者所给予你的与他本身毫无二致，唯一可能存在的差异是程度上的差异。

重点回顾>>>

1. 自然哲学家获取知识、应用知识的方法是什么?

仔细、耐心、精确地观察个体的事实，利用手边的全部资源和各种手段，在这些基础上大胆提出普遍法则的论述。

2. 我们何以确信这种方法的正确性呢?

不要让偏见统治我们的内心，也不要忽视那些不受欢迎的事实。

3. 哪一类的事实需要格外加以重视?

那些无法通过日常生活中的观察做出解释的事实。

4. 这种理论的依据是什么?

是经验和推理。

5. 这种方法论将摧毁什么?

它将摧毁迷信、先例和传统。

6. 这些法则是如何发现的?

通过对那些少见的、陌生的、不寻常的事实进行概括总结。

7. 我们如何对那些稀奇的、迄今为止无法理解的现象寻求解释呢?

通过思想的创造力。

8. 为什么要这样呢?

因为当我们了解一件事实的时候，我们可以肯定，它是某个明确原因的结果，而这个原因一定是非常精确地运行着的。

9. 这种认知的结果是什么?

可以解释一切可能出现的境况的因由，不管是物质的还是心智的或精神的。

10. 我们怎样才能获取最大的利益?

我们要认清这样的事实：对于思想创造性本质的认知将使我们与“无限”的力量建立起联系。

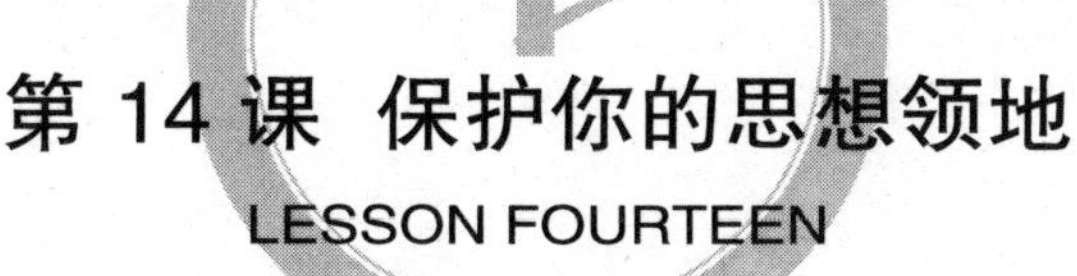

第 14 课 保护你的思想领地

LESSON FOURTEEN

至今，从不断的学习过程中我们已逐渐了解，思想本质上是一种高级的精神活动，它使人类本身具备了超乎想象的创造力，且这种创造力并不仅仅局限于部分的思想，它是全部思想的共同结果。因此，当这个法则被安置在“拒绝、否定”的心理过程之中，也定会给我们带来更多非积极因素的引导或影响。

人的行为与精神的联结要通过两个阶段，即显意识和潜意识。潜意识与显意识之间的关系非常近似于我们平素所见的风向标与天气的关系。风向标可以简单、准确地表现出大气某时某刻所发生的细微变化。同理，人的潜意识与显意识行为也是这种非常类似的关系。当显意识出现变化时，潜意识也向相同的趋势发展、变化。它们在人的心理感受上所造成的影响会极其相似，无论从影响的深度还是强度来讲皆是如此。

因此，当我们面对那些令人愤懑、沮丧、失望等负面情绪时，会因此而抗拒或否认，这时我们就会把思想中的创造力不知不觉地抽离出来，并使它们从我们的思想中消失殆尽，并且创造力也将很难再次被激发或焕发新生。

我们可以相信：人类自身的思维本身绝对地控制着人整体的任何行为。所以，当我们面临令人悲观、失望的情形时，即使我们始终沉浸于此也不会对事物本身做出任何改变。举个例子来说，当一棵大树被连根拔起时也许仍然能保持一段时间的葱绿，但要不了多久就会慢慢枯萎死去。那么，人的思想也是如此，当我们能够真正地从消极的或负面的情绪中把自己解脱出来，我们也必将会慢慢地与这种思想情

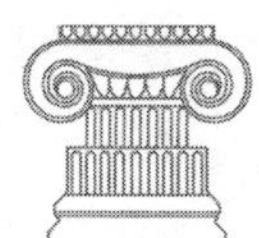

绪告别。

这与我们司空见惯的处理方式大相径庭，造成的后果也截然不同。我们之中的许多人仍会将自己的注意力持续不断地投入于令其不满的场景或情形当中，然而这种精力的集中使不良的消极情境在我们的思想中得以极大地发挥和漫延，并由此愈发地促进了它们自身能量及活力的消亡。

1　万物皆有因果，宇宙却无边界。宇宙本身是一切运动、光、热、色彩的根源，同时它又是一切事物能够产生最终结果的原因所在，我们可以从宇宙物质中寻找到一切力量、智慧与才智。

2　我们逐渐熟悉并掌握了这种智慧的思维法则，也就慢慢认识了人类精神本质的规律性，它使我们在认识万事万物即宇宙的同时，也会自发地让自身与这种属性相契合并达到和谐一致。

3　智慧并非只存在于人的大脑中，当人类智慧诉诸人类行为时，我们就可以领略到人类智慧就像能量和物质一样，无处不在。

4　可能有很多人会问，既如你所言，又如何能证实这一基本原则的正确性呢？为什么我们未曾从现实生活中依靠这样的观念或思维达到自己所希望的诉求或结果？原因很简单。我们想获得的一切结果与我们对这一观念的领会和操作程度息息相关。即我们对此领悟掌握得越全面、越深入，我们越会接近我们所想要达到的理想结果。

5　这一系列有序的法则会顺应着我们心灵对其熟识的程度而不断生根、发芽。它使我们无形中改变了自身与外界的关系，并为我们开辟了一条前进的通道，这条通道可以引领我们进入崭新的心灵状态并协助我们建立新型的内外互应关系。

6　精神具有超乎寻常的主观能动性。精神以其非凡的创造力蕴含于万物本质中，此种非同一般的创造力来源于一切能量和物质的初始和源泉的宇宙，而我们作为众多个体之一，只是宇宙能量的一条支流。宇宙通过我们来表达自身，也通过我们每一条支流随机地组合来表达自己。个体是宇宙内力存在的表征。

> 人的智慧是无处不在的，人具有超凡的主观能动性。一个期望成功的人，务必要相信这一点，并且要不折不扣地相信！

7 科学家将物质分成无限数目的分子；分子又分成原子，原子又是由原子核和核外电子组成的。通过在含有熔化的硬金属接线端的高真空玻璃管中对电子的观测，证明电子其实充满了我们生存的整个空间。他们存在于万物之中，万物之中皆是电子，即使是在我们所谓的真空地带，我们完全有理由称电子为万物之源的宇宙物质。

8 我们知道电子根据“指令”工作，将自我组成为原子或分子。那么这种称其为“指令”的就是我们所谓的“宇宙精神”。电子以能量核为轴心旋转，构成了原子；原子按照一定的比例组合，形成了分子，这些分子相互结合，形成了许多种化合物，这些化合物又构成了整个宇宙。

9 氢原子是我们现在已知的最小的原子，它的重量是电子的1700倍。即使一个水银原子的重量也是电子的30万倍。电子是纯粹的负电荷，它作为宇宙能量与光、热、电能、思想（每秒189,380英里）具有相同的速度，那么电子应该绝对有能力在一切时空中运动、穿梭。

10 丹麦天文学家罗默于1676年通过观察木星的月食现象测得光速。随着地球接近木星距离远近，木星月食的发生会比预计时间提早或推迟八分半钟；罗默因而得出这样的结论：从木星而来的光线需要有17分钟穿越地球轨道半径，这就造成了地球、木星距离的差异。这个结论后来得到了验证，证明光的速度可达每秒186,000英里。

11 电子犹如人体中可以自如运行的细胞，它们可以在人体内缔造无穷的功用。这种接近于完美的精神和智慧使细胞可以完全自由、独立地工作。它们时而也集结成团队协作工作、分工明确。有些细胞忙于建立人体组织，另一些则从事构造人体所需的各种分泌物的活动。一些负责传递物质，另一些专业精湛地修复创伤；还有一些是血管的清道夫，负责运送垃圾；更重要的是专门有一些细胞的职能是负责防御，在体内阻挡病菌的入侵。

12 细胞能够协同运动与工作，并且工作的目标一致。每个细胞都具备着足够应付其本职工作的能力与智慧。这使其不仅能够保质、保量地完成使命并且其自身还能够同时保存能量、延续生命。它们通过惊人的自我调节、吸收能量获得充足的养分，甚至对所有的养分进行严格筛选，然后备己所需。

13 生物本身能够维持生命与健康的基础，正是在于这些细胞的新陈代谢。一切生物的细胞都必须历经产生、繁殖、死亡、被分解的必然阶段。

14 也许我们会有人了解超验疗法，它实质上所依存的基础即是人体内内在精神的自我转化和调节性。身体内的每一个原子中都蕴含着一种精神；它是负极的，而人类自身通过思考的能量即可以将其改变为正极。这种改变也就很清楚地解答了人是怎样战胜相类似的负极因素或负极精神。

15 极具隐蔽性的负极精神，蕴含在身体的每一个细胞之内，它被称作潜意识精神。负极精神的一切动向皆不为显意识所显现，它只能够对显意识的状态做出反应或回馈。

16 人的思想可以决定人的一生，人终生的写照即是人思想在生命过程中的映射。如同自然科学领域的实验一样，精神领域的实验也从未停止，实验的每个结论都能使人类在自身的认识能力上更上一个新台阶。人的思想会在无形中改变和重塑着他的外貌、形体、性格，甚至际遇、机缘。

17 太多的证据证明，“因”“果”自有对应。因果关系的起源受益于创造原理。什么样的“因”即会对应产生什么样的“果”。如今，这样的结论已被众多人所接受和相信。

18 客观世界为太多迄今尚不能做出解释的能量所掌控。人类根据自身的认知能力，将这种超然能量长期归结为上帝或神的意使。现在，通过对精神本质或原理的理解与认识，我们可以将此种力量简而言之地解释成无限或普遍的宇宙精神。

19 宇宙精神无限而全能，它拥有着用之不竭的能量。它的全能使它可以无处不在。那么我们由此不禁要自问：我们自身是否即是宇宙精神的表达或彰显？答案是肯定的。

20 那么潜意识在人类自身中的能动作用如此近似于宇宙的精神力量，它们之间所存在着的唯一差异，只在于程度的不同。它们的种类和性质也完全相同，唯一的差异仍是程度上的差异，犹如滴水之于海洋。

21 对这个智慧的领悟以及它在我们生活中所发散出的迷人光芒，会犹如得到全知全能者的庇护。潜意识与宇宙力量的这种无限结合可以创造出无限的活动能力。宇宙精神通过潜意识与显意识进行联络和沟通，显意识可以有意识地去引领或影响思想，而潜意识可以左右思想对于行为的操控。

> 人的思想可以决定人的一生。一个不敢想的人，永远无法得到他所希望的结果。在这一点上，因果关系起着永恒的作用。
>
> 负面的思想对人的一生都会有不良的影响，我们必须坚定不移地驱除它，让坚定、晴朗、热忱、必胜……这些积极的信念占据自己的心灵。

22 当我们以科学的态度与眼光深刻理解了这个原理，就可以简单而明确地解释生活中我们常常用到的人类祈祷。当我们在内心向上帝进行祷告和祈望时，虽然内心希望通过全能的上帝来以超自然的能力帮助我们，而事实上真正的恩惠者却是自然法则本身。它的完美运行使我们有如得到上天的眷顾。因此，这种行为的结果实质上并不真正的依赖于宗教或者其他神秘而未知的事物。

23 尽管大多数人都已经知晓，错误的思维必将为我们带来错误或失败的结果，但仍有太多人不愿意去尝试用正确的方式去拓展自己的思维，进行更有效而合理的训练。

24 我们同时又必须注意到的是，负面的思想一旦形成便不可能在短时间内清除，负面的环境和思想对我们一生会有不良的影响。因此，我们的思想必须清晰、明确、坚定、踏实，并在确定后不轻易做出改变。

25 当我们了解了这种思维的巨大作用，并且希望通过有效的训练使我们的人生发生改变，就必须排除杂念与其他任何不良的干扰，目的明确，目标专一，反复地认真思考这个决定。

通过这种自发的训练会使我们获得思想的更新转变，慢慢地，我们就将从这种转变中体会到从心态到生活的全面更新，它使我们获得的将不仅仅是物质财富，更多的是对于整个身心健康的积极作用。心态平和后，生活、工作也会变得更加顺利。

内心的平静与和谐会使人生境遇也变得更加顺达。

生活中所显现的客观世界会是我们内心世界的反映。

对于“和谐”的专注，意味着排除一切杂念的完全地、彻底地专注。即除了“和谐”本身这一命题外，不要再在你的思维中增加任何额外的负担或课题。以诚恳、信服的心态去领会“和谐”的内在精神。真正的人生改变蕴含于你不断付出的努力实践之中，在学习中锻炼，在锻炼中体会，仅仅对于这些理论的理解与阅读并不能帮助你使生活发生天翻地覆的转变。

重点回顾>>>

1. 一切才智、力量与智慧从何而来？

　　是宇宙精神。

2. 所有的运动、光、热、色彩来源于哪里？

　　在体现宇宙精神的宇宙能量中。

3. 思想的精灵——创造力来源于哪里？

　　源自宇宙精神。

4. 宇宙在形式上是如何分化的？

　　宇宙通过个体进行无限次可能的组合，这些组合又转化成完全不同的各种现象。

5. 这种无限次的组合所带来的完全不同的结果是如何实现的？

个体通过自身思考的能力使它能够作用于宇宙并使宇宙精神彰显出来。

6. 科学观察表明，什么是宇宙的最初形态？

原子是充斥着宇宙每一处的最初形态。

7. 思维方式的改变会带来什么？

整个人生境况与机遇的变化。

8. 和谐的心态会为我们带来什么？

和谐的心态会使生活更加和谐完美。

第15课 成为有足够智慧的人

LESSON FIFTEEN

自然是最有力的主宰，一切生命都要受它的支配。如果能适应自然法则，就能存活下来并实现进化和发展；如果违背它，就会受到惩罚，就会走向灭亡。

不管是出于本能还是理性，趋利避害是所有生物都会遵循的自然法则。即便是最低等的生命也懂得利用这种法则。

把一盆生长着的植物放入房间，放在一个关闭的窗子前面，植物上生有许多无翼的蚜虫。如果让这棵植物枯萎，这些小生灵发现它们赖以繁殖的植物已经死亡，它们从这株植物上再也无法获得任何食物和养料。那么，为了适应改变了的环境，无翼蚜虫就会变成有翅的昆虫。它们逃离饥饿、拯救自己的唯一办法，就是长出临时性的翅膀，然后飞走，而它们就这样做了。变形后，它们离开这株植物，飞向窗口，沿着玻璃向上爬去，找到缝隙逃生。

我们经历的一切境遇和景况都是为了造就我们，我们付出多大的努力，就会获得多大的力量。自然法则的影响无处不在，它用具有魔力的手指引导着它的拥护者，如果我们能够自觉地与自然法则合作，就会获得最大的幸福和快乐。即便是最小的生命，也能够在紧急关头利用这种力量。

1 各种法则布下了天罗地网，任何人都无法逃脱它们的作用。

放开眼光，意识到自己的目标和需求，就能按照自己的意愿控制环境。

2 所有伟大而永恒的法则，是为了我们的利益而被设计出来的，都是在庄严的寂静中发挥着作用。而我们所能做到的，就是让自己与它们保持和谐一致，就可以享受自然的馈赠。

3 我们每个人都是一个完美的思想实体，这种完美实体要求我们先给予后索取。而一切困难、混乱、障碍的产生都是因为我们违反了这一规律，要么是不愿将自己多余之物施予他人，要么是拒绝承认我们自己所需要的是什么。

4 生长是新陈代谢的过程。生长是有条件的互惠行为，将根须交叉，分享彼此的养料和水分，这样的能力决定着我们实现和谐幸福的程度，可以表达出相对祥和而快乐的生命。

5 把眼光只盯着我们已经拥有的，就不可能看到我们所缺失的。只有把眼光放开，认识到我们的目标应该是我们需要而缺少的，就能够有意识地控制我们的外部环境，并从每一次经历中汲取我们进一步生长所需要的养分。

6 攫取我们生长所需养分的能力，会随着我们境界的提升和视野的开阔而逐步增强。随着这种能力的增强，我们就能够识别和吸收我们需要的一切养分，满足我们生长所需。

7 所有的境遇和经历都是自然有意安排给我们的，对于我们都是有利的。无论是运气和优势，还是困难和障碍，都能让我们从中受益。

8 付出和收获永远都成正比，我们为战胜困难而付出多大的努力，就会从中获取多大的永恒力量。不劳而获和劳而无获是不可能发生的。

9 生命生长的不可动摇的需求，要求我们尽最大的努力，去吸引那些与我们自身完美一致的东西。通过领悟自然法则并有意识地与之合作，我们才能获取最大程度的幸福。

10 爱是有血有肉，是情感的产物，只有在爱中诞生的思想，才能充满生命的活力。爱赋予思想以生命力，爱使思想能够发芽生长，为思想的成熟、结果带来必要的养料。

11 思想经由语言彰显出来，话语承载思想，就像大海承载轮船一般。水能载舟，亦能覆舟，话语是思想的表现形式，我们的言谈也必须特别谨慎。我们的心灵就像一部照相机，而运用语言就好比是按动快门。当我们不假思索地按动快门，出言不慎，说一些与我们的福祉相违背的话语时，那种错误概念的影像也就被记录在心灵的底片上，抹不去了。

12 语言能悦人耳目，能包罗一切的知识。我们今天拥有的这些文字，是宇宙思想成形于人类心灵之中并寻求表达的综合记录。从语言中我们能够找寻到过往的历史，也看得到未来的希望。通过使用书面语言，人类可以回首过去的若干个世纪，与历代最伟大的作家和思想家交谈；回首那些令人激动的场面，看看自己如何得到了今日的一切。语言是充满活力的信使，一切人类和超人类的行为都由此而生。

13 思想是无形的，必须靠语言来表达。如果我们要运用更高层面的真理，那么我们说话的时候也要按照这个目标，审慎、智慧地选取得体的言辞。我们的思想越清晰、品位越高，我们所运用的语言图像越是清晰明确，属于低级思想的错误概念渐渐地被摒弃，我们的生命彰显得也就越多。以言语形式组织思想的神奇能力，是区分人与动物的重要界限。

14 无论是什么样的行为，都是靠思想引导的。如果我们想要得到合意的情境，我们应当首先怀有合适的想法才对。如果我们希望生活富足，我们首先要想到富足的生活。先要在思想上富足起来，生活才能跟着走进小康。

15 语言是一种思想形式，一句话就是一个思想形式的综合体。理想之殿终是由言词堆砌而成，言词可以成为不朽的精神殿堂，也可以成为经不住风吹的陋室。词句修筑的精炼准确是一切文明、至高无上的建筑形式，也是一切成功的通行证。

16 言词的动人之处，在于思想的美丽。言辞的力量在于思想的力量，而思想的力量存在于思想的生命之中。语言就是思想，因此也是一种无影无形、战无不胜的力量。它们被赋予怎样的形式，最终也会在客观存在中怎样实现。如果希望我们的理想应该是美好而强大的，我们就必须认识到，要炼净我们的语言，出言需三思。

有舍才有得。一味地索取，而不知付出，只会遭人厌弃。这也就阻挡了你的发展之途。

17 检验真理的标准是永恒存在的，但错误却没有运算法则。真话是讲原则的，谎言却可天马行空。光线就必须走直线，黑暗可不讲道理。那么，什么是有生命力的思想呢？它又有什么与众不同的特征呢？这其中一定有规律可循。

18 如果我们正确地运用数学定理，我们就可以确知运算结果；凡是健康存在的地方，就没有任何疾病；如果我们知道什么是真理，我们就不会受到谬误的欺蒙，因为真理与谬误势不两立，不能共存。

19 凡是有理可循的思想都是有生命的，因此它能够扎根、生长，最终必然会挤兑掉那些负面的想法。凡是谬误的思想都是无根之草，是不能够长久生存的，这个事实可以帮助我们摧毁一切的混乱、匮乏、局限。

20 毫无疑问，那些“有足够智慧去领悟”的人，将很快认识到：思想的创造力把一件所向无敌的武器放在了他的手上，让他成为命运的主人。

21 自然界要平衡，它遵循着能量守恒定律，在任何地方出现了多少能量，则意味着在其他地方消失了多少能量，这让我们懂得，我们有舍才能有得，一味地索取而拒绝付出，就会打乱自然界的平衡。

22 潜意识是不具备推理能力的，它听从我们的吩咐；我们自己制造了工具，我们自己构想了蓝图，潜意识会把我们构想的蓝图付诸实现。如果我们决定做一件事情，我们就要做好为这个举动及其一切影响负责任的准备。

23 洞察力是一种心灵的能力，它是专属于人类的望远镜，凭借它，我们能从长远的角度考虑问题、观察形势。洞察力能使我们在一切事情中认识困难，也把握机遇。

24 洞察力使我们做好了迎战障碍的准备。洞察力使我们权衡利弊，妥善规划。在这些障碍还没有化成足以阻挡我们的困难之前，我们就已经跨越了它们。

25 洞察力把我们的思想和注意力引向正确的方向，让它们不至于堕入没有回报的歧途。我们应该锻炼自己的洞察力，让自己的思想中没有物质的、精神的或是心灵的细菌来侵染我们的生活。

心灵训练

lesson fifteen

洞察力是内在世界的产物，可以在“寂静”中通过集中意念的方式来开发你的洞察力。我们这周的练习是，关注洞察力。还在原来的位置上，思考下面的问题：认识到了思想的创造力并不意味着掌握了思维的艺术。让思想停留在这样的起点上：知识本身并不会运用自己。我们的行动并非取决于知识，而是取决于积习、流俗和先例。我们唯一可以让自己运用知识的方法是：下定决心，有意识地努力。回想这样的事实：不用的知识会从大脑里溜走，信息的价值在于对原理的应用。沿着这条思想的路线走下去，直到你的洞察力足以使你针对自己的特定问题、运用这个原理制定出明确的方案。对于一切伟大成就而言，洞察力诚然不可或缺；而借助洞察力的帮助，可让人们能够进入、探索并占有一切精神高地。

重点回顾>>>

1. 是什么决定了我们所能达到的和谐程度？

从每次经历中吸取我们生长所需的养分的能力，这决定了我们所能达到的和谐程度。

2. 困难和障碍说明了什么？

说明我们智慧和精神的成长需要它们。

3. 如何避免这些困难？

需要有意识地去理解、掌握并运用自然法则。

4. 思想在形式上彰显自身遵循什么原则？

遵循引力法则。

5. 思想的生长、发展、成熟需要哪些原材料？

爱的法则是宇宙的创造性原理，它赋予思想以活力。引力法则是借助生长规律提供思想成长的必需品。

6. 如何获得令人满意的境况？

只能通过抱持令人满意的信念才能获得令人满意的境况。

7. 不理想的境况是如何发生的呢？

通过思想、谈论和观察一切匮乏、局限、疾患、混乱、嘈杂等境况。这种对于错误观念的精神摄影会被潜意识吸收，引力法则不可避免地在客观现实中成形。“种瓜得瓜、种豆得豆”从科学上讲是绝对准确的。

8. 我们如何战胜各种形式的恐惧、匮乏、局限、贫穷和混乱？

用法则取代谬误。

9. 我们如何认知法则？

我们应该有意识地认识这样的事实，即真理总会战胜谬误。我们无须费力地铲除黑暗，我们只要开灯就行了。对一切负面的想法，也是如此。

10. “领悟”的价值是什么？

是让我们明白知识的价值在于运用。许多人认为知识会自己运用，这种想法大错特错。

第 16 课 心灵印记和精神图景

LESSON SIXTEEN

周期性是生命的第一属性，但凡有生命的物质，都有诞生、成长、发展和衰亡的周期。无论愿意与否，都要按照这个周期运行，只不过有的周期长，有的周期短罢了。在这里我们主要谈论成长，因为成长在生命周期中至关重要，成长意味着增强和提高。

生命意味着成长，而成长意味着改变。根据生命的阶段性特点，我们把7年定为一个循环，每一个7年对我们而言都意味着一个新的阶段。

懵懂无知的幼年期是人生的第一个7年，接下来的第二个7年是儿童期，儿童期意味着个体责任感的开端。下一个7年是青春期，第四个7年中将达到生命完全的成熟。第五个7年是建设期，在这个阶段中，人们开始获取财富、成就、住宅和家庭。从35岁到42岁的一个7年是反应和行动的阶段，这个阶段后是一个重组、调整和恢复的阶段，然后，从50岁起，就开始了人生下一个七七循环。

这样的循环成就了生命的周期，凡是熟悉这个循环圈的人，不会因为遇事不顺而沮丧，而是学会应用课程中阐述的原理，充分认知在一切法则之上有一个最高的法则，并通过对于精神法则的理解和自觉的应用，把每一个表面上的困难转化为祝福，把不利变为有利，把劣势转为优势。

1 对于财富，可以有许多种解释，基本内容是一致的。财富包括一切具有交换价值、对人有用、令人愉悦的物品。财富的支配属性，正在于它的交换价值。

财富不是判断一个人成功与否的标准，决定一个人真正成功的，是要有比积聚财富更为高远的理想。

命运是要靠我们自己去把握的。成功是要靠自己努力拼搏得来的，同样，失败也是由自己的过失招致的。

2 财富的交换价值在于它是一种媒介，它使我们能够在实现理想的过程中获得有真正价值的东西。财富给它的拥有者带来的，不过是小小的快乐，它的真正价值体现在它的交换价值中，而不是在它的实用性上。不进行交换，财富就没有什么价值。

3 我们常说勤劳致富，可见劳动是因，财富是果，财富是劳动的产物。资产是果，不是因。

4 财富是手段，不是目的。永远不要把财富看作一个终点，而应该把它看成是一条达到终点的途径。财富不是主人，而是仆人，让财富成为自己的主宰，自己服务于财富的做法是本末倒置。

5 财富不是判断一个人成功与否的标准，决定一个人真正成功的是要有比积聚财富更为高远的理想。远大的理想要比任何财富都更有价值。

6 如果想让自己成为成功的人，首先应该树立一个让自己为之奋斗的理想。确定了目的地才知道该朝哪个方向走，当心中有了这样一个理想，你就能找到实现理想的途径和方法，但一定不能错把方法当成目的，错把途径当作终点。

7 “成功的人也是那些有着最高的精神领悟的人，一切巨大的财富都来源于这种超然而又真实的精神能量。”这是普林提斯·马福尔德留给我们的名言。但很不幸，有很多人不认识这种能量，因为他们没有一个具体的、固定的目标，没有理想，他们浑身是劲却不知该往哪使。

8 哈里曼的父亲是一个穷职员，年薪只有200美元；安德鲁·卡耐基全家刚刚来到美国时，他的母亲不得不去帮人做事来养活一家人；富可敌国的托马斯·利普顿勋爵从25美分起家。这些人最开始没有什么财富权势可以指望，但这并没有成为阻挡他们成功的障碍。

9 亿万富翁、石油大亨亨利·M.弗莱格勒通过将精神力量理想化、视觉化、具体化而取得成功。他不厌其烦地向自己描述事物整体的图景，做到闭上眼睛，就看见轨道，看到火车在轨道上飞驰，听到汽笛呜呜的轰鸣声，这就是成功的秘诀。

10 思想必然领先于行动并且指导着行动，不经过脑子只是莽撞行事，不会有好的结果。任何境遇自有其成因，任何经历都不过是一种结果；因果循环，和谐有序，社会也因此沿着正确的轨道运行。

11 创造力完全来自心灵的能量，每个大企业的领导者全都是依靠这种能量。成功的商人常常也是理想主义者，他们不断地朝着越来越高的标准迈进。运用精神能量的理想化、视觉化、集中意念，生活正是一点一滴的思想在我们每日的心境中不断地结晶。

12 思想具有可塑性，像我们童年时玩的橡皮泥，我们可以用它构筑生命成长概念的图景。使用，决定着它的存在，使用才能使有价值的事物发挥作用。不管你想要做成什么事情，对这件事情的认识和恰当运用都是必要条件。

13 不劳而获的财富不过是匆匆的过客，不过是灾难和羞辱的开始。因为，如果我们不配得到，或者这些财富不是我们努力所得，那我们也无法永久占有这些财富，只有通过自己努力得来的财富才是真实的。

14 引力法则规定，我们在外面世界中的种种际遇，都与我们的内在世界相对应。我们该怎样决定应该让哪些事物进入我们的内在世界呢？无论是通过感官还是通过客观意识，进入我们心灵的一切，都会在我们的心灵上打下印记，形成精神图景，而精神图景正是创造性能量的生产模式。这些经历大部分是外在环境、际遇、过往的思虑，甚至是其他负面思想的结果，因此在进入我们的心灵之前必须经过仔细的分析验证。

15 在引力法则面前我们并不是无所作为，我们可以自主地创造精神图景，通过我们内在的思维过程，而无须顾虑其他，诸如外部环境、种种际遇等。通过运用这种力量，我们必将掌握自己的命运、身体、精神和心灵。是的，命运掌握在自己手上。

16 如果我们有意识地实现某种境遇，这种境遇最终会在我们生活中发生。我们可以把命运紧紧地掌握在自己的手中，并且有意识地为自己创造出我们渴望得到的阅历。

17 归根到底，思想是生命的原动力，把握思想就是把握环境、际遇，就是创造条件、掌握命运。

18 思想的结果取决于它的形态、性质和生命力，这三者共同作用决定了思想的性质。思想的形态取决于产生这种思想的精神图景；精神图景取决于心灵印记的深度、观念的决定性优势、视觉化的清晰度，以及这幅图景的胆识与魄力；思想的性质取决于它的组成部分，也就是心灵的成分。如果心灵的成分是勇气、胆识、力量、意志，那么它所编织的思想也是如此；思想的生命力取决于思想孕育时刻的感受。如果思想是建设性的，就必将充满活力、充满生命，它能够生长、发展、壮大，它会为自己的全部成长汲取所需的一切。

视觉化的图景是一种想象的形式；这种思维的过程形成了心灵中的印记，这些印记又形成了观念和理想，这些观念和理想又形成了计划，伟大的计划。

如果我们想要显现一个完全不同的环境，就要视觉化我们的愿望，使理想清晰可见。

19 我们把思想分化为形态的能力，就是我们彰显“善”和“恶”的能力。如果我们的思想是建设性的、和谐的，我们就彰显“善”；反之，如果我们的思想是破坏性的、不和谐的，我们就彰显“恶”。

20 “善”和“恶”都没有固定的形态，都不是实体，它们不过是用来描述我们行动结果的词语而已，而我们的行动又受到我们思想性质的决定。

21 破坏性的思想是一把双刃剑，在伤害对方的同时也割伤了自己。破坏性思想自身之内就含有使自己分化瓦解的毒菌；这个思想将会消亡，而在这消亡的过程中，它会给我们带来疾病、患难以及其他形式的不和谐。

22 成功是靠自己努力拼搏得来的，同样失败也是咎由自取招致的。有些人倾向于把这一切的困厄都归因于超自然的神灵，但这所谓的超自然的神灵不过是处于平衡状态的“心智”而已。

23 也许我们不知道视觉化的力量是如何控制我们的环境、命运、性格、能力和成就的，但这绝对是科学的事实。不要去想人、地、事，这些都不是绝对的。你渴望的境遇本身蕴含着一切所需，合适的人和合适的事，自会在合适的时间和合适的地点出现。

24 思想和心灵状态符合哲学规律，是既对立又统一的。我们的思想决定着我们的心灵状态，而反过来我们的精神状态又决定着我们的能力和心智能量。

25 视觉化的图景是一种想象的形式；这种思维的过程形成了心灵中的印记，这些印记又形成了观念和理想，这些观念和理想又形成了计划，伟大的计划。在心灵中绘制一幅成功的画面吧，有意识地视觉化你的愿望；在心中抱持一个理想，直到你心中的幻影变得清晰起来。如果我们忠实于我们的理想图景的话，就要推动着成功前进的步伐，通过科学的手段实现它。

26 随着我们能力的提高，自然会带给我们各种成就和收获，也使我们能更好地控制我们的环境。如果我们想要显现一个完全不同的环境，就要视觉化我们的愿望，使理想清晰可见。

27 我们的眼睛更倾向于有具体形态的东西，所以我们只能看到客观世界中的存在，却不能看到精神世界中已然存在的视觉化的图景，而这个图景却正是一个重要的标志，预示着将要在我们的客观世界中出现的事物。

28 自然法则的运行是完美、和谐的，一切看起来“不过是发生了”而已。如果你需要证据，那么就回想一下你自己生命中的种种奋斗努力吧，当你的行动朝着一个高尚的方向努力的时候是怎样，当你怀着自私自利的动机之时又如何，两者的差异不言而喻。

29 人类只有一种官能，就是感受的官能，其他官能都是感受的变体。感受是一切能量的源泉，情感可以轻易战胜理智，我们的思想中不能没有感受的存在，思想和感受是密不可分的整体。

30 视觉化是一个行之有效、妙不可言的方法，但是它必须受到意愿的引导，我们绝对不能任由想象力毫无节制地放纵。想象力是一个糟糕的主人，但却是一个称职的仆人，除非受到很好的控制，否则它就会使我们陷入五花八门的空想和各种不切实际的结论中。如果不加以分析检验，我们的心灵就很容易接受各种似是而非的主意，结果导致精神的混乱。

31 任何理念都要经过透彻的分析，一切并非科学准确的事物一概应加以摒弃。如果你这样去做，你就不会浪费精力在一些无谓的事情上，而是非常有把握地做每一件事，成功将为你的奋斗加冕。这就是商人所说的“远见卓识”，这与洞察力基本相似，是一切事业获取成功的奥秘之一。

32 我们必须构筑并且只能构筑一种科学性的正确的精神图景，伟大的心灵建筑师正是通过这些精神图景来筑造我们的未来。

我们这周的练习是让自己认识到这样一个重要的问题：和谐和幸福是一种精神状态，并不取决于物质的占有。一切要用心去营造，收获的结果取决于良好的心态。生活拮据但内心富有的人要比拥有财富而内心贫穷的人幸福得多。

如果我们想要获得物质上的富有，我们首先应该关注，如何保持能够给我们带来理想结果的良好心态。要想拥有这种心态，需要我们认知精神本质，并领悟到我们与宇宙精神的合一。这种领悟能够为我们带来可以使我们获得满足的一切。这是一种科学的、正确的思维方式。当我们成功地达到了这种精神境界，那么一切愿望的实现就如已经发生的事实一般，相对容易得多了。当我们做到这些，就会发现“真理”使我们得以“自由”，使我们免于一切匮乏和局限的困扰。

重点回顾>>>

1. 获取财富的基础是什么？

是通过对思想的创造性本质的理解。

2. 财富真正的价值何在？

在于财富的交换价值。

3. 成功取决于什么？

取决于精神力量。

4. 精神力量取决于什么？

取决于运用；运用决定了它的存在。

5. 我们如何在一切变幻中把握我们的命运？

如果我们希望生活之中出现怎样的情境，我们就要有意识地实现它。

6. 生命中最重要的一件事是什么？

是思想。

7. 一切邪恶之源在于何处？

在于破坏性的思想。

8. 一切真善美的源头在于何处？

在于科学的、正确的思想。

第 17 课 渴望中诞生希望

LESSON SEVENTEEN

在美术课上，教师要求同学们画出上帝的形象。作业收上来后，每个同学画得都不错，但有一幅画却令老师大为吃惊。这是一个黑人孩子的作品，他将上帝画得和自己一样：黑黑的皮肤，卷曲的头发，一个黑人上帝。而其他孩子画的上帝都是金发碧眼，就和我们平常见到的画像上的一样。

谁也不能说这个黑人孩子画得不好，亵渎了上帝，因为每个人的心中都有一个神，并且自觉或不自觉地崇拜心中的"神"，这反映出了人的心智状况。

问一个印度人什么是神，他会向你描述一位显赫部落的神武酋长。

有人会说，我不信神，我没有宗教信仰，你的那套理论不适合我，其实不然。我们为自己雕刻了"财富""权力""时尚""习俗""传统"等偶像。我们"拜倒"在它们面前，崇拜它们。我们把全部意念集中在它们身上，而它们也因此在我们的生命中得以具体化。

所谓"蛮族"的人们为自己的神"雕刻偶像"，然后向它屈身跪拜，对于他们中少数有智慧的人来说，他们不过是把这些偶像当作一个精神支点，一个可视化的外在形象，用来寄托自己的灵魂。但是如果你明白了因果相循，明白表象不过是本质的外在表现，就不会错把表象当成现实，你将关注一切的"因"，而不会只在乎"果"。因为只有了解原因，才能得到你想要的结果。

1 最高级的行为模式在本质和属性上都处于更高的地位，因此必然决定着一切环境、面貌以及与它联系的万事万物。人类可认为“支配万物”的支配权是建立在精神基础上的。思想是一种活动，它掌管着其属下的一切行为模式。

2 我们靠口、眼、鼻、耳去感知这个世界，我们习惯于透过五官的镜头去看待宇宙，我们的人、神观念也正是源于这些经验，但真正的观念只有通过精神洞察力才能获得。这种洞察力需要有精神振动的加速，并且只有朝一个固定的方向全力、持久地集中精神意念，才能够获得这种洞察力。精神力量的振动是最纯粹的，因而也是现有力量中最强大的。

3 学习科学需要成年累月精神集中，并要掌握其中的原理，伟大的发现都是持久观察的结果。持续的意念集中意味着思想不间断的、平衡连贯的流动，需要在一个持久、有序、稳固、坚韧的体系下才能完成。

4 一个好的演员能取得成功的关键，是他能在扮演角色的过程中忘却自己的身份，而让自己与所扮演的角色完全等同起来，并用真实的表演来打动观众的心。似乎有一种看法，认为集中意念需要的是努力去做什么，但这却是误解，事实正好相反。

5 完全沉浸在你的思想中，沉迷于你所关注的主题，以至于忘却其他一切不相关的事情。如此集中意念会引发直觉的感知，以及直接的洞察力，让你能看透你所关注的客体的本质，揭示其中的奥秘。

6 我们的心灵就像一块磁铁，而求知的渴望就是不可抗拒的磁力，吸引住知识和智慧，并让它们为我所用，一切知识都是这样集中意念的结果。

7 渴望大多是潜意识的。潜意识的渴望能够激发心灵的能力，使困难的问题迎刃而解。渴望，加上意念的集中，有助于我们了解自然界的一切秘密。

8 意念的集中能够激发潜意识的理念，并引导它行动的方向，驱使它实现我们的意图。集中意念的实践，包括对物质、精神和身体的控制。仅凭一时的热情没有任何价值，想要实现目标，必须有极大的自信才成。

9 自然界中所有的一切，不管是物质的、精神的还是身体的，一切意识模式都必须在我们的掌握之中。因此，控制因素在于精神原则；精神原则能够使你摆脱有限的成就，使你能够达到把思维模式转化为性格和意识的境界。

> 渴望是成就一切伟大事业的前提，忘我则是成就一切伟大事业的内在力量。拥有了渴望和忘我的精神力量，一个人也就能无敌于天下了。

10 在拥有“分外之物”之前，必须有可以容纳这些“分外之物”的“领地”。集中意念的重点不是考虑某些想法，而是指把这些想法转变为实用价值。

11 理想和现实有时会有很大的差距，心灵想要展翅翱翔，很可能还没有等它高飞，就跌落在平地。精神可能会把理想定得过高，却发现心有余而力不足。但是这一切，都不能成为我们不再进行下一次尝试的理由，如果没有取得成功就说明我们付出的努力还不够。

12 软弱可能是出于肉体的局限或是精神的不确定状态，软弱是精神成就的唯一障碍。重新尝试一下吧，不断地重复终会让你获得游刃有余的完美感觉。

13 人们把精力集中在生活问题上，我们才有了今日庞大而复杂的社会结构，一切事物都是如此。地质学家把注意力集中在地下底层的构造上，我们就有了地质学；天文学家把注意力集中在星体之中，发现了天体的奥秘。

14 渴望是一种最为强大的行为模式。一切精神发现和精神成就都是热切的渴望加上意念的集中所致，渴望越是热切持久，得到的发现就越是明白无误。

15 在实现伟大思想的过程中，在经历与这些伟大思想相吻合的伟大情感的过程中，心灵处于这样一种状态，它能够欣赏更高事物的价值。

16 意念的集中能打开疑惑、软弱、无力、自卑的镣铐，让你品尝到征服的乐趣。在一段时间内高度集中意念，加上对实现与获取的长久渴望，可能会比长年累月的被动、缓慢、常规的努力更加有效。

17 渴望是一种先决性的力量，一切商业关系都是理想的客观化。商业课程非常

重视意念的集中，鼓励性格中果断的一面。商业活动开发实践中的洞察力，以及迅速做出结论的能力。每一宗商业活动，其中的精神因素都是占主导地位的成分。商业行为中可以培养很多坚定的、重要的美德。心灵在商业活动中稳固、定向地成长；精神活动的效率不断增强。

18 最重要的是心灵的成长，坚持不懈的精神努力，有助于开发你的独创性和进取精神，这使得精神不会受到无缘无故的干扰和本能冲动的左右。心灵的成长是自我从低层向高层迈进过程中的胜利。

19 发电机威力无比，但是如果没有被启动，就什么力量也发挥不出来。我们的心灵就是身体发电机的开关，只有心灵才能使身体运转，使它产生效力，使它产生的能量明确有效地集中。心灵是引擎，它的能量为前人所不敢想象。

20 如果你把意念集中在一些重要的事情上面，直觉的力量就开始运作了，它会帮助你获得引导你走向成功的讯息。集中意念只不过是意识的聚焦达到了与关注对象合而为一的程度而已。正如身体维持生命需要摄入食物一样，精神也需要摄入它所关注的客体，使它获得生命与存在的本质，没有任何神秘可言。

21 人类的直觉仿佛是冥冥中神的指引，直觉不需要凭借经验或是记忆就可以获得答案。利用直觉来解决问题通常超越了理性能力的范畴。直觉常常不期而至，令你惊喜万分。直觉往往会出其不意地直接击中我们寻求了许久的真理，让人感觉它似乎是来自更高层次的力量。直觉可以培养、可以开发。为了培养直觉，有必要认识它、欣赏它。如果直觉做客你家，你要给予它一个皇室的接待礼仪，这样它还会再次光临。你的接待越是热忱，它的光临就越是频繁。但如果你对它不理不睬或视而不见，它的拜访就会越来越少，与你渐行渐远。

22 潜意识是一个常胜将军，他所向披靡，无所不能。当赋予潜意识以行动的力量时，它所能做的事情是没有止境的。如果你的愿望与自然法则或宇宙精神和谐一致，潜意识就会解放你的心灵，赋予你战无不胜的勇气。你取得何种程度的成就完全取决于你的愿望的本质。

23 我们跨越的每一个障碍，获得的每一次胜利，都会增强我们的信心，这样，就会有更大的力量去赢得更多的胜利。你的勇气取决于你的精神状态，如果你表现出成功自信的精神状态，并充满了不折不挠的信念，你就会从肉眼看不见的领域中汲取到无声的需求。

24 我们有时候弄不清自己到底想要什么，可能在追求名声，而不是荣誉；可能在追求富贵，而不是财富；可能在追求地位，而不是支配权。在这些情况下，等你刚刚追上它们的时候，你就会发现，这些只不过是过眼烟云而已。只要对心灵中的想法保持忠贞，至死不渝，它就会逐渐在客观世界中成形。

25 明确的目标，本身就是一个动因，它在不可见的世界中为你寻找到实现目标所需的一切材料。你正在追求的，可能是力量的符号，而不是力量本身。

你要学会独处，学会将自己的心灵和自己的企望结合在一起。这样，你内在的潜能就会被激发出来，形成坚持不懈的精神努力。它将有助于开发你的独创性和进取精神。

你的勇气取决于你的精神状态。一个表现出成功自信的精神状态，并充满了不折不挠的坚强信念的人，是不可战胜的。

26 一个为了财富而终日奔波劳碌、拥有巨额支票、口袋里沉甸甸地装满黄金的人最终会发现，大量的金钱不过是一个数字而已。金钱以及其他一些纯粹的力量符号，往往是人们竞相追逐的对象，但如果认识到了真正的力量之源的话，我们就可以不理睬这些符号了。同样，寻找到了真正的力量之源的人，也不再对力量的伪饰或赝品感兴趣了。

27 思想常常会带来外在世界的变革，但是如果把思想的矛头对准内在的世界，思想就会把握一切事物的基本准则，就能领略万事万物的核心和精神。

28 如果你能把握万物的本质，你就可以比较容易地领会它们，使它们听命于你。事物的精神本质就是事物本身，是它的核心部分，是它的真实存在。外部形态不过是内在精神的外在显现而已。

29 有心栽花花不开，无心插柳柳成阴，力量来自放松。完全放松下来，不要对结果忧心忡忡。集中心神意念，不要有意识地为实现目标而努力去做什么。对关注的目标凝神思考，直到你的意念完全与它合而为一，直到你再也意识不到别的东西存在。

有能力的商业人士为什么都有一间单独的办公室？这是直觉通常在“寂静”中获得。伟大的心灵常常喜欢独处，在这里他不会受到外界的干扰。正是在静默、独处中，许多生命的重大问题得以解决。如果你没有这个条件，你至少可以找到一个可以让你每天独处几分钟的场所，在那里训练你的思维，使你能够开发自己的能力——一种非常有必要获得的、让你战无不胜的能力。

永远把意念集中在你的目标上，把没有实现的目标当作既成事实；如果你希望消除恐惧，那么就把意念集中在勇气上；如果你想要消除疾病，那么就把意念集中在健康上；如果你希望消除匮乏，那么就把意念集中在富足上。这是引发“因”的生命法则，而正是这些“因”，诱导、指引并建立起必要的关联，从而在物质形态上实现你的目标。

重点回顾>>>

1. 集中意念的正确方法是什么？

明确你思想关注的对象，然后摒除一切与此无关的事物。

2. 这样集中意念的结果是什么？

这样做可以触发看不见的力量，因而带来与你的思想相吻合的境遇的改变。

3. 这种思维方式的决定性因素是什么？

是精神原理。

4. 为什么是这样呢？

因为我们欲求的本质必须与自然法则相和谐。

5. 这种集中意念的实际价值何在？

思想转化为品格，而品格是可以创造个体环境的磁石。

6. 在一切商业活动中，决定性的因素是什么？

是精神因素。

7. 所谓的集中意念是如何运行的呢？

通过发展感知能力、提升智慧、直觉和敏锐度。

8. 为什么直觉高于推理？

因为直觉不依赖于经验或记忆，而往往是通过一些我们一无所知的方式方法来解决问题。

9. 追求本体的符号象征，其结果是什么？

等他们追上的时候，通常会发现这些不过是过眼烟云，因为符号象征只是内在精神活动的外在形态。因此，除非我们能拥有精神上的本体，否则，外在形态终归要化为乌有。

第18课 互惠行为

LESSON EIGHTEEN

所有人都处于各种各样的社会关系之中，都不是独立存在的。一个男人可能拥有多种身份和角色，处在多种社会关系的交集中。他既是父亲又是儿子，既是丈夫又是兄弟。同样，女人也是如此，在不同的社会关系中扮演不同的角色，不同的角色赋予她们不同的任务和责任。因此，一个人的存在，在于他和整体的关系，在于他和其他人的关联，在于他和社会的联系。这种联系构成了他的环境，而这种环境不可能是通过其他方式取得。

因此很显然，个体不能脱离整体，个体不过是宇宙精神的分化，这种宇宙精神，将"照亮一切生在世上的人"。而宇宙所谓的个体化或人格化不过就是个体和整体的关联的方式。这种关联的方式，我们称其为环境，这种环境是由引力法则主导的。

为了生存，我们必须获取生存资料，这一点是由引力法则决定的。正是这一法则，使个体与宇宙区分开来，使我们能更加透彻地看待这一问题，也使我们更好地掌握引力法则，让它为我们所用。

1 一切都在变，不变的只有变化。包括世界的思想观念在内的所有事物的变化都在我们身边发生，这个世界一直经历着最为重大的思想变革。

一切都在变，不变的只有变化。我们要善于适应这种变化，磨锐自己的思想，以更宽广的眼界看待这个世界。

2 无论是黑人还是白人，无论是穷人还是富人，无论是基督教徒还是天主教徒，都在进行着这场人类历史上空前的革命，改变所有人的观念。然而有的人对此明察秋毫，有的人却对此麻木不仁。

3 走进生物的国度，你会发现一切都处于流体状态，永远在变化，永远被创造、再创造。在矿物世界中，看起来一切都是固体的、不易挥发的，其实不然，它们也无时无刻不在发生着细微的变化。

4 每一个领域，总是在变得越来越美好，越来越精神化，从有形演变为无形，从粗糙演变为精致，从低潜能量演变为高潜能量。当我们抵达无形世界的时候，就会发现，能量处于最纯粹、最活跃的状态，它随时准备被激发。

5 长期被传统的桎梏羁绊的人们已经挣脱了所有的束缚，代表新文明的眼界、信念与服务正在不知不觉中取代旧的习俗、教条等一切陈腐的、不适应时代发展的东西。如今，科学发现浩如烟海，揭示出无尽的资源、无数种可能，展现出那么多不为人知的力量。科学家们越来越难于肯定某种理论，称之为定规定法、不容置疑；同样，也极难彻底否定某些理论，称之为荒谬不经、绝无可能。

6 一种来自我们内心的全新的力量和意识正以令人难以置信的意志和决心唤醒处于酣眠中的世界，也让我们对自己的内心重新审视。

7 从分子到原子，从原子到量子，世界的有形实体已经被人们细化到了极致，它的内部构造人们已经看得非常明白、透彻。所以接下来我们要做的事情就是细分精神，找到精神的量子。“能量，就其终极本质而言，只有当它表现为我们所说的‘精神’或‘意志’的直接运转时，方可被我们所理解。”安布罗斯·佛莱明爵士如是说。

8　世事的风云变迁，不过是精神事务而已。推理，是精神的过程；观念，则是精神的孕育；问题，其实是精神的探照灯和逻辑学；而论辩与哲学，就是精神的组织机体。这种精神是居住在我们内心的终极能量。它存在于物质中，也存在于心灵中，它就是维持一切、使生命能量充满一切、无处不在的宇宙能量。

9　人与动物最大的区别在于脑容量的不同，也就是智慧上的差异。正是这种智慧，使动物比植物高一个等级，人比动物又高一个等级。

10　一切生命个体都靠着这种全能的智慧而生存，我们发现，人类个体生命的差异，大多数是由他们在某种程度上能够体现出这种全能的宇宙智慧来决定。我们知道，这种逐层递增的智慧在人类身上，表现为人类个体控制自己的行为模式，以及按照环境调适自身的能力。智慧的程度越高，我们越是能够理解这些自然法则，就能拥有更高、更强的能力。

11　所有伟大的心灵都要进行调适，如同钟表需要对时一样。所谓的调适无非是对于宇宙精神现存秩序的认知。人们知道，只有首先遵从宇宙精神，宇宙精神才会听命于人们的吩咐。

12　宇宙精神能够对一切需求做出回应，因为宇宙精神本身也遵从着自身存在的规律，这就是自然法则。对自然法则的认知使我们能够跨越时空的距离，使我们能够在高天之上翱翔，也能让钢筋铁骨在水面上漂浮。正是因为人类能够认识到，人类自我是宇宙智慧的个体形式，因此，人类就能够控制那些没有达到这种自我认知程度的个体。

13　我们的思想极其活跃，是具有能动性的。然而这种创造力并非源自人类个体，而是来源于宇宙。宇宙是一切能量与物质的源泉；而个体不过是宇宙能量分流的渠道而已。

14　整体要靠个体来表现，宇宙通过个体，创造种种不同的组合，因此就有了种种现象的发生，本原物质的运动频率各不相同，它所创造出来的新的物质在振动频率上与原来的物质保持严格一致，这些都遵从振动原理。

15 思想其实是看不见的桥梁和纽带，它使个体与宇宙、有限与无限、有形与无形的领域联系在一起。人类能够思想、感觉、行动、获得知识，这些都是思想的魔力，思想是人类的第一特征。

一个人如果在他所着手进行的事业中投入全部的身心，那么，他的成功是没有止境的。

兴趣是成功的原动力。它是成功的种子。我们要善于呵护自己的每一份兴趣，因为有一天它们可能会长成傲视世间的参天大树。

16 随着科技的进步和发展，人的眼光变远了，凭借高倍数的天文望远镜，肉眼可以看到几百万英里以外的世界；同样，人类借助恰当的领悟，就能够与宇宙精神这一切力量的源泉建立起联系。

17 人类认识的过程就好比一个内部没有录像带的录像机，如果没有理解和领悟就什么也不会留下，只是一个空镜头。

18 所谓的领悟不过是一个信念而已，除此之外什么也不是。食人族也有他们的信念，但那种信念又有什么用呢？唯一对人有价值的信念，就是能够被实践检验证明的信念。经过验证后的信念就不再仅仅是信念而已，它转化成了有生命的信仰和真理。这个真理已经经过成千上万人的检验，只需要通过合适的方法手段加以运用。

19 很久以前，人类能看到的不过是头顶上的一片天空。人类要想定位数亿英里以外的星球，没有足够倍数的望远镜是万万做不到的。因此，科学也在不断发展，更大、更清晰的望远镜被研制出来，人类因此更多地了解了天体的知识，不断收获巨大的成果，人类的视野变得异常开阔。

20 人类对精神世界的领悟也是这样，精神的望远镜也在不断更新换代。人们在与宇宙精神及其无限可能相联系的方法上，也在不断获得巨大的进步。

21 事物之间有着强大的吸引力，宇宙精神通过引力法则在客观世界中彰显。每个原子对其他的原子都产生了无穷大的引力。万物正是通过这种吸引、结合的法则，相互联系在一起。这个原理是有普遍意义的，也是一切现有结果赖以产生的唯一途径。

22 生长是生命的表现，生长力通过宇宙原理得到表达，这种表达最为美丽壮观。为了生长，我们必须获得生长所需的必需品，因此，成长是建立在互惠行为的条件上。我们知道，在精神层面上，同类事物相互吸引，而精神的振动只对那些与它们保持和谐一致的振动做出回应，对与它相悖的事物视而不见。

23 富裕和贫穷是天生的敌人，富足的想法只对那些类似的意念产生回应。人的财富与他的内在一致。内在的富足是外在富足的秘密，它吸引着外在财富来到你身边，而拒贫穷于千里之外。人类真正的财富资源在于他的生产能力。他会不断地付出、给予；他付出的越多，收获的也就越多。因此，一个人如果在他所着手进行的工作中投入全部的身心，那么他的成功是没有止境的。

24 思想是借助引力法则运行的一种能量，它的最终体现是客观世界的丰裕富足。那些华尔街的金融大亨们，那些产业领袖、大律师、政治家、发明家、作家、医生，他们除了自己的思想，还有什么可以贡献出来增进人类的福祉呢？然而他们只是贡献了思想就令他们的形象无比光辉。

25 宇宙精神是保持平衡状态的静态精神或物质。我们的思考能力使宇宙精神在形式上分化。

26 力量取决于对力量的认识。如果我们不去运用力量，我们就会失去力量。如果我们不认识力量，又如何去运用它呢？对精神力量的运用，取决于意念的集中。意念集中的程度决定着我们获取知识的能力，而知识不过是力量的代名词。

27 专注是现在的热门话题，也是许多人成功的秘诀，意念的集中是一切天才的特质。这一能力的培养建立在练习、实践的基础上。

28 人体就像一部不停运转的复杂机器，需要吐纳，需要新陈代谢。我们这周的练习是把注意力放在自己的创造力上，认识到个人肉体的生存、行动，需要靠空气来维持，必须呼吸，才能活着。接下来，让思想停留在这样一个事实上：人的精神生存、行动也是如此，需要吸收一种更为微妙的能量，才能延续下来。

29 没有种子，就不会长出幼苗，更不会有日后的参天大树。在自然界中，如果没有播种，就没有生命长成；结出的果实绝对不会比生育它的植物本身高一个等级。同样，在精神世界中也是如此，只有播下种子，才能结出果实。而结什么样的果实，则取决于种子的性质。所以，你一切的境遇都取决于你对这种因果循环法则的领悟，这种领悟是人类意识的最高境界。

兴趣产生动力，每个人都把做自己喜欢做的事当作享受，而把做自己不喜欢的事视为折磨。注意力集中的动机是兴趣，兴趣越高，注意力越是集中；而注意力越是集中，兴趣就越大，这是作用和反作用的结果。让我们从注意力的集中开始做起。这样，不久就会激发起你的兴趣；而兴趣的产生会引起你更多的注意，这种注意力会引起你更多的兴趣，如此不断地循环往复。

重点回顾>>>

1. 个体生命之中的差异如何衡量？

　　通过衡量他们生命之中所彰显的才智。

2. 个体通过服从什么法则，才得以掌控其他形式的种种才智？

　　通过认知自我是宇宙智慧的个体化。

3. 创造力的来源是什么？

　　是宇宙。

4．宇宙如何创造外在形式？

通过个体。

5．个体和宇宙之间的联系是什么？

是思想。

6．实现生存方式的原理是什么？

是爱的法则。

7．这种法则是如何表现出来的呢？

是通过生长法则表现的。

8．生长法则取决于什么条件？

取决于互惠行为。个体无论何时都称得上是完整的，这决定着我们付出的是什么，收获的也是什么。

9．我们付出的是什么呢？

是思想。

10．我们获取的又是什么？

还是思想。思想遵循守恒定律，我们所思所想变化万千，因此思想的表现形式也不尽相同。

第 19 课 知识战胜恐惧

LESSON NINETEEN

恐惧是由某种危险所引起的消极情绪，通常个体认为自己无力克服这种危险而试图回避。恐惧是无论在动物界还是在人类中，都广泛存在着的一种情绪反应，动物遇到天敌或处境危险时都会表现出恐惧，而人类因为有了语言和文字，恐惧的对象变得更为广泛，尤其是人类极其丰富的想象力及其特有的象征性思维，使得恐惧更是无处不在，无时不有。

恐惧是思想的一种强有力的形式。恐惧是由肾上腺素分泌产生的，它能够麻痹神经中枢，影响到血液的循环，而这些反过来又会影响肌肉系统。因此，恐惧影响着整个生命存在，身体、大脑和神经，这些影响包括身体的、精神的和肌肉的。

害怕、不安、担心、恐怖、惊吓、惊慌、担忧、犹豫、胆怯、困扰、不安全感、忧心忡忡、沮丧、惊恐不安、惊骇、惊惶失措、畏惧、战栗、大祸临头、末日将至——这些人类社会描述恐惧的词汇是如此的丰富，足可证明恐惧的普遍存在，可见人类战胜恐惧的任务是何等的艰巨。

当我们全心全意只想自己的时候，我们就会感到恐惧，如果我们能够把注意力转移到别人身上，恐惧就消失了。总而言之，恐惧是一种过分的自我关注。当然，战胜恐惧的方式是对于力量的认识。而被我们称作“力量”的这种神秘的生命力到底是什么呢？我们不知道，但这并不影响我们使用这种力量。

生命就是如此。尽管我们不知道它是什么，可能永远也不会知道，但我们却知道这是一种运行在生命体中的主要力量，只要遵循这种力量的法则和原理，我们就

足以让这种生命的能量如滔滔江水般涌入自己的胸怀，提升生命的潜能，从而最大可能地释放精神、道德和心灵的功效。如同我们不知道电是何物。但是我们却知道如果遵循电的法则，电就会成为我们听话的“仆人”；它能照亮我们的家庭、我们的城市，使机器发动起来，并在其他方面为我们服务。

1 人类对于真理的探索，是一种合乎逻辑的运作，是系统化的进程，不再是盲目的探险。经验在成形之前，我们都能在意识中得到指引。

2 追根究底，所谓的探索真理，其实就是在探索终极动因。回顾人类发展史，每一次经历都会有一个结果，一旦我们能把经历的原因确定，就能够据此有意识地加以控制，如此一来，我们自身一切的遭遇都能在我们的展望和掌握之中。

3 按照这种说法，人生，绝不是一场命运的球赛；人，也绝不是际遇的玩偶。我们要做自己命运的主人、际遇的舵手，就像司机驾驶火车和汽车一样，牢牢握住自己人生的方向盘。

4 世间万物都流转在同一个体系，彼此之间绝不是彼此孤立，或者是相对立的；它们之间都有着千丝万缕的联系，在一定条件下可以相互转化。

5 物质世界中存在着不计其数的对立面：一切事物有不同颜色、形状、大小，有两极，还有内外；有肉眼看得到的，也有肉眼无法观察到的。这其实都是我们人类为了方便称呼而赋予它们的不同名称。所有这些，都只是表达方式上的差异。

6 一个事物的两个方面被我们冠以不同的名称，实际上，这两方面都是相互关联的，绝不是两个独立的实体，而是这个整体事物的两个部分。

7 精神世界的法则与此无异。就好像我们经常用两个词——“知识”和“无知”，其实，无知只是知识缺乏的一种状态。

8 同样的规律在道德世界中随处可见："善"与"恶"，"善"是有意义的，也是可以被触摸感知的，而"恶"呢，无非是一种反面的状态，"善"缺席，就变成了"恶"。尽管有时候"恶"同样也是一种客观存在，但是它没有法则可循，没有生命，缺乏活力，总是被"善"摧毁，就如同光明驱走黑暗，真理打败谬论一样。当"善"现身，"恶"就会灭迹。因此，在道德的世界中，只有一个法则，那就是"善"。

> 人生，绝不是一场命运的球赛；人，也绝不是际遇的玩偶。我们要做命运的主人、际遇的舵手。

9 在精神世界中也同理可证。就好像我们说到的"物质"和"精神"，听起来似乎是两个独立的实体，但是无可置疑的，精神世界中也只存在唯一的法则——精神的法则。

10 物质是不断变化、更新替代的，在漫长的时间长河里，一日和千年毫无区别；而精神却是永恒真实存在的。如果我们地处一个大都市，看高楼大厦，看车水马龙，看霓虹闪烁，星点的物质文明都绝不是一个世纪之前的人能想象、能企及到的。而如果我们的子子孙孙在百年之后依然站在我们今天的位置看这个物质世界，他们对我们今天所拥有的一切依然会毫无概念，今天的一切早就在历史的长河里消失得无影无踪。

11 这唯一的变化法则依然可以通用于动物世界。成千上万的动物在度完自己短短几年的生命之后消失了。植物世界亦然，多少植物有着昙花一现的光景，那仅仅拥有一年生命的草本植物……也许只有在无机世界中，我们才能期待更永久一点的存在。然而，沧海桑田的变幻让我们无奈：曾经的汹涌大海如果变成了陆地，曾经的平湖如果耸立起高山，站在约塞米蒂国家公园的大峡谷面前，我们会无限感慨曾经被冰川吞吐之后留下的斑斑足迹……

12 我们，时刻处于瞬息万变之中，变化的根源来自宇宙精神的演变，万事万物都逃不过这个最初的体系。物质，不过是精神借用的一种形式、一个条件，本身没有任何原理、法则可言，主宰世界的唯一法则和原理就是——精神法则。

13 就此，我们完全可以笃定，精神法则通行和主宰了物质世界、精神世界、道德世界和我们人类的心灵世界，是唯一和不可替代的。

14 要知道，精神是处于静止状态的，是静态的。人类的思考能力是它作用于宇宙精神并使宇宙精神转化成动态心智的能力。精神的运动状态形成了我们所谓的动态心智。

15 要运动就必须具备充足的动力燃料，食物就是这些燃料的物质形式。一个人不吃东西就无法思考。精神的运动行为，也就是我们所说的思维过程，如果没有借助一定的物质手段，当然也就不可能转化成为快乐和福祉的源泉。

16 因此，人要思考，要让宇宙精神发挥作用，就必须借助食物——这种物质形式提供能量。这就好比要把电力转化成动态能量，就首先需要一定的能量创造电力；要想让植物茁壮生长，就必须借助阳光提供能量。

17 说到这，你应该已经明白，思想从不停止地在客观物质世界中成形，寻求表达的出口。即使你还没有意识到这一点，你也绝不能忽视这样的事实——你强大的、积极的、颇有建设性的思想会体现在你的身体健康水平、事业经营的状态中，以及你的生活际遇中；而你那些负面的、软弱的、具有破坏性的思想，也会在生活中带给你恐惧、不安、忧虑的情绪，让你的生活变得困顿、颓丧，在你的事业中、感情中产生不和谐的音符。

18 力量产生财富，财富只有被赋予力量时才会真的变得有价值。世间万物，都表现为一定的形态和一定程度的力量。

19 蒸汽、电力、化合力、重力的原理，都无一例外地重复论证着因果循环的不破真理，它们能让人大胆无畏地制订并执行计划。自然法则统治整个自然界，然而，精神能量与自然物质的能量是并存的。所谓的精神能量，就是来自我们人类心灵和心理的力量。

20 我们习得知识的中小学，乃至是大专院校，都只是我们精神能量的发电站，用来开发我们心灵潜力的地方，除此之外，没有任何持续性的价值。

21 要想让看起来那么笨重的庞大机器运转起来，就需要有很多的发电厂为它们提供能量。人类发掘了很多原材料，被转化之后可以增强我们生活的舒适度。

与此类似的，我们的精神发电厂也需要寻觅这样的原材料，同时加以开发并培育，最终转化成远高于一切自然力的能量。如此看来，比起这些看起来神奇非凡的自然力，精神力量似乎要显得更为伟大和高深。

> 积极的思想，产生积极的结果；消极的思想，结出消极的果实。你所选择的，就是你将拥有的。天堂或是地狱！

22　那么，精神发电厂需要寻找的原材料到底是什么呢？是什么材料才能最终转化成能够控制其他一切能量的力量呢？这种原材料的静态形式和动态形式分别就是精神和思想。

23　这种能量存在于一个更高的层面上，超越一切，它使得人类能够发现自然界的法则，使得人类能够开发和利用自然界伟大神奇的能量，跨越时空的距离，战胜重力原理，这是几代人或者几十代人的辛苦劳动都无法成就的。

24　思想，充满能量，不断发展。在上半个世纪以来，它就创造了无数看似不可能的奇迹，这是在前50年，甚至是前25年都无法想象的。如果精神发电厂在这50年之内就筑就这样不可小觑的辉煌，那么，可以推想，下一个50年之后的我们，又会站在一个怎样的高度了呢？

25　万物之源，无限广大。从科学的角度讲，我们知道，光传播的速度是每秒186,000英里，宇宙中有很多星球上的光线经过2000多年才到达地球，而光的传播形式是光波，光线传播的以太（能媒）只有是连续的，光线才能穿越那么漫长的距离到达地球。因此，我们可以确信：物质产生的本原，也就是以太（能媒），是普遍存在的。

26　在形式上又如何体现呢？联系到电学中来讲，我们把电池的两极——铜和锌的两极连接起来，就形成了电路，电流在其中通过就产生了能量。其实，任何两极都会出现类似的情况，同时还会因为所有事物的外在形态都跟它振动的频率有关，说到底就是原子之间的关系。因此，我们只有通过改变事物的两极，才能期望去改变客观环境中的表现形式。这就是所谓的因果循环。

27　透过现象看本质，我们必须从思想上充分意识到，一切事物的表象都并非真实：地球不是静止的，也不是方的；太阳没有绕地球运行；天空也绝不是我

们看起来的那个巨大的穹庐；星星并非只有那么一点点微弱的光芒；物质也不是像我们所认为的那样静止不动，而是处于永恒的运动状态之中。

28 按照这个思路走下去，总有一天——也许就在某个拂晓时分，我们知道了越来越多宇宙精神的运行原理，人类所有的思想和行为模式都会因此而做出调整和改变。这一天，指日可待！

我们早已习惯通过每天的进食来源源不断地给身体提供所需的养分和能量。在吸收精神食粮方面，我们当然也需要多一点的耐心和坚持。本周你们可以每天尝试花上短短几分钟的时间来做集中意念的练习——全身心地沉浸在你的思想所能触及的客体中，不接受外部任何其他的刺激和影响。记住，一定要专注，要投入。

重点回顾>>>

1．两极是如何相互对照的？

它们被赋予独特的名字，比如内和外、光和暗、好与坏、顶端与底部等。

2．这些是独立的实体吗？

不是，它们都是整体的部分或不同方面。

3．在物质、精神和心灵世界中有一个创造性原理，这个原理是什么？

是宇宙精神，即永恒能量。万物都是由它而来。

4．我们如何与这个创造性法则相联系？

通过我们的思考能力。

5．这种创造性法则是如何运行的？

思想是种子，思想引发行为，行为产生现实中的结果。

6．事物的本质是什么？

是一种振动的频率。

7．这种振动的频率如何发生改变？

通过精神行为。

8．这种精神行为又基于什么？

基于两极的作用，也就是个体和宇宙之间的作用和反作用。

9．这种创造性能量是发源于个体还是宇宙？

源于宇宙，然而宇宙只有通过个体才能把这种能量彰显出来。

10．为什么个体是不可或缺的？

宇宙是静态的，它需要能量来赋予它以推动力。这种推动力由何而来呢？食物转化为能量，而能量使个体得以进行思考。当人完全停止进食，他的思想也终止了，这时他也就不再作用于宇宙，他和宇宙之间作用与反作用的行为也终止了。

第 20 课 思想主导一切

LESSON TWENTY

从古至今，人们都从未间断过对一个问题的探讨，即“恶从何来”。因为宗教向我们诠释了神的全知全能以及对众生的普度与关照。既然神爱我们，那么世间中又源何仍存在着众多邪恶与黑暗，又为何要区分出地狱、天堂？

神即为众生，万物之灵。

上帝按照自身的形象创造了人。

众生、万物、人皆起因于创造，因此创造力才是神，或称之为灵。

所以，人也是创造力的产物，是内部世界的“精神”在外部世界的一种形式的体现。

这种精神具有一种特殊且唯一的属性，即思考。

思考所表达出的思想，即是创造力的不断再现，是创造的过程本身。

所以，世间的一切都可称之为思想过程的产物。

外部所显现的世界中，不论发生或毁灭皆是创造力的产物，也就是思想过程的产物。

世间人们肉眼可见的各种发明创造、组织结构，以及建设性活动，都是思想创造力的产物。

当思想的创造力缔造出对人类自身有益的或所谓好的、人们向往的结果时，我们就称这个结果是“善”。

当思想创造力产生出对人类自身有害的或所谓坏的、不希望见到的结果时，我们就称这个结果为“恶”。

如此这样，我们就可以简单地区分善、恶。同时也解释了它们的起源。创造本身不过是思想的过程，而善与恶的名称皆用来形容这种伟大创造过程中所产生的不同“果”。这个“果”即是思考或创造过程所产生的。

不同的思想决定着人类行为种种，我们又以不同的人生行为产生出不同的人生之“果”。

本课对于这个深入且重要的话题进行了更多的阐述。

1 精神具有永恒不变的属性。我们依照精神的表现而证实自我的存在。精神表现出何种自我，我们也就的确是精神所再现出的模样，如若精神消失，那么人也就随之消失。当我们深刻领悟到精神的主观能动性时，精神就会因此而受到激发并变得更加活力充沛。

> 思考可以创造一切，改变一切。不去思考的人，在人生中必将走更多的弯路，比思考者付出更多的代价和艰辛。

2 当我们对身边可用的资源知晓时，我们才会对它们加以运用。就像我们知道我们拥有财富，便会使用财富去改造或经营我们的生活。但如果你从不知晓它的存在，也不懂得加以运用，那么任何事物的存在对你都将失去意义。因此，当我们没能意识到这种巨大的精神财富是真实地存在着，我们也同样不会利用它去为我们创造更有价值的东西，因此如果想得到精神的帮助，就要了解它、相信它、运用它。

3 认识与了解是一切事物被创造出来的基础，创造力的巨大作用要依靠于主观意识和思考过程而产生。它们的协同作用将我们内在的、肉眼不可能看见的主观世界，转变为可见、可知、可触的外部世界中的一切环境或遭遇。

4 生存的价值往往可以通过思考体现出来，通过思考，人可以获得巨大的潜能。终其人的一生，每一分钟无不是依赖着思想和意识的创造性活动而存在。思想犹如一只神奇而有力的大手，操控且美化着我们的生活。如果我们对这只大手的魔力一无所知，那么生活又将变成怎样？

5 我们无法想象，如果你真的如上面所说对这只无形的大手始终一无所知，那么我们就如愚钝者对于世界的认识，片面而浅薄。会不由自主地将自己的命运交托到思考者的手上，他们借助于思考，增强了自身的力量，轻易地将我们的生活主宰。这种主宰不必依存于任何财富的收买或暴力的干预，仅仅是通过他们的主观“心力”，即可以将我们的命运拿捏、把玩。因此不去思考的人在生命的路程中，必将走更多的弯路，比思考者付出更多且完全无必要的艰难与辛苦。

6 当我们一旦掌握了思考可以创造一切，并能够改变一切的力量法则，我们就可以完全地信任并使用它，因为一切法则都应该不改变。这样我们才可以持续不断地将这些原理、方法、能量以及精神产物领悟透彻，从而开辟出我们自身与最强大的宇宙精神之间的通道。

7 当我们信任并使用这些法则，它自身的恒定性就必将给我们的生活带来福音，我们可以借此与宇宙精神保持连接，去体悟和实践它的能量，同时，宇宙精神也依靠我们个体去创造和改变世间万物。

8 当你逐渐体悟到你完全可以通过思考过程做到与宇宙精神本质的合而为一，那么此时此刻的你将可以成功地转变为宇宙精神的信使。你的所作所为皆是宇宙精神在世间的真实再现。行动吧，此时你手中正执着一把金光闪闪的利剑,它赋予你无穷的力量，头脑中的创造力也正如一场熊熊燃烧着的烈火将你生命中的所有激情与能量释放、点燃！这种庞大的力量将你的生命推至无限活力与能力的巅峰，与宇宙中那无法所见的精神相连。它对于你的激发与帮助，使你可以完全地信任并依赖它，果敢地始终使用这种能量去改造和美化你的生活。

9 不过当你预先想获得这种能量之时，就要给自己创造出一种平和而静寂的内心环境。这种静默之中所感知到的力量泉源是最真切而具体的。让宇宙精神在你的身上一如海面中漂泊的五色瓶，唯有平静的海面才可以使它惬意而舒缓地漂浮于上，让其在阳光的照射下折射出迷人的光芒。

10 当你领悟了这种力量的使用方法，你就要去不断地琢磨和思考这种方法的整个过程。当你无数次地在你的脑海中勾勒出它的形象并对这个过程了如指掌，那么你就犹如被上天戴上了一顶智慧的光环，无论身处何时何地都可以对这种力量控制自如。

> 思考的力量是双刃的，它可以创造，也可以毁灭。结果如何，关键看我们的思考是积极的、正面的，还是消极的、负面的。

11 我们也许无法窥探到我们内在世界的全貌，但它却实实在在地存在于我们的思维中。当你相信它的存在并去认真找寻、练习、揣摩它，你就会发现其实它是一切存在的最根本。它不仅可以帮助你，同时也可以帮助身边的所有人慢慢了解自己的内心，了解一切人、事、环境的内在与外在，从而缔造出自己内心中的王国，并通过自身的努力将美好的“天国”梦想变为现实。

12 这个法则的永恒不变性同时也为我们带来了另一个难题，什么样的思维就会产生什么样的结果。即使结果是“恶”的，那也是由我们自身而来。这一法则的运行从来都是精确无误的，绝不偏离。如果我们思考的是匮乏、局限、混乱，我们就会处处遭逢恶果；如果我们思考的是贫困、不幸、疾病，那么思想本身就为我们打开了人世间的潘多拉魔盒，各种劫难皆会接踵而来。有其因必有其果，因果始终如影随形。若我们自身恐惧这些灾难，那么灾难就会降临在我们身上，如果我们的思想冷酷而愚昧，我们将面对的也必是存于无限未知中的恶果。

13 由此我们已知这种能量同时具备着创造性和毁灭性，它既像光环也像孙悟空的紧箍咒带在我们的头上。我们如果掌握了恰当的使用方法，人生就犹如得到了上天的庇护，它将时刻赋予我们能量与希望；但如果我们错误地使用了它，也极有可能为我们自身招来灾难性的后果。借助于这种无穷的力量，我们可以自信而勇敢地去实践以往生活中我们曾因恐惧、担心、能力不足而放弃了的想法与愿望，那时你会发现灵感与天才已绝非普通人一生都不敢想象的梦。

14 创造性思维为我们带来非同凡响的灵感。非常的想法就必须借助于非常的手段与方法去付诸实施。我们要拥有打破常规的勇气，直到我们能够认识到一切力量都必源于我们自身内在，灵感也会随之源源不断而来。

15 灵感是一种实现的艺术。是个体精神通过与宇宙精神的合而为一并据世间情形做出适应与调整的艺术。它懂得运用有效的机制去保障自己行动的通畅性并可以将世间的一切无形，通过思维转化为有形的再现。它可以将不完美变成完美，将无形变为有形，将不可能变成可能。灵感正是通过自身的实现过程协助我们完成了我们自身的实现过程。

16 这种无限的力量无处不在，它不仅存在于无限广大的空间当中，也存在于我们无法想象的微小空间之中。无论何时何处我们只要接受并掌握这样的事实，也就掌握了这种力量精神。它恒定不变的本性使它因此不可再分，它的稳定使我们随时随地可以求助于它。

17 理性与情感从来都是一对密不可分的伙伴。当我们已经从理性上完全接受并信任这种力量时，我们的情感又是否与我们的伙伴一道信任并接受它呢？一种观念或方法的植入需要全面而良好的土壤，当情感也开始接受并一同发挥作用时思想才更会焕发出勃勃生机。

18 当我们准备孕育灵感时，一定要为它创造平和而安静的环境。让自己的肌肉放松，感官静止，进入到休眠状态，我们可称其为完全的“寂静”。当你体悟到了自身的平衡和力量时，就可以愉悦而放心地去接受灵感及智慧的洗礼。

19 灵感力量的获取并非迷信或者巫术，它们全无相同之处。灵感是通过体悟与思维，运用正确的方法从“寂静”中获得。作为接受者，它为我们的生活带来无穷的希望与改变。当我们领会了这种无形的力量便抓住了人生中一次最为重要的命运机缘，它非但没有使我们变成它的奴隶，反而作为服务者更加热切而忠实地协助我们，赋予我们无穷力量，使我们在生活中逐渐变得能力非凡。

20 通过呼吸，我们可以给生命提供更富足的养料，无意识的呼吸与自主的有意识的呼吸会产生完全不同的结果。当我们意识到了这一点，那么我们就要调整自己的意识状态去主动地认识并接纳这种行为背后的意义，并通过情感上的主动性确保它能够持久且坚定地被执行。

21 需求带来供应的必需。当我们有意识地去增长需求，那么身体的力量也会帮助我们去发掘这种需求并积极配合，同时给予供应的增长。生命因此而变得更加丰富，能量、活力都会较之以往大大增强。

22 这个道理其实很简单。同时还有另外一个生命的奥秘是几乎从来不为人所知。如果我们能够真正地了解并掌握它，就会为自己的生命带来一个最有意义的伟大发现。

> 种瓜得瓜，种豆得豆。你的所想所为，决定了你将获得的结果是什么。每个人都应牢记一点：决定自己命运的钥匙，就在我们自己的手中。

23 是否有人曾经告诉过你，有这样一种物质，充盈于我们整个生活当中。我们生活并存在于"它"其中，也同时在"它"中呼吸、运动。"它"被解释为"灵"。"灵"被解释为"爱"。因此每当我们呼吸，吸纳到体内的都是这种生命、这种爱、这个灵。这就是"气能"，虽然我们常常会提及它，但并不知晓它会在我们生活中有着如此巨大的作用，气的存在不可或缺，它可以被看成整个宇宙的能量。

24 每当我们呼吸的时候，肺部在吸入空气的同时也吸入了这种"气能"，让生命本身徐徐注入我们的体内，借此，我们就可以与全部的生命、智慧及物质联系起来。

25 建立自身与整个宇宙的和谐统一，并积极不断地与其保持一致，这样就可以逐渐使我们远离疾病、困境与众多限定的规律性，走出消极生命的篱笆，通过阳光、宇宙能量，更通过自身的呼与吸感受到真正的生命气息。

26 宇宙精神借由我们的身体可以自由地扎根、生长，它在我们的体内可以协助并控制我们自身创造力的维持与增长。超自然存在的生命气息让我们体觉到"真我"的精华。

27 思想的创造性本身有一种永恒不变的规律，那就是"种瓜得瓜、种豆得豆"。最终我们想获取什么样的思想必然依赖于这种思想被创造时所处的环境。我们自身拥有什么才会提供给思想以什么样的物质，不同的环境所造就的思想也截然不同。无论我们创造得好坏，那都是我们自身所产生的结果。因此，我们的所作所为完全和我们的"存在"本质相吻合，而我们的存在取决于我们的"思想"。我们的思考结果也总是与我们的思想状态保持着惊人的一致。如若想保持思维的正确性不致偏离方向而产生错误的结果，那么比较简单而有效的方法就是始终如一地与宇宙精神保持统一。这样就不致因混乱不堪的思想，产生出破坏性的结果。就如你掌握了创造力的金手指，你可以用其造福自身，也可因用其不当将自身毁灭。当心这种神奇且巨大的创造潜能，它可载你，也可覆你。

28 意志能够帮助我们远离这种境地吗？答案是否定的，“自由意志”提供给我们的危险，远非个人意志力可以强制性地迫其结果进行改变；创造力的基本原理普遍存在，那种寄希望于通过个人意志使宇宙力量依存我们的想法是一种对事实原则的歪曲。因其本身与宇宙精神背道而驰，即使一时可侥幸成功，最终也难逃恶果。

29 面对强大而不可抗拒的宇宙力量，如若希望它能够帮助我们，就不要试图通过主观意志去操控它。只有虔心真诚地去顺应它，与其达成实质上的和谐统一，才有机会被赋予等同的能量，获得与其协调一致地去创造、去为自身理想工作的机会，才能在最大程度上激发出内在的自我潜能，创造生命中的奇迹。

心灵训练

lesson twenty

你这一周的作业是，给自己创造平和的心境。进入我们所谓的“寂静”的状态中去，接下来调动思维思考一个道理——我们自身作为“气能”之中的一个个体与其有着怎样的关系？我们存在于其中，它无所不在。如果它是“灵”，那么我们也必将按照它原有的样式被创造或改变。在精神上，你和它是有着共同的核心与本源的，所不同的仅仅是程度的区别。如果你与它仅有程度上的区别，那么在所有的特性上你们就应该完全相同。只有认识到这些，我们才能把握自身，区分出善恶之果、悲喜之源。这种思考会使我们与“灵”做到真正的和谐统一，集中我们的意念去解决我们生活中所要面对的所有问题。

重点回顾>>>

1. 力量在什么样的情形下才可产生？

当我们真正去认识并使用它。

2. 意识指什么？

意识即认识、了解、知晓。

3. 怎样的方式可以认知力量？

思考的方式。

4. 什么是人生中最为珍贵的？

科学而正确的思考能力。

5. 正确的科学思考是指？

我们通过对宇宙精神的遵循来调整我们自身的思维过程，从而与自然法则保持和谐一致。

6. 如何实现这种和谐一致呢？

透彻而准确地理解精神的永恒法则、力量、方法与组合。

7. 什么是宇宙精神？

宇宙精神是一切存在的基础与本源。

8. 为什么生活中会出现局限、疾病等各种不良的结果？

这些负面情况的产生方式，与一切积极、理想的结果的产生方式是完全一致的，它们虽然遵循着同一个法则，然而正因为这个法则的运作公正无私，所以当思想本身发生偏离时，运用这一法则所创造出的也必将是不良的境遇或结果。

9. 灵感是指？

灵感是一门无所不在的艺术。

10. 我们如何能知晓是什么决定着我们所遭遇的各种境况？

我们自身意念的方向性。因为，我们是什么，就会得到什么；同时我们做了什么；我们想了什么，又决定着我们最终会成为什么。

第 21 课 改变人格，改变环境

LESSON TWENTY-ONE

通过前20课的学习，我们已基本了解这种经典原理法则的特性。从本课的第7节中，你将会学到如何在现实生活中采用积极思考的方式去获得灵感，以期达到大智大慧或大的设想。

在本课的第8节中，我们将会向你揭示祈祷的秘密，为什么我们曾认为祈祷会带给我们神奇的力量？通过学习你会发现，事实上一切曾在我们的意识中出现过的想法，都会在我们的潜意识中留下痕迹，这种痕迹被长期贮存于我们的大脑中并逐渐形成自己固有的运行模式，也正是依据这种模式，创造开始为我们创造性地解决生活中的一切问题。

宇宙遵循有序的法则而运作，否则世界将变得无序的混沌。所以包含于大宇宙之中的事物皆可有其相对应的因果。在外部环境相同的情况下，即因相同的前提下，定会产生相同的果。我们对上帝的祈祷也是如此，当我们向上帝祈祷并获得恩允，那么我们也势必在以后或从前的祈祷中获得恩允。这一点正遵循了宇宙有序运作的法则。无形的祈祷其实也遵循着同地球引力法则非常相似的法则，它们绝对、准确、科学。

但是，即使很多人从出生后通过学习会知晓很多知识或定理，但却极少有人会真正了解祈祷的法则。祈祷所遵循的精神法则还未被我们发觉或意识到时，已经存在于你我身边并恒久不变地运行着。直至今天，我们才得以证明并逐步认识到这个法则不仅准确且科学而严格。

1 当我们意识到宇宙精神能给我们带来巨大力量，我们就可以让自己与宇宙精神和谐统一。宇宙精神本身将会亘古不变的存在，永不消失。面对这个要与其保持一致的伟大目标，唯一可能产生阻力和困境的可能会是一些外因的限制和不足，但只要你从潜意识中紧随宇宙精神的实质，就一定会从局限、禁锢中解脱出来获得可望并可及的自由。

什么样的心态导致什么样的外部际遇。如果我们希望将自己的人生加以改变，最简单有效的办法就是将自己内心世界的想法付诸改变。

2 当我们意识到我们内在力量的巨大作用，就可以从这种自信中获得力量与鼓励，使这种力量持续而不竭。

3 宇宙精神没有边界，它博大而不可再分。作为一个整体形态，它是万物产生的根源。我们作为一个单纯的个体，是用来展现它庞大力量的细小支流。我们的思想同样依据这样的法则得以在客观世界中显现。

4 宇宙精神自身所具有的无限力量犹如一个取之不尽、用之不竭的生命源头。宇宙精神之于我们每一个个体就如同母体之于胎儿，我们借由精神上的脐带与宇宙精神获得骨肉相连，从而源源不绝地丰盈自我的精神思想和思维生命。我们借由这条脐带获得生命及生活所需的全部精神能量。

5 伟大的精神行为指引我们从困境中获得新生。精神行为力量的强弱则取决于对宇宙力量法则的了解。所以，当我们逐步将自身与宇宙精神高度一致起来，我们就会从中获得更强有力的能量去改造或控制内部世界以外的困境。

6 如何在学习运用精神力量的路途中把握方向并确保不被不良倾向所诱导？在精神理念的领域中有这样一种法则，即宏大的理念可以逐渐瓦解、抵消，或摧毁渺小的理念。这个法则可以协助我们清除前进路途中的种种阻碍，逐步进入更加开阔的思想领域之中。广阔的思想会引领我们看见比以往更高更远的人生价值与目标。

7 精神自身强大的创造性可以使我们获得内心所向往的任何胜利与成功。具有了如此巨大能量即具有了大智慧、大能力，具有了更加开阔的眼界和宽广的胸怀。精神能量自身并不会因外界困境的强弱而有所改变。敌人无论强悍、弱小，精神能量都能够应对自如。

8 上面我们曾提到，一切思维产生的结果只要在意识中存在过，就会留下印记，这种印记经过转化形成了一种创造性的能量，去改变生活与境遇。我们通过领悟精神事实，便可清晰了解如何将意识中的内在世界植入到外部世界当中。

9 我们所身处的环境与生活就是我们内在世界的外部显现，我们固有的心态会折射至行为与客观世界之中。正确的思维方式实质上是一门科学。

10 当思维印记留存于头脑之中，它会因其倾向性而引导精神发展的方向，精神的发展特点又将左右人的性格、能力和一切意图、倾向。所以说，精神倾向决定人生经历。

11 物以类聚，相同品性的事物总是相互吸引。什么样的心态就可能导致什么样的外部境遇，它对于外部世界相似事物的吸引力远远大于我们的想象。

12 如若我们希望将我们的人生加以改变，那么最简单且唯一可行的方法即是将我们内心世界的想法付于改变。我们将心态称之为人格，来源于我们头脑中的思想。当心态改变后，人格随之改变，最后直至改变身边的所有人、事物与环境。

13 改变自身心态之路并非轻而易举，只有通过不懈的努力才有可能得以实现。当我们受到阻力时，我们可以运用视觉化的艺术作用援助自己，即将头脑印象中负面的消极图像用可令自己兴奋的正面图像加以取代，从而形成圆满而令自己满意的精神图像。

14 在保存内心理想图像的同时，请不要忘记将要实现这些愿望时所必须具备的决心、能力、才华、勇气、力量或任何其他精神能量等一并贮存，并放在你内心的最深处，因为这些图像所必不可少的因素会更加容易地将你的精神与理性完全融合和对接，赋予头脑中的精神图像以勃勃生机。

15 当我们追求目标时，请自信于自己可以达到理想中的最高境界，因为此时你已经被赋予了强大的力量源泉的支持，完全有能力应付眼前的一切。当我们坚定不移地向着最高目标而努力，精神能量就一定会把最高理想的现实送至你的手中。百炼成钢的道理在这里依然适用，任何事物只要我们长期不懈地坚持，多次重复就会逐渐形成习惯，习惯后的行为在实施时显得是那样轻而易举。同时，如果我们努力避免坏习惯也会使我们逐渐从中解脱。努力实践的过程并非一帆风顺，只要坚定这个付出必得的法则，我们就可以战胜每一个困难险阻。

人生如逆水行舟，不进则退。在这个世界上，没有墨守成规、循规蹈矩者的立足之地，相反，却可以令运用创造性精神奋力拼搏者大展拳脚。

真理是达到自由之途的唯一途径。而真理就是你要认识自我，认识到自己内在的力量，并积极地发挥出来。

16 你此时一定为这条法则而欢欣鼓舞,放心大胆地去实践它吧！一切皆有可能，即使看起来最难改变的人类天性也会被重新塑造，只需你将自己想象成你理想中的样子。

17 人的生命本身会为客观世界轻易地改变和影响，如若不依靠坚实的理念，思想本身会受到众多阻难。我们要让创造性、建设性的思想同消极、负面的想法不断斗争，直至创造性的力量压倒可怜的受表象支配着的负面想法。

18 在实验室中通过显微镜或望远镜锲而不舍地观察世界的人，是创造性思想最英勇的实践者。这些科学家们与企业家、政治家们一路将创造性的思维力量应用于身边的工作与生活。他们不会像消极者那样只关注以往的经验而不去信任自身的开拓力量与潜能，他们不会把肉眼可见的权力与利益等摆在生命的核心。

19 在追求更高生命意义的道路上，也如逆水行舟不进则退。生活最终将以严格的评判标准将人类区分为两种，运用创造性思维奋力拼搏的精神追求者与循规蹈矩、从不改变自我的保守者。对于千变万化的世界，不会存在原地踏步的境地，所以当我们评判自己是哪一支队伍里的成员时，只有两种选择，非此则彼。

20 人们正处在一个极具竞争、变化莫测的生存空间当中，每一天、每一分钟，世界都在发生着改变。人们对于现今世俗生活所带来的苦闷、压抑感高速提升，而且一种企图改变、毁灭并重建这种生活的愿望，如星星之火以燎原之势汹涌而来。

21 那些仍固守于旧秩序、旧世界的卫道士们正在新时代的黎明前焦躁不安地互相安慰，大肆谈论固有生活的安定与完美。将已经展现于眼前的未来趋势掩耳盗铃地置于脑后，对于新思维、新体制的恐惧使他们畏缩不前。

22　人类智慧的不断发展将带来对宇宙本性认识的发展与更新。当人们真正将崭新的宇宙精神理论应用于人类生存体制之中时，诸多社会问题皆会因之而得到改善。社会会变得更加尊重个体的创造与更新，而压制极少数者对整个社会的控制或特权。

23　人们对于宇宙精神的认识需要一个由认知到确信的过程。只要人类一天还处于对宇宙能力理论的懵懂之中，少数的特权者就将多一天借助于神或宿命论来控制这个世界。人与人之间的创造力或行动力都在最大程度上拥有自由，这种自由神圣而不可侵犯，也绝不允许旧有秩序的卫道士们打着各种幌子继续其罪恶。

24　当人们真正体悟到宇宙精神，并能够将自己与其保持高度统一，就必将会得到它特殊的偏爱与眷顾，所有人类向往中的最高理想都会环绕左右。但宇宙精神有其自身的禀性，它刚正不阿、不为吹捧恭维所动，也绝不会因一时之情绪做出不理性的判断和厚赐。它是公正的、可信赖的、强大的。

请你们本周思考下面的问题：真理是使你获得自由的唯一途径。当我们运用宇宙精神法则去思考和经营我们的生活时，我们就不必再惧怕通往成功道路上的艰难困苦。你通过内在精神的自我强大达到外部世界的协同改变，并且当我们身处“寂静”之中时，我们随时都可以唤醒思维之中的灵感之泉，使其源源不绝地为我们破译出幸福人生的密码。我们可以借助于集中意念而进入那片心灵的净土，并在这片土地上找寻暂崭新的生命中迥然不同的奇遇与机缘。

重点回顾>>>

1. 力量从何而来？

来源于宇宙精神，万物由此而生，它是一个整体并且不可分。

2. 这种力量通过什么方式得以显现？

通过人类的个体作为彰显自身的支流或渠道。

3. 怎样才能使自己与这种“全能力量”和谐统一？

通过思维的思考能力获得对宇宙能量的感知，我们的内心世界所想即会在外部的客观世界得以显现。

4. 这一发现意味着什么？

这是一个伟大的奇迹，它向我们展开了前所未有、无穷无尽的机遇。

5. 我们怎样使不良的境遇得到改善？

通过自我的内在精神与宇宙精神力量的高度统一。

6. 伟大的、先知先觉的创造者与大多数人所异于何？

他们总是思考大的理念，借此将内心中渺小而卑微的小理念消除、摧毁。

7. 经验是怎样产生的？

通过固有的理念与法则而产生。

8. 这一法则如何运行？

通过我们对事物的控制、支配心态。

9. 新旧体制之间有哪些区别与差异？

区别在于对宇宙本质的理解与认识。旧体制借助“神的选择”控制众生，新体制强调人类神性的一面、认同人的自由与民主。

第 22 课 健康是过去思维方式的结果

LESSON TWENTY-TWO

在本课中我们将会带你领会，任何思想都可以在我们潜意识的意识层中扎根，作用于我们的精神世界，即便如此，这种思想的种子也未必全部是健康的种子，它所结出的果实很可能会令你大失所望。

人类的生活中往往会出现不尽人意的局面，人们不可避免地会发生各种各样的疾病，这些疾病虽表现形式不同，但归结其原因通常都是由于人类自身没有屏蔽或消解的多种负面情绪所致，例如恐惧、忧愁、焦虑、苦恼、嫉妒、憎恨等。

生命系统同时存在着两种基本功能，一为吸收、利用养分，制造细胞；二为分解、转化并排泄废物与毒素。

生命体都是在生命过程中进行着这种不断建造同时不断破坏的活动。建造所需的养料也可以简单地表述为食物、空气和水。如此看来，人类的健康生存甚至延年益寿、长生不老不是变得相当的容易?

然而，人体中的破坏系统也可以将体内的垃圾累积起来，从而通过渗透进入机体细胞，导致全身性的毒素泛滥，破坏了整个身体或身体中某个部位的健康与平衡。因而人们会感觉到全身或某个部位的不适或病痛。

如果我们希望自己的机体能够保持健康不被疾病所累，那么最好的方式，莫过于增加机体能量的同时，减少体内毒素的累积。当我们将意念中的消极因素逐步减轻直至消除，就可以大大降低患病的可能。当我们体内用于清除毒素和排泄垃圾的神经和腺体不再为恐惧、忧愁、焦虑、苦恼、嫉妒等破坏，延年益寿将不再是难题。

任何辅助性的保健食品或营养品都只能在相对次要的层面上给机体以补充，那么生命体的和谐健康主要依赖于什么？我们如何了解并综合利用它？在这一课的阅读旅途中你将会一一知晓。

过去的思想会影响后来的结果。积极、崇高、勇敢、善良的思想，招致成功和幸福的结果；而愤慨、险恶、苛刻、嫉妒的思想，则招致没落和失败的结果。

1　知识在我们的生活中起到至关重要的作用。我们依赖知识而生存，当我们了解到借助于知识可以更有效地控制和调节我们的性格、情绪、力量乃至机缘，我们就会更加确信人类的健康状况都是过去思维方式与习惯的结果。

2　当我们对意识的作用一无所知的时候，意识自身所产生的负面作用可能已经在我们的机体中集结了庞大的敌对力量。这些敌对力量将我们思维中的印象作为种子种植于潜意识的土壤，并随时准备收成。因此，我们应该不断反思自己的思维方式是否存在着问题，把不良的诱因消解在萌芽状态。

3　我们的思维中所生产出的想法如果过多的存在消极的诱因，那么我们就必将为病痛、失败、颓废、消极无力所累。归根结底，我们在思考着什么，我们就将获得什么。什么样的“因”必将产生相同的“果”。

4　如若你已身陷病痛，那么请借助于我们上面所提到的在大脑中构造美好图景的方式来尝试更新和改变体内消极的固有平衡。你会发现当你持续不断地将自身体魄雄健的图画烙印在头脑中并反复重现时，各种非疑难的微小病痛十几分钟就会消失殆尽，即使是长年的慢性病痛也只需数周的时间而已。数以千计的人应用此法获得成功，你也一定可能做到！

5　科学告诉我们，任何物质的存在模式都是一种不同频率的振动或运动。物质自身正是通过无休止的振动来达到自身的不断改变与更新。精神同样也可以通过共振的原理改变我们体内的原子活动形式，从而带来细胞内部结构的共同改变，随后机体也会随之发生化学改变。

6 自然界中无论看起来是静止还是运动的事物，无论是肉眼可见还是不可见的事物，都按照自己固有的频率不断地振动。当振动的频率被改变，物质的本质、性质、形态也一定会随之发生相应的改变。我们因此可以借助改变思维的振动方式而改变机体使其调整至最理想的状态。

7 不要把这种结论看作是新的发现。其实在日常生活中我们无时无刻不在使用着这种力量。也正因此才会有太多的我们并不满意的结果产生。当我们还没有知晓这种因果关系时，我们会不自觉地将负面的思想根植于身体中，从而招致恶果。通过训练，我们可以正确、智慧地使用这种有益的振动，使身体状态向着我们所希望的方向发展。长期累积的经验会使我们更加自如且自信地使身体产生愉快的振动，也同时会知晓如何避免不愉快的感觉产生。

8 让我们试图回想，我们过去的思想所带来的不同后果。当我们的思想更加积极、崇高、勇敢、善良时，它就具有积极的活力也具有高强度的创造性，那是因为我们使身体得到了较好的振动形式。如果我们的思想充溢着愤慨、险恶、苛刻、嫉妒时，则使用的是另外一种振动形式。任何一种振动都会在现实世界中形成不同的结果，或使人疾病缠身，或令人健康愉快。

9 我们由此可以相信，精神自身有着能够引领和操控我们身体的巨大潜力。

10 生活中的许多情形可以控制我们的身体，我们称之为客观精神对身体的作用。当你听到滑稽可笑的事情，脸部的肌肉会做出笑的表情，身体也会由于笑而产生振动，由此可见思想可以主导我们的肌肉工作。当我们为电影中的剧情感动得流泪，因紧张的画面而手心出汗时，其实正是我们身上的腺体在配合我们的思想工作。当你愤怒的时候，会感觉全身的血液一时间全部充盈到你的头部，这表明思想本身也可以控制血液的循环。但不要担心，所有这种客观精神对身体的控制或影响都是暂时的，它并不会长久地存在。

11 而潜意识则用另一种完全不同的方式控制我们的身体，当我们出血或受伤，便有数以万计的细胞开始进行分工协作，帮助伤口愈合。如果我们不小心因外伤而骨折，虽然我们要接受医生的帮助和治疗，但真正帮助我们的骨头重新长合在一起的仍然是我们自己。当我们感觉到寒冷的气流，我们几乎会立即打喷嚏把寒冷的空气驱赶出去。当我们不小心感染了细菌或病毒，身体也立即会发出警报，首先将患处同其他身体部位作以阻隔，然后专门用于与病毒战斗的白细胞就会开始激烈战斗和反抗。

内在世界的改变，可以改变我们身处的外部环境。成大事者，应该能够调适自己的心情，使之达到宁静致远的境界。

12 这种智能的人体细胞行动通常在潜意识的作用下不知不觉地完成。如果我们主观不去刻意更改或控制它们的行动，它们将会把行动完成得非常出色。它们对我们的思维高度敏感，智慧得可以胜任几乎所有工作。但当我们一旦出现了一些负面消极的想法或因素，或者一些与浴血奋战完全不相符的头脑画面，智能的细胞们就会对这样的指令不知所措。久而久之，细胞就会被这不明确的指令搅扰得疲惫、乏力、迟钝，最终不得已放弃行动。

13 我们借由思想与身体的共振法则可以顺利地走上通往健康之路，共振法则通过我们的精神世界发挥其自身的巨大作用，内在世界的改变可以轻而易举地改变我们所身处的客观环境。所以如若我们拥有了这种智慧、了解了这个基本原理，当我们发现自己生活之中存在的问题时，就立即行动起来，去努力改变自身的内在思想和精神，以期待在我们的外部世界中获得相同的反映。

14 客观世界的问题求解，总是会在内部的精神领域中找到，当“因”被改变，“果”也必将发生相应的改变。

15 我们身体内的每个细胞都是一个个智慧的小精灵，不必我们去指引它，它们可以帮助我们将身体中的一切问题轻松地、圆满地解决。每一个细胞都具有非凡的创造力，它们会按照最理想的图景准确地勾勒出你想要的答案。

16 所以，当你将完美、理想的图画贮存进你的大脑中时，那么细胞天才的创造力就将一个真实而健康的体魄完美地打造给你。

17 生活在我们大脑中的细胞也会遵循这样的法则而工作，大脑受控于我们的心态或精神，如若我们将不良的图景或信号导入大脑并为主观意识所接纳，那么我们的身体也会接收到同样的信号信息，逐渐衰退。因此不时地将健康、主动、积极的思想导入大脑中才可以确保我们拥有强健的体魄。

18 我们已经了解，人身体的一切器官或行为都是不断振动的结果。

19 我们已经知道，主观精神也是一种振动的行为。

20 我们已知晓，强大、有力、高级的振动模式将取代、引领、改变、控制低级的振动。

21 我们也了解到，身体采用何种振动形式是由大脑细胞的性质决定的。

22 我们也明白了积极或消极的脑细胞产生的原理。

23 因此，我们就已完全可以控制并引领我们的身体状况，向着我们希望的方向发展和变化，通过了解精神力量的和宇宙精神的法则，我们可以让自己与其保持高度一致，让机体自身的智能反应，得到我们主观思维的顺应与支持。

24 现在，已经有越来越多的人对这一法则予以支持和认同，精神的确可以达到对身体的控制。甚至更多的医生也开始加入这个行列，并全力以赴进行研究。在这一研究课题上著述甚多的肖菲尔博士曾经说过："迄今为止精神疗法在医学世界中尚没有受到极认真的对待，在心理学界也极少有人以此为出发点做精神能量方面的研究。太少的人关注精神能够控制身体的巨大力量。"

25 我们可以确信，医学对功能性的神经疾病治疗卓有成效，但这些医治方法大多来源于对以往经验的总结和对新问题的创造性解决，我们很难在固有的书本中找到答案。

26 医生往往只能对眼前的医疗手段或措施加以使用，而忽略对精神疗法的实际运用。当医学对精神疗法开始重视并在医学院校中开始被教授以后，很多现今医患关系中存在的问题就会得到更完善的解决。它可以大大地降低医生实施救治时因治疗手段不足或不够有效而造成的错误。

27 由于精神治疗本身是一种自我唤醒或自我暗示，因此患者本身自己就可以独立完成。尽管大多数病人并不知晓这个道理，并且从未在自己的身上使用过，但如果有一天它们开始借助于精神疗法，将会使他们得到意想不到的结果。病人可以将自己的情绪或思想由不利、消极的状态中解脱、置换出来，替代之以欢乐的、充满希望的、平静的心绪，这种治疗可以依赖自身的力量改变病情、改变生活。

> 不要相信命运，你之所以不能达到成功、快乐、幸福的彼岸，原因在于，你从未让自己接受成功、快乐和幸福乃是自己的责任。

28 太多人抱持着这种荒谬的理论，即人类的一切不幸皆来源于上帝的安排。若果真如此，那么所有人类生命的救助与施惠者不是无视于上帝的全能安排而对天命做出反抗？因此真正顺应于上帝的意志的生命体，应该确信无所不在的宇宙力量可以协助我们去摧毁人世间本应该存在的不和谐因素，使一切疾病与痛苦都消亡。

29 神学者一直在鼓吹并使我们确信我们“生而有之”的罪恶，使我们从出生起便没有一天可以逃离自我忏悔和心灵的处罚。若造物者果真爱人，又为何让我们以有罪之身活在凡间，通过一生的自责与悔悟去得到不可知的来世的清白。这种对于宇宙万物的极端无知使人们生而恐惧，人们不断地忏悔自我也是因其对全能上帝的惧怕而非“爱”。神学家2000年来以自己有限的心智曲解了上帝的意志而错误的引导人们，埋没了神的意愿本质。

30 精神作为万事万物之源按上帝的意志服务于客观世界的本体。人生活的环境、情形都由其对这个世界的认识而来，人的所作所为也皆受制于不断闪现的瞬间灵感。对已有知识的掌握和对未知事物的探索使人类不断进步、成长直至达到卓越。精神本质最终会将人意识中的无限潜能转变为现实。

你这一周可以围绕着丁尼生这首美丽的诗句展开思考，“当你向他索取，他必会恩惠于你、你们的心灵将在瞬间聚合、犹如骨肉血缘般亲密，他每时每刻都会陪伴在你的身边从未远行”。你会逐渐领悟，主动地“向他索取”便是将自己的心灵接近力量无限的宇宙精神。

重点回顾>>>

1．怎样才能使人摆脱疾病的负累？

让自己同全知全能的自然法则统一。

2．如何保持这种完全的高度统一？

我们已经了解了人的肉体为精神所掌控，当人类将自己的思想或精神打造得理想完善时，肉体也将与其拥有相似的完美。

3、精神和本体的一致性意味着什么？

当精神有意识地趋向于完美，人类的理智与情感也渐次将这种完美表达出来。

4．精神与客体的关系是否有一个对应的自然法则？

精神借助振动法则对客体产生影响。

5．为什么振动法则会适用于此？

大思想、大智慧可以控制、转变、消除小的思想与理念。同样高频率的振动可以管理、更改、控制、转变或消除较低频率的振动。

6. 精神治疗法是否已得到众多人群的认同?

尽管全世界的人类应用的形式并不完全相同，但在我们的国家中，已有数百万人应用此法，并获得了自身健康、生活、能力等诸多改变。

7. 应用精神疗法会得到什么样的效果?

人类思维最高境界中的创造力与推理力，可以借由现实存在的结果而被验证，从而使人对自身的表现达到自我满足，获得精神上的愉悦。这种效果是史无前例的。

8. 应用这种方法是否能够改变生活中的其他方面?

人类可以借助于这一理论体系满足个人或群体的一切期望。

第 23 课 将成功发展到极致

LESSON TWENTY-THREE

能够同大家一起进入第23课的学习不失为一件愉快之事，在这一课中我们将一起来探讨金钱在我们生活中方方面面的不同表现与特点，了解成功的根源在于对人的服务。生活中一切获得都源于我们曾经的付出，所以当我们有机会为周围的人、事、物有所付出时，我们就等于得到了上天的格外恩宠。

通过前几课的学习我们已经熟知，上天对于人类最高价值的恩赐与奖赏，就是人拥有着取之不尽、用之不竭的思想。创造性的思想会带来创造性的行为。因此当我们期待生活有所收获，那么对于我们最有价值的付出就是我们源源不绝的思想本身。

真正具有爆发力的创造性思维是意念高度集中的产物。我们在一段时间内将思想高度集中于一点，汇集全身所有的能量与精力，进行一场飓风般的脑力激荡，随后我们将如被赋予了超人的智慧与力量，将内在精神完美再现于现时现境。

这是一门最为本源与基础的科学，它将一切科学包含于其中；这又是高于一切艺术的艺术，将凡人的生活装点得无限曼妙。当我们对这门艺术的科学、科学的艺术熟练掌握、灵活运用之时，就可以在人生道路上获得长足的进步，面前这美好的场景绝非不可触得的海市蜃楼,而是你通过自身不懈努力，不断为自己收获的最为振奋人心的嘉奖。

丝毫不必怀疑，当我们将心态调整为积极、无私、公正，我们的人生也必将因此而厚重、踏实、深远。“春种芽苗秋收果”，这是付出回报的忠实法则。自然因其规律而复始，人生也因此规律而前行。只需相信付出必有收获，人生的平衡、乐观才是宇宙精神的主旋律。

1 对于金钱的理念取决于我们对金钱的态度。金钱无疑是商业经济的典型表征，也是踏入商业经济领域的唯一通道。对于金钱的渴望可以调动人们对其重视的程度与欲念，从而促成整个经济的加速流通，打开财富的通路。但如若我们对金钱的获取过程心存恐惧，那么无疑我们将会与通往财富之路南辕北辙。

> 服务于人是成功的黄金定律。朋友是人生之路和财富之路上最重要的资源。但服务之心应当诚恳，发自内心。不择手段只能招致恶果。

2 对金钱的恐惧或对获取财富过程的恐惧只会带来我们所厌倦的贫穷。真实的贫穷来源于意识世界中的贫穷。我们有所付出才会有所收获，如果我们因恐惧而止步不前，那么我们真的就只会得到我们所恐惧失败后所产生的那种悲惨结果。金钱也存在于这个整体的世界中，它也同样遵循宇宙精神的法则，因此它也受导引于智慧、勇敢、优秀的人类思想。

3 生活中我们经常会引用“人脉即财脉”这样的熟语，来形容朋友与财富获得的关系。当我们帮助朋友、为他们服务、为他们谋利益、为他们做更多有益于他们自身的事情时,我们也同时不断扩展了我们的交友领域。服务于人是成功的一条黄金定律，而这种服务必须是一种源自本性的给予，它的背后是一颗诚实、正直、关爱他人的心。有所企图的帮助不能称之为真正意义上的服务。当心怀鬼胎者使用其有限的手段与方法去容人待友时，他们最终也必将遭人际关系及事业上的全盘失败。因为他们对于交换原理一无所知，他们根本无法瞒天过海地去欺骗宇宙间的根本法则，因果关系的定理必使他深陷入无力、无为、无能的泥淖。

4 生命的力量可聚积于一点，也可发散于四围。我们因生命意识中的图景被塑造成可见可触的外在形态。当我们调试自我的心态、开放我们的心灵、吐陈纳新地不断更新自我，更侧重追求过程而非结果，那么最终我们收获的就不仅仅是欲知的结果，还有意想不到的心历体验。

5 当你具备了能够吸引财富的内因，那么财富也一定会追随你而来。在和财富的邂逅过程之中，你需要具备不只是一颗服务于他人的心，同时你也要具备敏锐的洞察力。你更要在机遇与你碰触的瞬间将其牢牢把握。你需要将所有机遇、垂青于你的因素汇聚于身旁，当你身处有利的位置时，你就能够帮助你要服务的人，同时也更接近财富与成功。

6 人生性中的广阔胸襟与对他人的慷慨大度，使我们的思想具有迷人的活力，而谋私的思想或行为，只能带来精彩思维的毁灭。自私像思维中的蚁洞，终会将我们的创造力大厦瓦解、毁灭，也因此折断了飞往财富空间的羽翼。我们必如体悟人生一样细细品味所谓“舍得”的真谛。

7 我们以自身所能服务于人，服务于世界。我们自身的力量供应了整个社会和人类。我们不断调整自己的意识，使其与全能之力的法则保持一致，我们就会轻而易举地看到，当我们给予得更多，我们就会收获得越多。工人以技能服务于人、艺术家以艺术作品服务于人、商人以自己的货品服务于人，所有的付出都会按照法则中所言，拿出的越多，得到的越多，而后我们自然会有能力付出更多的恩惠与服务。

8 金融家依据自己的思考，源源不断地付出，他努力保持自我思考的独立性并且从未将这样的工作委以他人。当他希望通过思想获得想要的结果，必会得到身边人的众多启示，当他得到了他想要的答案，那么他就可以用更多的形式和手段去为更多的人谋求利益。最后，当众人也随之得到了成功，金融家因此也成就了自我。很多的成功者或财富的拥有者，他们不必依靠损失他人的利益而自我收获，相反，他们往往是依靠帮助他人致富而让自己成为最富有的人。

9 芸芸众生，善于思考者寥寥无几。大多数人对思维的尝试皆是浅尝辄止。他们没有更多自我的观点，而是人云亦云地过着自己平淡而无为的生活。他们从不过多地去验证或反思既有的思想，他们以极度柔顺的态度迷信于权威和宿命。他们将思考太多重大决定的工作推卸给极少数的人，这些人不只无形中拿去了不思考者的权利，同时也使他们泯灭了创造的能力。

10 当我们在我们所真正关心和专注的事上集中自己的意念和能量，我们就可以心无旁骛地使思维的能量为自己服务。太多的人不了解这个法则，反而将消极且负面的因素如悲伤、困苦、混乱等常常挂在心上，这对他们不仅没有任何益处反而徒增烦恼。当我们满心所渴望和想象的全部是理想的结果，我们也会因事业或生活不断收获的顺利与满足而更加使自己关注于这种良好状态所带来的良好心绪，那么这种良性的循环怎么会不给我们带来快乐的生活呢？

11 精神是我们必须始终坚守的阵地。我们只有在精神中才能够去创造和实现一切可能。不论精神被界定是什么领域，都丝毫不会影响精神将使我们的思想凝结成精华的本质。任何精神的有意义的行为，都必然在我们的思维中得以实现其全部过程。

不要将烦恼挂在心上，而要永远报有积极的态度。精神状态决定着成功的状态。

以开阔的思想看待财富，不被财富所羁绊，财富的源头才会被真正打开。

12 了解了这些，你一定与我同样会得出这样的结论。如果你是一个真正的“务实者”，那么对于你最安全、最踏实的选择，就是认认真真地去学习这种法则，并去努力不懈地实践它。只有坚定地学习和实践才可以使我们真正领悟其中的真谛。“务实者”从来不是只知努力不知抬头看路的愚笨者，只要他们认识到这种法则使他们的生活甜如蜜糖，那么当你在理想之巅看风景时，就会发现你身边皆是这些勤奋而踏实的人们。

13 下面我将以一个现实中的例子，来证明创造力和人的成功之间的关系。过去，我有一个芝加哥的朋友，他始终如一地用固有的观念来指导他的人生。他的生活一度曾很成功，虽有一些失败但不是事业的主旋律。后来我再遇此人时，正逢此人处于事业上的低谷，他似乎再无回天之力，并且和过去的他相比较，现在的他的确显得头脑中的新鲜想法极度匮乏。

14 当他了解了我们本书中所介绍的理念时，他显然如获至宝。他说经商多年的经验告诉他，做生意贵在常有新奇的想法和高招，可以应对风云变幻的商场。但现在的他明显如江郎才尽般，再也没有什么好的创意和点子了。如果我们的理论对他真的会有效，那么无疑这将给他提供回转的生机，加之其多年的眼光和经验一定会再次走向巅峰。

15 几年后的前不久，我又再次听到了关于此人的消息。当时我在聊天中问一个朋友，“我们那个朋友现在发展得如何？他是否重整雄风，再创了佳绩？”谁知这位朋友一脸惊讶地看着我说：“怎么你不知道，他可大发了一笔，而且现在已经跃居成为某个企业的重要人物。”他所提及的这个企业正值发展的春天，各种广告在国内外闻名遐迩，并且发展如此迅猛的原因，是缘于一个价值连城的黄金点子，而这个点子的挖掘者正是他！这个事例绝非耸人听闻，而的的确确是一个真实的故事。

16　如此这般，你的内心又在发生着怎样的激荡？对于我本人来讲，这个事例表明确实会有人在因这种精神方法而受益于人生，也确实有人可以做到自身与无限精神的合一与沟通。他能够左右它为自己工作，把经典的思维灵感应用于商业当中。

17　听到这样的讲述，请不要将注意力拘泥于“无限”这样的词汇，这并非是将人神化或将人的品格或意志进行无休止的夸大，我只是想告诉你们，当你用最灵敏的智慧去倾听无限的意义时，“无限”本身就会随即为你带来“无限的力量”。精神与你的客观行为做到了前所未有的和谐统一。这不仅不是对神的万能的亵渎，反而是对神的意志思想的提炼与解释。当我们自信于自己的能力并且按照创造性思想的指引运用我们的精神，那么我们就学会了运用这种“无限的力量”。

18　我想提醒大家的是，我从未曾与此人商议自我更新的步骤与方案，而是他自己从这种“无限的能量”中自然而然地找到了自己的全部所需，他使用思维中独到的创造力打造了自己理想中的模式，他必定是不断对自己的思想更新、否定、填补、改进，不会放过任何一个小小的细节。如果你同我们一样每天处于对这项理念的研究之中，你就会像我一样从所接触到的一个个典型事例中和典型人的身上感受到这种“无限力量”的神奇，因为他们的卓越与成功绝不虚假。

19　也许会有人怀疑，为何此种“无限力量”，可以如此有力并且如此容易地作用于客观物质世界？事实并非如此，在与“无限能量”的接轨中，一定要完全与它运行的法则一致而和谐，否则哪怕一个最小的失误也会让你全盘皆输。“无限能量”只赋予能够经受得住考验的人。

这一周，请将这样的意念根植于心：人是因肉体的存在而存在，人是因精神的存在而永生。因此人的任何生命活动或内心憧憬都将通过精神的影响力去得到满足。金钱与利益对我们的满足只是一时，并且只在环境的层面上对我们的生活有所影响。而当人的精神与“无限力量”合而为一，它却可以为人带来永不枯竭的智慧。金钱最终的目的只是为了服务于人，当你能够以这种开阔的思想去看待财富，你的思想与财富源头就会被开启。届时，你会体会到精神疗法的美妙动人。

重点回顾>>>

1．什么是成功的第一法则？

是服务于人。

2．怎样才能使我们更好地服务于他人？

将思想与胸襟同时开拓；重视过程远过于重视结果；重视追寻远过于重视拥有。

3．自私会给我们带来什么恶果？

自私的想法会将我们思想中有价值的东西毁灭。

4．成功如何被发展到极致？

轻视结果，重视付出；轻视拥有，重视过程。付出大于收获。

5．金融家如何取得财富的成功？

他们依据自己的想法而决策和执行。

6. 为什么很多国家的很多人甘愿一生庸碌，并将自己思考的权利赠予他人？

他们依赖这少数人执行他们不具有创造力的想法，从而进入恶性循环。

7. 如果思想里的核心是悲伤与消极，结果会如何？

会将更多的悲伤和损失招引至身旁。

8. 如若思想中的核心是快乐和收获，会产生怎样的结果？

乐观的思想会为我们带来更加令人愉悦的巨大收获。

9. 精神法则是否同样可应用于商业？

当然可以，无数的例证向我们表明这一法则非常适合于商业之中，即使我们不曾发现，其实它已经在无意识中被大加使用了。

10. 这些原理会给我们带来哪些实际的益处？

我们可以从中明白：凡事皆有因果，而这项原理在精神世界中的应用就是我们健康的“因”，得出的“果”也必将完美。所以若我们想借此信条而收获满意的果实，就应该确知这一理念并时刻尝试使用它。

第 24 课 一切皆在你心中

LESSON TWENTY-FOUR

很高兴你进入了本书第24课的阅读，它意味着这次神秘之旅已接近尾声。

当你相信精神在生活中的神奇魔力并不断地实践和尝试这一真理，你便会不时地从你的生活中看到你只曾在头脑中闪现过的场景。因为在此以前，你已将你心中的思想映射入了你的现实生活。很多人在愉快的学习之旅后向我表述了他们的心得："思想的确像一把利剑，可以在我们的生活中披荆斩棘，勾勒出一道绚丽的彩虹。"

通过实践与学习而得的这种自我激发和创造的能力，可以伴随你度过愉快而成功的一生。这种无处不在的思维法则会让你获得自我的醒悟与提升，它带领你脱离物质的匮乏与自我思想的局限，也带你走出消极、悲伤、恐惧或忧郁的生活情形。它不会因你曾经的个性与信仰而歧视你，更不会因你对此道理省悟得早晚而对你有所偏见。无论怎样，它对于你都是一种随时随地的、无条件的接纳。

也许曾经你是位忠实的宗教信徒，那么这种理论和宇宙精神的力量只能使你感觉更接近和信任你的神；如果你一生都坚持笃信科学，那么论述中如数学般精准的细致描述一定让你心悦诚服；如果你相信灵魂至上，在哲学的自我剖析中已走了好长一段路途，那么如此唯心与形而上学的精神领域的最新结论，定会让你在长久的上下求索中如获至宝。

至此，我们已完全不必怀疑，千秋万代宗教、哲学、科学领域内的人们，所孜孜以求的千古绝密，就在这一天被破解，此时它正捧在你的手中，等待着伴你步入那只曾在你梦境中才展现过的人间天堂。

1 当“太阳是宇宙的中心”“地球围绕太阳旋转”这样的科学发现首次被公之于众时，人们不仅惊讶、怀疑，并且一度认为这是一种极端错误的学说。人们每天看见太阳从东方升起从西方落下，太阳本身的运动轨迹在我们的肉眼中是那么的明确，人们对此观点及提出此观点的科学家给予抨击，并将其定义为歪理邪说。但经过长时间的验证，我们已经可以看到事实最终定会击败一切怀疑，而让人们逐渐接纳并信赖它。

2 世界上存在着很多可以发出声音的物体。物体之所以可以发出声响，它的原理是这个物体本身使空气产生了振动。振动的频率越大，我们就更有可能听到其声音，一般来讲，当振动可以达到每秒16次以上，我们就可辨识到声音，如果振动达到了每秒38,000次以上，因为频率过高反而一切将回复到无声。它所展示于人的是一片静寂。所以声音不产生于物体本身，声音其实产生于我们自己对声响的感觉中。

3 我们对于光和色的感知也是这样的原理。在我们的认识中，太阳是一种能自己发出光和热的物体。“光”本身其实是波产生振动的结果。太阳以每秒钟四百万亿次以上的振动频率传递着能量，因此我们将这种能量定义为“光波”。“光”是能量的一种表现形式。随着振动频率增加，光的颜色也会相应发生变化。在这里不得不提及的是，色彩本身也存在于我们的心里，不论是绿树红花、海绿天蓝都是光波不同的振动频率所带给我们自身的感受而已。如果振动频率低于每秒钟四百万亿次以下时，光则消失，热则出现。所以当我们完全听凭感觉判断世界上所有事物所传递的信息时难免会出错。

4 我们可以将这种理论归纳至形而上学体系之中。当思想之中的精神世界平和如镜，生命的诸多相关事物也会随之显现出和谐。当我们思想中存在健康、财富、成功，我们就可以得到健康、财富与现实中的成功。

5 也许你长久以来被生活中的各种苦痛挤压得困苦不堪，但当你了解到所有的疾病、痛苦和局限性皆源于你自身内在的“因”的错误时，你就理解了为何会产生这样的“果”。绝对真理可以改变我们的思想进而改变我们的生活。一切犹豫、恐惧、不信任都是我们自己内心的逃避，你应当知道这些都仅仅是虚幻的存在而非真实的困境。当你轻视它们，我们就不会再被牢禁，就可以将它们抛至九霄云外。

6 你现在所需要去做的，就是完全对这个真理的深信不疑。当你真正做到，你就可以准确无误地运用你的思维能力，真理也将飘然而至于你的生活。

一切忧郁、恐惧、不自信都是我们内心的自我逃避，只要我们轻视它们，我们就一定会脱出牢禁，解放自己，走上必胜的坦途。

请永远铭记，你一生中真正需要斗争和征服的只有你自己。

7 对这种精神力量的确信者们，不断地应用这些方法去帮助自己和他人。他们借此开展对自己的治疗，他们用自己的行动与努力把思想中的场景变为理想的现实。他们了解到只要自己掌握了这个法则，就会发现一切健康、富有、成功都时刻围绕在他们周围，精神力量并不遥远，而那些被困境所折磨的人们仅仅是因为还没有参悟到这个真理而已。

8 无论疾病或困苦都是源发自我们本身的精神状态。只要我们把以往头脑中的错误态度清除干净，取而代之这一项绝对真理，那么所有不利于我们愉悦的情形都会相应得到转变。

9 那么，我们如何帮助自己破译真理、消灭思想中的错误呢？最有效的方式即是让自己向“寂静”中走去，你可以一人独往，也可以同时帮助他人。如果你已经能自如地在头脑中幻化出想要的理想图景，那么你就已经拿到了通往幸福之路的金钥匙。生活的一切美妙都将在打开门的瞬间扑面而来。如果我们仍无法自我完成，那么说明我们内心仍有疑虑，我们就应该反复、多次与自己的心灵交谈、使他接纳这个真理并帮助你去开启幸福的大门。

10 请永远铭记，无论环境如何，你一生真正需要斗争和征服的仅仅是你自己。因为一切困难与恐惧皆产生于你的心中，所以外界的困难、坎坷都不应该将你压倒，你只要从内心里不断自我调整，你想要得到的完满结果就定会一一实现。

11 在实践过程中我们可以借由很多形式帮助自己。例如在内心描绘理想的图景、与自己的内心交谈，使自己确信、良好的自我暗示可以不同程度地将自己的意念集中起来，最终走上真理之路。

12 那么，我们又如何通过这种力量去帮助他人呢？当你希望一个人从困难中解脱出来、战胜局限与错谬，你只需从你的思想层面上做出努力，从意识上去帮助他。这种意识可以让你们在思想上得到共鸣，你内心中对软弱、匮乏、局限、危险、困难的战斗与消解等想法也会同时传递给他，从而协助他得到解脱。

13 当然，思想本身的活跃性和它无穷尽的创造性会时常使你一不留心即专注于眼前境遇的不和谐。你不必担心，只要你坚定自己的真理，相信一切现象都只是暂时的表象而非事实本质时，你就可以战胜一时的困难，得到精神永不消逝的力量。

14 既然事物皆本源于振动。那么，无论正确或错误的思想都是以振动的形式存在，往往正确思想的振动频率会大于错误的思想，因此真理将永远战胜谬误。只要真理刚一露头，肆虐的邪恶便会落荒而逃。

15 你对真理的理解和领悟程度完全决定了你可能获得的客观境遇，也全面展示了你个人智慧的潜力，当你不断更新、超越原有自我的时候，你就在生命中不断进步、前行。

16 “自我”属于精神的范畴，它的根本就是尽善尽美。它本身就不应该存在着恐惧或任何疾病。最初的它应如一个初生的婴儿般纯净、完美。当我们感受到灵感的闪现，我们不要将其误解为是我们大脑细胞工作的结果，其实那是“自我”被激发的产物。“自我”与宇宙精神合而为一，这种精神性是稳定而久存的。灵感如人类生命中的火光可以改变自身，将为这个世界创造出无限的希望。

17 真理必借助于意识的不断开发而收获。它不会因长期的训练或实验而闪现。简而言之，真理不是学而时习之的，它靠的是一种信念所带来的悟性去领悟、破解它。我们生存的世界、周围的生活、社会的变革都取决于我们对真理的领悟程度。真理不是简单恪守的信条，而是将思想融于行为的一种客观显现。

18 性格也决定着真理的垂青。一个人的性格是其自身宗教信仰的一种形式的体现，而性格对于个体也是其对于信仰的诠释。信仰即为人们所完全笃信的真理，他相信什么样的真理，就会展现出什么样的性格和品质。性格也是个人对他本人宗教信仰的诠释。如果一个人一味地抱怨时运不佳，那么他就是在曲解真理。因为时运的好坏完全决定于他自身。

要训练自己的心灵，去发现完美、自信、大勇的自我，并从心灵中驱除一切负面的因素。正所谓，必信者必胜。成功者思想中只有“我能”意识，而没有“我不能”意识。

19　人的生命之中，过去与现在的关系是一种不间断的承接。当我们的生活遭逢失败或困境，那是因为在这些困境真正出现之前，这种场景或意识就已经根植于我们的潜意识之中了。这种潜意识会在我们不知不觉的情况下把与此相同的精神和物质吸引过来，造就今天的局面。所以当我们知道了这个道理我们就应该反省自我，体察自己的内心，找到究竟是什么负面的消极因素影响了我们的心智。

20　真理能够使你“自由”，如果你能有意识地认识真理，你就能够战胜一切困难。

21　你在外在世界中遭遇到的境况，永远都是你内在世界境况的反映。因此，要让你的心灵拥有完美无憾的理想，这样，你才能够在外在环境中遇见理想的机遇和条件——这一点是经得起科学验证的。

22　如果，你总是看到环境中的缺憾、不满、限制等负面的因素，那么这些境况也会在你的生命中出现。然而，如果你训练自己的心灵，去注视精神的自我，也就会成为完美、完整、和谐的“自我”，那么，你就能够拥有对你的身心健康有益的外部环境。

23　思想是具有创造性的，而真理是最完备、最高境界的思想。因此，正确的思考能够带来正确的创造。当真理到来，谬误必然退避、消失，这一点是不言自明的。

24　宇宙精神是一切精神的汇聚。精神就是智慧，精神即心智。精神和心智是同义词。

25　精神不是依存于我们这个个体之中的，精神是一种永恒存在的物质，它无时无处不在，遍及宇宙之中的所有空间。我们的生活和生活中的一切事物没一

处不是精神的产物与结果，它同我们的肉体如影随形。它和宇宙合而为一，共生共存。

26 人们相信有上帝，用神的意志来解释人世间一切不可琢磨的巨大力量。但是“上帝”这个词还不能完全表达宇宙精神。我们用上帝来解释超自然的力量相当于认同力量的源头是外部世界，而精神本身的自然法则是源于人内在的潜在能量。“上帝”其实每时每刻都存在于我们的体内，因为它就是我们精神的灵魂。

27 思维的精髓在于创造，精神的本质也在于创造。我们应用思维和精神进行创造的同时，自身也具有了超人格的力量。我们为自己也为别人不断地在思维与精神寻求中增长创造了能力。

28 当我们真正理解了这个精神法则，真正体会到了宇宙精神的玄妙，我们就如同手持通往幸福的金钥匙，借由它，我们可以打开人生最为瑰丽的宝库之门。此时的你已经成为上天的宠儿，具备一切领悟真理所需的才智与心力，具备常人无可匹敌的广阔心胸，更具备不可磨灭与消亡的坚定意志。

这一周希望你能够去体会：我们生存在一个无限丰盈的世界，这个世界充满着神奇与可能，包括你也是一个神奇而富有活力的生命体。当我们认识到这个真实的黄金道理，我们就会新奇而惊喜地发现宇宙早已为我们预先准备好的无限资源，它们可能是我们从未见闻过的美妙，也可能是我们的思维创造力所未曾触及。当我们相信自身完全可以明辨世间的善恶与是非，我们就可以逐渐领悟我们曾经所认为的无比完美。但相对于内在精神所带给我们的巨大宝库，它仍是微小而平庸的。

重点回顾>>>

1. 人自身存在着什么样的真理？

在人的精神领域中存在着一个真正的“自我”，并且它天生美玉无瑕。

2. 我们如何才能将存在着的谬误去垮和消灭？

我们可以用正确的真理去消灭错谬的思想。当我们相信自己所期望的必会在未来的客观世界中显现，我们就会毫不迟疑地修正我们的方向。

3. 我们是否可以帮助他人学习到“宇宙精神”的真理？

宇宙精神是一个密不可分的整体，它无处不在，它充溢于我们的一切生活环境之中，所以他人与你都在其中，帮助他人就如同帮助自己。

4. 宇宙精神是什么？

它是一个宏大的，所有精神总和的概念。

5. 宇宙精神存在于哪里？

宇宙精神是一个密不可分的整体，它无所不在，它存在于我们的身体，也存在于我们的内心。宇宙精神是我们的精神之源，它是宇宙的灵魂，是我们生命灵魂的依托。

6. 我们如何能够连接宇宙精神？

通过我们的思考。依靠思考我们就可以将宇宙精神表达出来，同时也可以为自己、为他人展现宇宙精神的巨大能量。

7. 思考能带来什么？

思考能给我们带来更加坚定、冷静、审慎、清晰、恒定的思想状态，更加明确而积极地面对追求的目标。

8. 当我们思考并无限接近宇宙精神时，会得出什么样的结果？

无论你想什么、做什么、梦想什么，都有一股潜在的神奇力量在你的体内作为动力支持着你。宇宙精神实实在在地存在于你的身体里，如果你善待它，它会将你的思想作为自己永恒的家园，并帮助你创造最为和谐、完美的人生。

MENTAL
CHEMISTRY

Open the Secret to
Health, Wealth and Love

世界上最神奇的24堂课
（Ⅱ）

编者的话

20世纪初，查尔斯·哈奈尔因一本小书*The Master Key System*（即《世界上最神奇的24堂课》）而名声鹊起，受到各界人士，特别是政商两界精英人物的广泛重视。该书因其极具前沿性的思想、睿智的洞察力和非常简单实用的可操作性，成为当时人人争而阅之的畅销图书。

在《世界上最神奇的24堂课》成功的基础上，哈奈尔在后续著作中对其思想进行进一步延伸和发展，如精神的作用、引力法则等，并于1922年推出了*Mental Chemistry*（《精神化学》）一书。这本书的出版，同样引起了人们的巨大兴趣，并获得了很高的评价：对于每一个难题，里面都有一种解决方案；对于每一个人，里面都有一种寓意；对于每一种成功，里面都有一条公式。这本书运用了心理学和精神科学的方法，对如何发挥人的主观能动性，如何运用心灵的力量，实现人与环境的和谐，人自身内在心理世界的和谐，提出了独到的见解。

在本书的编辑过程中，考虑到从它最初出版至今已过多年，书中的部分内容，随着近现代科学的发展，已经有了不同程度的认知差距。对此，我们根据时代的要求，对相关内容做了合并、删节和修改处理。同时，按照哈奈尔出版*The Master Key System*此书时的想法，他认为该书之后的其他著作，仍然是同一Master Key System的组成部分，他所有的著作都是围绕着Master Key System这一思想框架进行阐述、解释和应用来进行的。因此，我们在编辑出版哈奈尔这一著作的中文版时，试图将其按照同样的方式组成一个系列，即《世界上最神奇的24堂课》系列，这也是本书取名为《世界上最神奇的24堂课（II）》的缘由。对此，相信本书的读者能够理解。

亚马逊网荐语

对于任何一个难题，
这儿都有一个解决方案；
对于任何一个人，
这儿都有一种寓意；
对于任何的成功，
这儿都有一条公式。

“我们生活在一个可塑的、深不可测的精神物质海洋之中。这些物质一直处于生命和运动之中。并且，它达到高度敏感的程度。它按照精神的要求构造思想的形式。思想形式的模式或者矩阵，按照这些物质所表达的形式展现。我们的理想由这个模具所塑造，并浮现出我们的将来。”

哈奈尔先生在《世界上最神奇的24堂课（II）》中写下了这些词句，从中，你可以精确地发现，你以及你的思想和感受是如何形成你周遭的世界的，同时，你也能够发现自己能够运用精神的能力控制生活中所发生的事情。在这儿，你能够得到如下秘密：

1. 掌握一种神奇的方法，让疾病和痛苦从此远离你的生活；

2. 学会对自己的运气、命运和机遇施加强有力的影响；

3. 只有2%的人促成了世界的进步，而本书的观念和方法将使你成为其中的一员；

4. 找到一种途径，使自己实现梦想，超越希望，过上自己所能想象到的最幸福、最圆满的生活。

……

亚马逊网编辑

最伟大的财富

你大概熟悉很多大人物挣大钱的故事吧，从卡耐基、洛克菲勒、特朗普到比尔·盖茨，他们都有许多相似之处。

1．他们几乎都是从一无所有开始的。

2．他们不得不利用他们的想象——他们的心智——去详细领会他们的生意。

3．然后他们不得不承认富裕法则和引力法则，这些为他们提供了把自己的观念加以具体化的方法和手段。

4．之后，随着计划的就绪，他们不得不付诸行动。

他们中的任何一个人，如果不利用他们的头脑，如果不认识到正在为他们工作的力量，那么他肯定会失败，就像太阳肯定会升起一样。

你会注意到，许多成功了的人并不是最聪明的，也不是最有天赋的。

大多数成功人士之所以实现了他们的抱负，并非因为智力或天才，而是利用了他们内心中的潜在力量，驱使他们走向顶峰。

选择一目了然：要想实现你的健康、财富和幸福的梦想，你就必须学会利用你所拥有的、任由你处置的潜在力量……你需要《世界上最神奇的24堂课》。

决定一生命运的三种选择

你怎样才能利用在你阅读这本书的时候所出现的所有机会呢?

第一种方式是守株待兔——希望并梦想着某件事情发生，并把你带向你所渴望的东西。大多数人都是这么干的，你可以看看他们的结果。日复一日，他们希望得到某件更好的东西，但这件东西从未出现过。就这样，他们挣扎了一辈子，斩获不大，得到的常常更少。

兴许你不是那种人，否则你不会读到这么远。那么就把这一种方式从我们的清单上勾销吧。

第二种为自己争取幸福的方式就是刻苦工作——非常刻苦。当然，刻苦工作是高尚的，也是成功和幸福的本质因素，但与此同时，它并不是一切成就的全部和目的。你大概也知道，很多年复一年工作的人，都在加班加点地干活，甚至可能还有第二份工作，但他们从生活中所得到的东西，甚至还不如那些无所事事、白日做梦的人。这真是悲哀，但却是真的。

你每天都能听到这样的故事或新闻：有人一辈子为一家公司工作，到了退休的前几年，所得到的不过是“裁员”的结果；或者，有人干活太卖命，以至于让自己过早地离开了人世。

不，这第二种方式并不比第一种方式好多少。

你能获得自己所渴望的东西、实现自己既定的目标的**第三种方式，就是学会如何利用自己的头脑去恰当地思考**。你可以学会如何利用那笔任由你处置的“最伟大的财富”。

当你明白了如何把自己的思想集中并把它们彰显为事实的时候，你也就认识到了你所渴望的东西离你并不远。实际上，你所要做的一切，就是伸出手，抓住它们。

学习这些课程的人都会发现，它们的价值是无法估量的。他们所发现的是：富足是宇宙的自然规律——学会利用这一规律，就是带领他们从失败走向成功所需要的一切。

第 1 课 学会思考，才能学会创造

LESSON ONE

1 复杂都是由简单组成的。任何能想到的数字，都可以用阿拉伯数字1、2、3、4、5、6、7、8、9、0来组成。任何能想到的思想，都可以用字母表中的26个字母来表达。任何能想到的事物，都可以用若干元素来构成。

2 但这并不是说我们的世界是简单的。0和1是简单的，但它们可以构建一个丰富多彩的开放性的互联网空间。

3 当两个或两个以上的元素组合在一起的时候，一种新的物质就被创造出来了，这个被创造出来的个体所拥有的特征是那些构成它的元素都不曾拥有的。因此，一个钠原子和一个氯原子结合，给我们带来了盐，这是一种完全不同于钠或者氯的物质。而且，也只有这种化合能给我们盐，其他任何元素的化合都不能做到。

4 在无机界中正确的东西，在有机界也同样正确——某些有意识的过程会产生某些结果，而且这种结果总是一样的。某种想法总是会紧跟着特定的结果，任何别的想法都无法服务于这个结果的产生。

5 在这里我们要插入一个很重要的概念，那就是精神化学。化学是处理物质在

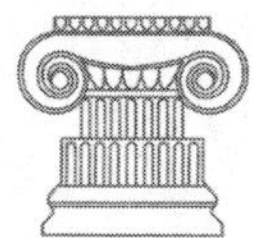

各种不同的影响下所发生的原子或分子之内在变化的科学。精神被定义为“要么关乎心智——包括智力、感觉和意志，要么属于纯粹理性”。

6 而科学是通过精确的观察和正确的思考而获得并加以检验的知识。因此，精神化学就是处理物质环境在心智的作用下所发生的变化，并通过精确观察和正确思考来加以检验的科学。

7 正如应用化学中所发生的变化是物质有序化合的结果一样，精神化学中所发生的变化也遵循同样的方式。这是毋庸置疑的，因为原理的存在不依赖于它们借以发挥作用的条件，它们是独立且恒定的。光必定存在——否则就用不着眼睛；声音必定存在——否则就用不着耳朵；心智也必定存在——否则就用不着大脑。然而，个体的无穷性使力量得以彰显，正如思想的化合有无穷多种可能一样，其结果也可以在无穷多种境遇和经历当中看到。

8 因此，精神作用是个体与那些普遍适用的理念的交互作用。正如普遍适用的理念是遍布于所有空间、赋予所有生物以智能一样，这种我们可以称之为“万能化学家”的精神的作用与反作用就是因果法则。因果法则不是在个体心智而是在普遍适用的理念中获得的，与其说它是一种客观能力，倒不如说它是一个主观过程。它放之四海而皆准。

9 利用精神化学能够改变动物和人身上的有机结构。原生质细胞渴望光，并放送出它的推动力。这种推动力逐渐构造了眼睛。有一种鹿，其所觅食的地方树叶都长在高枝上，由于它们持续不断地伸颈够向它们喜爱的食物，于是便一个细胞接一个细胞地构造出了长颈鹿的脖子。两栖爬行动物渴望在水面上自由飞翔，于是它们发展出了翅膀，也便成了鸟。

10 对栖生于植物身上的寄生虫所做的实验表明，即便是最低等的生命也会利用精神化学。洛克菲勒学会的雅克·罗卜博士做过以下这个实验：为了获得材料，他将一些盆栽玫瑰放置在一扇关闭的窗户前。如果听任植物干枯的话，先前没有翅膀的蚜虫就会变成有翅昆虫。经过蜕变，这些虫子离开了植物，飞向窗户，并沿着玻璃向上爬。很明显，当这些小虫子发现它们曾经赖以生息繁衍的植物，再也无法提供它们的食物来源时，它们自我拯救的唯一办法，就是长出临时的翅膀远走高飞，结果，它们如愿以偿了。

光必定存在——否则就用不着眼睛；声音必定存在——否则就用不着耳朵；心智必定存在——否则就用不着大脑。

精神图景直接作用影响脑细胞，反过来，脑细胞又作用于整个生命。

11 赤身裸体、凶残野蛮的原始人，蹲坐在阴森的洞穴里，啃着骨头，在一个充满敌意的世界里生老病死。无知，造就了他们的敌意和他们的不幸。“憎恨”和“恐惧”与他们形影相随，手中的棍棒是他们唯一愿意信赖的。他们敌视野兽、森林、湍流、海洋、乌云甚至自己的同类伙伴，看到的只有敌人，看不到他们互相之间或者他们跟自己之间存在的任何联结纽带。

12 现代人天生就奢侈得多。爱，轻摇他的摇篮，萦绕他的青春。当他起身要去拼搏，手里挥舞着的，是铅笔，而不是棍棒。他依赖的，是他的大脑，如今还有他的肌肉。他深深懂得，肉体只是一个有用的仆人，既当不了主人也不能看作平辈。他的同伴和大自然的力量也都绝非他的敌人，而是能赐予他力量的朋友。

13 从敌意到爱，从恐惧到自信，从物质的争斗到精神的控制——这一系列的巨变，都得益于“理解”的缓慢呈现，得益于人们对下面这个问题的理解的逐步加深：“宇宙法则”，究竟是人值得羡慕的思想，还是恰恰相反？

14 精神图景直接作用影响脑细胞，反过来，脑细胞又作用于整个生命，这一点早已被华盛顿史密斯学会的埃尔默·盖茨教授证实。实验选择在某几种色彩占支配地位的畜栏里圈养了一群几内亚猪，解剖结果表明，猪大脑的色彩区域比圈养在其他畜栏里的同类几内亚猪的色彩区域要大。有人对人在不同情绪下的汗水盐分进行过实验分析。一个处在愤怒状态的人所排出的汗，虽然颜色与平时无异，但尝试放一点点在狗的舌头上，狗会发生中毒现象。

15 心智还会改变血液的运行，这一点在哈佛大学对躺在跷跷板上的学生所做的实验中得以证实：当让学生想象自己正在竞走时，跷跷板会朝脚的一头下沉，而让学生做一道数学题时，跷跷板就会朝头的一端下沉。这一系列的实验都充分表明，想法不仅仅能以远超过电流的高强度和高速度在脑间持续不断地闪现，而且，它还构建了它借以发挥作用的身体构造。

16 显意识的心智活动，让我们了解到自己作为个体的存在，并借以认识我们周边的世界。而潜意识的心智活动，则是储存过往思想的仓库。

17 注意观察孩子学习弹钢琴的过程，我们可以理解显意识和潜意识的作用。老师教他如何控制自己的手指、如何击键，但练习的最初，控制手指的动作实行起来有些困难。他必须每天反复练习，全神贯注于他的手指，逐渐做出合乎规范的动作。最终，贯注的全部精神成为下意识，手指被潜意识所控制。在他练习的第一个月，很可能是第一年，他只能把自己的显意识集中在手指上才能演奏；但到了后来渐入佳境，他就能一边与人交谈，一边轻松自如地演奏了，正是因为正确动作的观念已经彻底渗透到潜意识中了，潜意识完全可以指挥它们，显意识的作用彰显已经无关大碍。

18 潜意识非主动型，只是忠实地执行显意识所暗示的东西。这样一种密切的关系，使得显意识的思考显得尤为重要。

19 人的血液循环、呼吸、消化、吸收，全部都受潜意识控制。潜意识只从显意识那里获得刺激，因此，我们只需改变我们的显意识思考，就能在潜意识中获得相应改变。

20 我们生活的环境，如同一个深不可测的、可塑的精神物质海洋。这种精神物质永远是活跃、积极的，敏感得无以复加。它能根据精神需求而随物赋形。思想，便是这种物质赖以表达的土壤或母体。

21 宇宙一直是活跃的。必须要有精神，才能表达生命；没有精神，一切都不复存在。每一种事物的存在，都是这一基本物质的彰显证明，它创造万物，并实施持续不断的再创造。人的能力，就在于想要让自己成为一个创造者，而绝非被造物。

22 思考的结果，成就了万物。人能完成看似不可能的任务，正是因为在心底他不承认这件事是不可能的。人们凭借专心致志，遨游在有穷与无穷、有限与无限、有形与无形、有我与无我的空间，并为它们建立起了联系，提供了互相转化的可能。

23 伟大的音乐家创造出让全世界都为之颤抖的神圣的狂想曲，伟大的发明家同样通过令世界震惊的创造力建立了与世界的联系。伟大的作家、伟大的哲学家、伟大的科学家，都获得了这样的成就，并将之运用得如此宽广，感动世界。他们数百年前的创作，我们现在才开始认识它们所蕴藏的真理。热爱音乐，热爱事业，热爱创造，让他们倾注全力，也促成了他们稳妥地探索到把自己的理想具体化的途径和方法。

显意识的心智活动，让我们了解到自己作为个体的存在，并借以认识我们周边的世界。而潜意识的心智活动，则是储存过往思想的仓库。

潜意识非主动型，只是忠实地执行显意识所暗示的东西。这样一种密切的关系，使得显意识的思考显得尤为重要。

24 因果法则，无处不在，遍及整个宇宙，不停歇地发挥着作用，拥有着至高无上的地位；此为因，彼为果，互为补充，绝不能独立运转。大自然一直致力于建立一个完美的平衡。这就是所谓的宇宙法则，是永远活跃的。万物努力奋斗，就是为了求得宇宙的和谐。这一规律贯穿整个宇宙运动的始终。太阳、月亮、星星，和谐地守候在属于它们各自的位置，在自己的轨道上运行，在某时某地出现，天文学家正是借助这一精确的规律，告诉我们：在千年那么漫长的时间里，星星会在哪个不同的位置出现。因果法则，正是科学家预测和探讨的前提和基础。这个法则，同样贯通于人的领域。当人们说到幸运、机遇、偶然和灾祸，想一想，其中任何一种情况难道不都是可能的吗？宇宙是不是一个单位？科学推论：如果是，而且，如果在其中一个部分存在规律和秩序的话，那么，它必定要扩展到其他所有的部分。

25 相像导致存在的每一层面上的相像，当人们带着暧昧的倾向相信这一点时，他们拒绝在他们所牵涉的地方对之给予任何考量。追根溯源于以下这个事实：迄今为止，人并没有认识到如何让跟他不同的经历相关联的某些“因”动起来。

26 这种工作假说在几年前才被提出，应用在人的身上，我们不难归结出——宇宙的目标就是和谐，意味着万物之间平衡所能达到的完美状态。

27 我们有一个思想层面——让动物做出响应的作用与反作用的所谓动物层面，但人对此一无所知。我们还有几乎是无限的显意识的思想层面，人可以对之做出响应。在这一层面上，我们拥有了诸如无知、聪明、贫穷、富有、病弱、健康等众多足够丰富的想法。思想层面的数量是不胜枚举的，关键在于，当我们停留在某个明确的层面上思考时，我们就是立足于这个层面能对思想做出响应，而反作用的效果在我们的环境中是显而易见的。

28 以一个正在财富的思想层面上思考的人为例吧。他被一种观念激发的结果就是成功，不可能有别的结果。他正在成功的层面上思考，他只接收跟成功相协调的思想，任何别的信息都无法抵达他的意识，因此，他对这些信息一无所知；事实上，他的触角伸入了宇宙精神，并与他的计划和雄心赖以实现的观念建立起了联系。

29 此刻，你不妨就地坐下，耳边放一只扩音器，听最美妙的音乐，或是演讲，或是最新的市场报告。除了来自音乐的愉悦和从演讲或市场报告中所撷取到的信息之外，还显示了些什么呢？

30 它首先显示，必定存在某种充分净化了的物质，把这些振动携带到世界的每个角落。这种物质必定充分净化了，足以穿透人类所知的每一种其他物质。这些振动必定穿透了各种树木、砖块或石头，穿越了江河、山脉，地上、地下，纵横天地万物，在纵横的时空里，时间和空间早已失去意义。在匹兹堡或任何其他别的地方的广播里，正在播放的一支转瞬即逝的乐曲，只要有了设备，你都能亲耳听到它，如同在同一间屋子里听到的一样清晰。这表明，这些振动的传播是向四面八方，不论你身在何处，只要有耳朵，就能听到。

31 如果真的存在这样一种纯净的物质，能够携带人的声音向四面八方发送，那么，同一种物质也将会同样能够确凿无疑地携带思想，这绝对可能！我们该如何确信呢？实验！这是检验想法确认真理的唯一方式。你不妨按照程序，亲手一试。

32 首先，就地坐下。选择一个自己非常熟悉的题目进行思考，沉静下来，一连串的想法会接踵而至。一个想法会暗示另一个想法。你很快会觉得不可思议：自己只是这些想法彼此彰显贯通的通道。你难以置信，自己对于这个题目的认知居然会这么多，绝对超乎想象！你不知道，自己可以为它们捡拾出这样美丽的言辞，想法的诞生根本不费吹灰之力。你质疑：它们究竟自何而来？所有智慧、所有力量、所有理解的源泉，在哪里？你！你就是所有知识的源泉。因为每个曾经诞生过的想法不会消失，依然存在，准备并等待着某个契机，让它得以表达。正因为如此，你能够触碰到从前每位圣贤、每位艺术家、每位金融家、每位产业领袖的思想，因为思想是不会消失的。

潜意识只从显意识那里获得刺激，因此，我们只需改变我们的显意识思考，就能在潜意识中获得相应改变。

大自然一直致力于建立一个完美的平衡。这就是所谓的宇宙法则，是永远活跃的。万物努力奋斗，就是为了求得宇宙的和谐。

33 如果你的实验不幸失败，那就再尝试一次吧。大多数人在做事的时候都难以一次性成功。就在我们第一次要站起来行走时，也并不成功。如果要再次尝试，不要忘记，大脑是客观心智的器官，它通过神经系统跟客观世界相联系；这一神经系统通过某种感官与客观世界联系起来。这就是视觉、听觉、触觉、味觉和嗅觉。思想这种东西，我们既看不到也听不到，不能尝，不能嗅，也无法触摸。当然，我们尝试接收思想时，这五种感觉都会失去意义。因为，思想属于精神范畴，无法凭借任何物质到达我们身上。那么，我们要同时放松精神和身体，发出求助信号，并等待结果。实验能否成功完全取决于我们的接受能力。

34 在谈到这种物质的时候，东方的科学家们倾向于用“气”这个词。“我们在其中生活、运动，并表现出我们的行为举止。”它渗透万物，无处不在，是一切活动之源。科学家们喜欢使用“气”这个字，因为它意味着能够被测量，对于机械的科学家而言，无法被测量的事物都无法存在。但谁又能测量电子呢？

35 相对于原子的直径来说，电子的直径，打个比方来说，就像我们的地球直径相对于其环绕太阳运行的轨道直径一样。确切地说，经科学测定，一个电子是一个氢原子质量的一万八千分之一。由此看来，物质能够精细的程度，远远超出人脑所能计算的范围。电子等微粒构造物质的过程，是一个具体化智力能量的无意识过程。

36 众所周知，食物、水和空气这几个基本元素是维持生命所必需的。但确实还存在某种更基本的东西。我们在每一次呼吸时，在让空气充满我们肺部的同时，还要让“气场能量”填充我们的身体。即使最简单的生命呼吸，也充满了心智和灵魂所需要的每一种必需品。这种赋予灵魂的生命，比空气、食物和水更加必不可少。没有食物，一个人可以生存40天，没有水，仅能生存3天，而没有空气只能坚持几分钟。古老的东方学说认为，一旦失去人体赖以运行的“气”，是一秒钟也坚持不了的。“气”是生命的主要本质，包括所有的生命本质。呼吸的过程不仅为身体的构建提供了食物，而且也为心智和灵魂提供了养分。

因和果在思想的领域，如同在肉眼所能见到的物质世界中一样，关系稳定，绝不偏移。精神是一位高明的织女，同时编织出内在性格和外部环境的衣袍。

——詹姆斯·艾伦

第2课 仅仅因为思想，一切都将不同

LESSON TWO

1 有源就有流，源远才能流长。而普遍的理念一旦离开它的源头，就以物质的形式呈现，变得具体化了；它反过来又以这种物质形式作为载体回到它的源头。被电磁所激活的无机生命，是智能自下向上、朝着它的普遍源头回归的第一步。普遍能量是具有智能的，物质正是在这一不由自主的过程中逐步形成的，这是大自然的智能过程，是大自然为了其特殊目的而把自己的智能个体化的结果。

2 生命与意识的基础，就潜藏在原子的后面，可以在普遍存在的“气”中找到它。“气”中的心智，跟血肉之躯中的心智一样自然。它可以被理解为一种超物质，没有物质形态，充斥于一切空间，把那些聚合了动力的、被称作“世界”的微粒携带在它无际无涯、悸动战栗的胸膛里。它赋予终极精神原则以形体，联合力量与能量的，作为源头，人类所感知的一切现象——物质的、精神的和属灵的——都源于这些力量与能量。除了能量与运动的功能，“气”还有一些与生俱来的属性，环境合适的话，能浮现出其他现象，包括生命、心智，或者可能存在于实体中的其他任何东西。

3 那些极其微小的会变成人的物质微粒——细胞，其中就不乏心智的征兆和萌芽。我们可以推论：也许心智的元素就存在于那些在细胞中找到的化学元素

之中。

4　矿物质原子彼此互相吸引，形成聚合或团块。这种彼此吸引的力量被称作“化学亲合性”。正原子总是吸引负原子，它们彼此间的磁力关系导致原子的化合。一旦没有更大的正极力量使它们分离，化合就不会终止。两个或两个以上的原子化合形成分子，因此，原子被定义为“能维持其自身特性的物质的最小粒子”。一个水分子就是一个氢原子与两个氧原子的化合（H2O）。

5　大自然在构造一棵植物的时候，与之合作的不是原子，而是胶质细胞，因为大自然构造作为实体的细胞，正如同它构造赖以形成矿物质的、作为实体的原子和分子一样。植物细胞（胶质）有力量从土壤、空气和水中汲取它生长所需要的能量。因此，它汲取矿物生命并支配它。

6　当植物物质精炼到能够接受更多普遍智力能量时，动物生命就出现了。如今，植物细胞变得如此可塑，以至于它们有了个体意识的能力，还拥有了那妙不可言的磁力。它从矿物生命和植物生命中汲取生命力，并加以支配。

7　身体是细胞的聚合，倾向于把这些细胞组织成细胞群落的精神上的磁力赋予它以生命活力，协同组成身体的细胞群，操纵身体这个有意识的实体，使之能够把自己从一个地方带到另一个地方。

8　原子与分子以及它们的能量，如今都服从于细胞的利益。每个细胞都是一个活生生的、有意识的实体，能够选择自己的食物、抵抗进攻、繁殖自己。

9　一个普通人的身体，大约有26万亿个细胞，组成大脑与脊髓的细胞大约就有20亿个。每个细胞其实都拥有其个体意识、直觉和意志，每一个联合起来的细胞群也都有其集体意识、直觉和意志，推及至每一组协同工作的细胞群也是如此，直至整个身体有一个中枢大脑，所有细胞群之间的大协作就发生于此。

10　生物起源规律证明：每种脊椎动物，跟其他动物一样，都是由一个单细胞进化而来。人这个生物体，最初也是由一个受精卵构成。母亲和父亲通过卵子和精子分别把个人特征遗传给下一代。就像身体特征的遗传一样，这种遗传渗透到了最精细的精神特征。遗传物质究竟是什么呢？这种我们随处能找到的、作为生命奇迹的物质基础的神秘物质到底是什么呢？生物学家证实，有机生命的物质基础就是遗传物质。确切一点说，它是一种化合物，能独立完成各种生命过程。就其最简单的形态而言，活细胞只是一个柔软的遗传物质球，内含一个稳定的核子。一旦受精，就会进行分裂繁殖，形成一个具有多个特殊细胞的群落或群体。

要想改变你的外在世界，就要从内在世界着手，如果只是试图从外在世界本身寻找解决问题的答案，这样做是徒劳无功的，只能解决表面的问题。

11 这些细胞群不断分化，通过特定过程，发展出那些组成不同器官的生物组织。那些已经得到发展的、多细胞组成的生物体，包括人以及所有高等动物，都无异于一个社会或公民群体，其内在的众多单个个体的发展方向均不同，但最初都不过只是拥有共同结构的简单细胞。

12 巴特勒博士在《如何实施精神治疗》一文中指出，以细胞的形式开始，诞生了地球上的所有生命，细胞组成躯体，心智赋予它生命。在开始以及后来很长的时间里，这种赋予生命的心智被我们称作“潜意识”。但随着形态越来越复杂，并产生了感官，心智便分化出了一个附加物，形成另一部分，我们称之为“显意识”。所有生物在最初都只有一个引导者，在所有事情上它们都必须遵循这个引导者，然而，后来成为心智附加物的那种东西给生物提供了新的选择。这就形成了所谓的“自由意志”。

13 智能被赋予到每个细胞，帮助它完成复杂的劳动，如同一个奇迹。在涉及精神化学的奇迹时，我们必须在心底牢记这个事实：细胞是人的基础。

14 众多活生生的个人组成了一个民族，众多活生生的细胞组成了我们的身体。同在一个国家，公民从事不同的工作——在田野、森林、矿山和工厂；一样从事流通，有人在运输线上，有人在仓库里，也有人在商店或者是银行里。在立法院里，有人在法官席上或行政长官的职位上从事管理；有人从事保护工作——职业分别是军人、水手、医生、教师和传教士。身体的构造亦然：有些细胞从事生产，譬如嘴、胃、肠、肺，给身体提供食物、水和空气；有些细胞从事供应分发和废物排除，譬如心脏、血液、淋巴、肺、肝、肾、皮肤；有些细胞从事公共管理，譬如大脑、脊髓、神经；有些细胞则忙于保护，譬如白细胞、皮肤、骨头、肌肉；还有些细胞则担负着物种繁殖的功能。

15 一个国家的活力和福祉，归根结底要依赖于其公民的活力、效率与协作，身体的健康与生命力，也依赖于其无数细胞的活力、效率与协作。

16 我们已经知道，细胞为了实现特殊的功能而被聚合成系统和群组，对于身体的生命与表达，这些功能都是不可或缺的，正如器官与组织所发挥的功能。只有几个部分为着生物体的总目标，和谐共处、互相尊重、统一行动，才会有健康与效率。当因为任何原因而发生不和谐时，疾病便会接踵而至，让安逸和和谐消失得无影无踪。

17 在大脑和神经系统中，细胞根据它们需要实现的特殊功能而聚合起来共同行动。我们的视觉、味觉、嗅觉、触觉和听觉正是以这种方式，才能够发挥作用。也正是以这样的方式，我们才得以回忆过去，拥有记忆力，以及其他种种。

18 假如精神和身体的状态都很好，就在于这些不同的神经细胞群彼此之间完美配合、通力协作，情况与病态时迥异。在正常状态下，正如我们作为细胞系统一样，自我控制所有这些个体细胞和细胞群，协调合作、统一行动。

19 疾病预兆了器官的分散行动。某些系统或群组——由数量巨大的微小细胞组成—— 一旦开始特立独行，就会变得彼此间不和谐。由此颠覆了整个生物体的步调。单个器官或系统也因此放弃跟身体其他部分的同调合拍，给身体造成严重损害。疾病由此产生。

20 在任何联合中，行动的效率与和谐，都取决于其中枢管理机构所具备的力量和信心；一旦维持这些器官的条件失败，那么，随之而来的将是冲突与混乱。

21 在《细胞智能》一文中，内尔斯·奎里清楚地表达了这样一种观点：“人的智能就是他的大脑细胞所拥有的智能。如果说人是有智力的，他依靠自己的聪明才智，结合并安排物质和力量，以完成像房屋与铁路这样的建筑，那么，当细胞指挥大自然的力量实现了我们在植物和动物中所看到的那些建筑时，为什么不能说细胞也是有智力的呢？细胞并不是在任何化学或机械的外力下被迫行动的，它根据自己的意志和判断而采取行动，是一个独立的、活生生的动物。”柏格森在他的《创造进化论》一文中从物质和生命中似乎看到了一种创造性的能量。如果我们站在远处注视一幢摩天大楼逐渐升起，我们就会说，在它的背后必定有某种创造性的能量在推动这幢建筑，而且，如果我们没有近到足以看见正在干活的建筑工人的话，我们一定会认为是某种创造性的能量催生了这幢摩天大楼，除此之外不会有别的想法。

当因为任何原因而发生不和谐时，疾病便会接踵而至，让安逸和和谐消失得无影无踪。

思想是行动的前提和动力，如果思想是和谐的，具有建设性的，那么结果一定是美好的，如果思想是破坏性的，嘈杂不堪的，结果一定是不幸的。思想是善恶之源的奥秘，幸与不幸，全部由思想来主宰。

22 细胞其实就是一种动物，是高度组织化和专门化的动物。就以一种被称为“阿米巴”的单细胞动物为例，它没有组织器官可以制造淀粉，遇到紧急情况时，总是携带一种建筑材料给自己裹上一层盔甲以保命。还有一些细胞则携带一种被称作“色素胞”的组织，借助日光从泥土、空气和水里的天然物质中制造养分。从这些事实里，我们可以知道：细胞属于一种高度组织化、专门化的个体，以生命的观点来看，生命物质和力的原理都一样，一块石头从山上滚下跟一辆汽车在平坦的公路上移动也一样。一个是在地心引力下被迫运动，一个则是依靠引导它的智能在运动。生命（像植物和动物）的建筑，建造的物质取自泥土、空气和水中，正如人类所建造的建筑（像铁路和摩天大楼）一样，这个事实让我们清楚地看到：细胞也是一种有智力的生命。

23 如果说细胞也像人一样经历过社会组织与进化的过程，那么，它其实就是像人一样有智力的生命。你是否想过：当身体表面有损伤或被擦伤时会发生什么呢？白细胞或者所谓的“白血球”就会成千上万地牺牲自己，以保住身体，这是必需的。它们在身体中完全自由地生活。不跟随血液随波逐流（除非是在忙乱中被带到某个地方），而是作为独立生命到处走动，留心仔细不出错。一旦发生擦伤或割破身体表皮的事情，它们立刻就会得到信息，前赴后继赶赴现场，指挥修复工作，如有必要，它们还会改变自己的职业，以承担不同的工作，为把组织凝固在一起而制造结缔组织。几乎在每一个裂口上（无论是擦破的还是被割开的），都有不计其数的白细胞在修复和愈合伤口的工作中英勇献身。一本生理学的教科书曾简明扼要地提及这种情形：“当表皮受伤时，白细胞会在表皮上形成新的组织，同时，上皮细胞则从伤口边缘开始蔓延，停止生长，直到完成愈合过程。”

24 原来，身体中并不存在什么特殊中心进行智力活动。每个细胞几乎都相当于一个智力中心，不论它在什么地方，也不论我们在哪里找到它，它都清楚自己的职责。在细胞这个国度里的每个公民，都是一个独立的智力存在，全体细胞公民为了身体健康共同工作。个体可以为大家的普遍福祉而牺牲性命，这样的结果，我们在其他任何地方都无法找到，也不可能以任何其他方式来获得，更不可能以代价更小的个人牺牲来获得，它对于社会生存是必不可少的。个体可以为了共同利益而做出牺牲，这样的原则，被普遍认定，无可撼动，是属于大家的共同责任，赋予每一个个体，在这种默认下，它们置自己的个人安逸于一旁，尽心履行属于自己的工作职责。

爱迪生先生说：

我相信，我们的身体是由无数个生命单位所组成的。我们的身体，本身并不是生命单位或某个生命单位。我们用轮船“毛里塔尼亚”号做个例子吧。

毛里塔尼亚号本身并不是个有生命的事物——船上的人才是活的。比方说，如果她在岸边沉没了，人都逃走了，当人们离开这艘船的时候，只不过意味着“生命单位”离开了船。同样，一个人并不因为他的身体被埋葬了就死掉了，而只是生命的本源——换句话说，就是“生命单位”——离开了他的身体。

属于生命的每一样事物依然活着，不可能被消灭。属于生命的每一样事物依然服从于动物生命的规律。我们有无数的细胞，正是这些细胞中的栖息者，那些其自身已经超出了显微镜所能看见的范围的栖息者，赋予了我们的身体以生命。

换一种方式说吧，我相信，我所说的这些生命单位，为了造出一个人，而把它们自己数百万、数百万地组合在一起。我们太过轻率地得出这样的假设：我们每一个人本身都是一个单位。因为这一点（我深信这是错的），所以我们假定：这个单位就是人（这是我们能看到的），我们忽视了真正的生命单位的存在，而真正的生命单位是我们所看不见的，哪怕通过高倍显微镜。

今天，没有人能为“生命”的开始和结束设定界线。即使在晶体的构造中，我们也能看到明确有序的工作流程。某些分解工作总会形成一种特殊的没有变异的结晶。在矿物与植物中发挥作用的这些生命实体，并非不可能在我们所谓的“动物”世界里一样发挥作用。

> 思想统辖整个世界，统辖整个政府，每家银行、每项产业、每个人以及每样东西。一切都因为思想而变得大为不同。
>
> 思想的价值无可企及。它不是物质的，属于精神范畴。
>
> 思想是精神活动，也是精神所拥有的唯一活动。

25 由此，我们应该已经对化学家们、他们的实验室，以及他们的交流体系多少有几分认识了。

26 那么，他们的产品究竟如何呢？这是一个很现实的时代，甚至可以说成是一个商业主义时代。一旦化学家们生产出的产品不具备任何价值，无法产生经济效益，对于我们来说，根本就不值一提。值得庆幸的是，在本案中化学家们所生产出的商品是人类迄今为止所有的商品中经济价值最高的。

27 这是 种全世界都梦寐以求的东西，却在任何地方和任何时间都能实现；绝非一笔呆滞资产，恰恰相反，它的价值举世认可。

28 它就是思想。统辖整个世界，统辖每个政府、每家银行、每项产业、每个人以及每样东西。一切都因为思想而变得大为不同。人，因为思考问题的方式而走到现在；人与人之间、民族与民族之间，之所以不同，说到底，只是因为他们思考问题的方式不同，如此而已。

29 那么，思想到底是什么呢？它是每个思想个体所拥有的化学实验室的产品，是盛开的繁花，是复合的智能，是之前所有思考过程的结果，是饱满的硕果，包含着个体奉献的所有果实中最好的结晶。

30 没有任何一种物质，也不会有人愿意为了世界上最名贵的黄金而放弃自己的思想。因为思想的价值无可企及。它不是物质的，属于精神范畴。

31 这就说明了思想具有令人叹为观止的价值的真正原因。思想是精神活动，也是精神所拥有的唯一活动。精神，是宇宙的创造性法则，因为，部分与整体的差别只在程度上，种类与品质上是一样的，所以，思想必定也是创造性的。

32 如同所有其他自然现象一样，振动是思想赖以传承的普遍原理。每一个想法导致振动，并以这种形式一个接一个波环地扩张并减弱，好比一颗石头扔进

水池所激起的波浪一般。来自其他想法的振动波有时会阻遏它，或者在逐渐虚弱中消失。

33 神经系统就是人体中思想的联络器官：脑脊髓神经系统是显意识心智的电话系统。是从大脑到每个身体部位（尤其是终端）的非常完善的线路系统，好比一个情报局。

34 交感神经系统则是潜意识心智的系统。其功能是：充当摆轮的角色，维持身体的平衡，防止脑脊髓神经系统的过头或不足的行为。它直接受情绪的影响，恐惧、愤怒、嫉妒或憎恨，诸如此类的情绪很容易让身体自动调节功能的运转失调，从而颠覆一些身体功能，比如：消化、血液循环、一般营养供给等。

35 以上所提及的恐惧、愤怒、憎恨等负面情绪，会引起人们的“神经质”以及身体不适，以及健康状况不佳等令人不快的体验。

36 因此，要充分发挥交感神经系统的功能，以此来维护身体正常、健康的运转状态，补偿由于自然耗损（包括情绪和身体）所带来的损伤。所以，我们的情绪状态如何至关重要：正面情绪富有建设性，而负面情绪则带有破坏性。那么，你还愿意为了一些小事耿耿于怀、斤斤计较吗？这对我们的身体、我们的生活、我们的工作不仅于事无补，还会起到负面作用。

第 3 课 完美人生的伟大规律——引力法则

LESSON THREE

1　宇宙广袤无垠，所包含的物质千般万种。其中有一种力量能够扫荡无穷时空、穿越来世今生，这股神奇的力量就是精神化学，它是由我们看不到却能感觉得到的意识、精神等思想汇成的不息川流；它拥抱过去，并把过去和无限扩展的未来联系起来；它是一种相关的作用、原因和结果携手并进的运动。在这里，规律与规律相榫接，所有的规律都是服侍于这一伟大创造的永远顺从的婢女。

2　这种力量是永恒的，没有始点，没有终点，向前追溯，它的历史超过了最远的行星；往后展望，再经历几个世纪它也依旧存在。它见证着万事万物的产生、发展与灭亡，并把它的记忆告诉我们。它使繁花结出果实，它赋予蜂蜜以香甜，它度量天体的无穷；它潜藏在火花中、钻石中，潜藏在紫晶中、葡萄中；它无踪可寻，却又无处不在，它的足迹遍布每一个角落。

3　它是完美的公正、完美的联合、完美的和谐以及完美的真理的源头；而它坚持不懈的努力则带来完美的平衡、完美的成长及完美的理解。完美的公正，是因为它给予付出以平等的回报。完美的联合，是因为它的目标始终如一。完美的和谐，是因为它让所有的规律和睦相处。完美的真理，是因为它是天地万物的真理之母。完美的平衡，是因为它度量准确。完美的成长，是因为

它是一种自然成长。完美的理解，是因为它解答了生活中的所有难题。

4　世界是运动的，这是永恒的规律，运动的真谛也潜藏在这一规律之中。因为只有通过运动，以及不断地变化，这一规律才能得以实现；只有当它不运动的时候，它才不再是规律。但是，运动是绝对的，静止是相对的，没有绝对的静止，所以这一规律也不可能停止。

5　无论在黑暗的寂静中和光明的荣耀中，还是在作用的动乱中与反作用的痛苦中，这一规律的唯一目标是不可改变的。它一往无前，永不停止，去实现它的伟大目标——完美的和谐。

6　当把目光投向那些生长于溪谷中奋发向上的植物，竭尽全力挣脱黑暗伸向光明的时候，我们看到了、感受到了它的强烈渴望。尽管沐浴着同样的雨水，呼吸着同样的空气，然而所有的物种都在维护它们自己的特性：玫瑰永远是玫瑰，永远不同于紫罗兰，而紫罗兰也永远不会变成玫瑰；把橡子埋进土地，春暖花开时会有橡树的幼苗破土而出，而绝不会是柳树或任何别的种类的树，这是它们的特性使然。所有植物都扎根于同样的土壤，却有的纤弱，有的强壮；所有花蕾绽放在同样的阳光下，它们结出的果实却有的苦，有的甜；有些植物张牙舞爪、令人厌恶，另一些植物却芳香扑鼻、美丽动人。由此可见，所有植物都是通过它们自己的根，从同样的土壤中，汲取那些让它们保持自己独特性的元素。植物中的这一伟大的生命法则，这种历久弥坚的强烈愿望，这种使它们不惜一切去彰显、去成长、去实现自己特性的隐秘力量，就是隐藏在至高权威中的“引力法则”，它没有发布任何指令，却无形中让每一个个体忠实于自己的特殊天性。或许有的个体试图改变这一法则，然而这些愿望的本性，并没有阻止这一法则发挥作用的力量，因为它的功能就是给成熟的果实带来苦，带来甜。

7　在矿物世界里，它就是岩石、沙粒和黏土中的内聚力。它是花岗岩中的力，是大理石中的美，是蓝宝石中的火花，是红宝石中的鲜血。当它在我们身边的事物中发挥作用时，我们很容易发现它；当它在我们自身心智中发挥作用时，它那看不见的力量却更大。

8 “引力法则”既非善，亦非恶，它超越道德的范畴，无法用道德的标准去衡量。它是一个中立的法则，它的结果总是与个体的愿望密切相关。引力法则的中立及其作用，我们可以在植物嫁接中找到例证。例如，把苹果树胚芽嫁接到桑橙树上，结出果实的时候我们就会发现，同一棵树上一起生长着能吃的和不能吃的果实（译注：桑橙是一种不可食用的水果）；换句话说，健康的和不健康的果实都被同样的树液所滋养并使之成熟。

完美的公正，是因为它给予付出以平等的回报。完美的和谐，是因为它让所有的规律和睦相处。完美的成长，是因为它就是一种自然成长。完美的理解，是因为它解答了生活中的所有难题。

真实的潜藏在行动之中，而不是行动之外。要生存，就要意识到这些规则在我们身上所发挥的作用。

9 倘若把这个例证应用于我们自己的身上，我们会发现，苹果与桑橙代表我们不同的愿望，而树液代表这一“成长法则”。正如树液使不同种类的果实成熟一样，这一法则也使我们的不同愿望得以实现。不管它们健康也好，不健康也罢，对这一法则来说都无区别，因为它在生命中的位置，就是遵循我们所拥有的愿望，以及这些愿望的特性、作用和目的，让我们的心智实现一个显意识的结果。我们每个人都选择适合于自己的成长线，有多少个体，就有多少成长线；而且，尽管没有两条完全相同的成长线，但我们当中的许多人却是沿着相似的轨迹运动。这些成长线由过去的、现在的和未来的愿望连接而成，并在不断形成的“现在中”彰显。它指明了我们生命的路线，我们将沿着它前进。

10 当这一法则作用于我们自身，我们看到了它更为复杂、更为宏观的一面，简单心智对此完全无法理解。它在一个更大的领域中，唤醒我们一种全新的力量——换句话说，就是更多的诚实、更强的理解力，以及更深刻的洞察力。

11 一个更真实的真理正向我们走近，因此我们要懂得：真实就潜藏在行动之中，而不是行动之外。要生存，就要意识到这些规则在我们身上所发挥的作用。正如植物的真实，就是植物中隐藏的强烈渴望，而不是我们所看到的外部形态。

12 我们自身的知识，通过自己的活动加以灵活运用；外来的知识，我们一样可以通过他人的行动来获取；二者一起使我们的智力得以发展。慢慢地，我们就成为一个被赋予个性的人，形成了独一无二的自我。

13　当我们摆脱蒙昧，获得促使我们生长发育的智性力量，进入不断变迁的自觉意识中时，我们就开始学着去探寻事物的来龙去脉。在探索过程中，我们认为自己是有独创见解的，而事实上，此时的我们只是过去历代部落生活和国家生活所积聚起来的信仰、观念和事实的学生。

14　我们经常被一种恐惧而无常的状态包围着，而战胜它的唯一武器是贯穿所有规律的不变一致性，这是我们必须认识的事实核心。在我们成为自己的主人（或环境的主人）之前，我们必须利用这一事实。成长法则是集体成熟的，因为它的一项最主要的功能就是“作用于那些我们让它对之发挥作用的东西”。

15　正如因果相循，先有“因”后有“果”一样，思想也先于行动，并预先决定了行动。每个人都必须有意识地、自觉地利用这一法则——我们不能不利用它，只能选择如何利用它。

16　在我们从原始人进化成为有意识的人的过程中，从表面上看经历了三个阶段。首先，我们的成长，经历了野蛮的或无意识的状态；其次，我们的成长，经历了意识发育的智性状态；最后，我们的成长，进入了认知意识的有意识状态。

17　众所周知，植物球茎在长出新芽之前必须首先长出根，而在它能够在阳光下绽放花苞之前必须先长出新芽。这一规律在我们人类的身上也同样起作用，在我们能够从原始状态（或类似球茎的动物状态）向意识发育的智性状态进化之前，我们也必须先长出根（我们的根就是我们的思想）；同样，在我们能够从意识发育的纯智性状态，进化到认知意识的有意识状态之前，我们必须长出根（此时我们的根就是包含理性因素的思维）。如果违背这一规则，我们将永远只是规律的创造物，而不是规律的主人。

18　像植物必须繁花盛开一样，我们也必须个性化。换言之，我们必须释放出一个完整生命所具有的、不断向四周辐射的美，必须坚持向自己、向他人表明：我们是一个力量单位，是独立的个体，是那些支配并控制我们成长的规律的主人。每个人体内都蕴藏着这种规律作用的力量，这一力量通过我们自己而付诸行动。正是通过这种方式，我们开始掌握规律，并通过我们对其作用的有意认知而产生结果。

19 生命严格服从于规律，我们是自己生命的有意识的或无意识的化学家。当我们感受到生命的真谛的时候，我们就会发现，它是由一系列化学作用所组成的。当我们吸入氧气的时候，化学作用就发生在我们的血液里；当我们摄入食物和水的时候，化学作用就发生在我们的消化器官内；当我们思考的时候，化学作用既发生在我们的心智中，也发生在我们的身体内；即使被宣布“死亡”的变化中，化学作用也同样发生，并开始分解人的肌体；所以，我们发现，生老病死，运动、思考都是化学作用。生命是符合规律的，我们的一切活动都必须遵循规律。

生命严格服从于规律，我们是自己生命的有意识或无意识的化学家。

生命，主要是化学作用，而心智，则是思想的化学实验室，我们都是精神实验里的化学家。

20 生命是一个井然有序的进步过程，受到“引力法则”的控制。我们的成长同样也要经历三个表面上看起来不同的阶段。在第一阶段，我们是规律的创造物；在第二阶段，我们是无意识的规律的利用者；在第三阶段，我们是显意识的意识力量的利用者。如果我们坚持仅仅利用第一阶段的规律，那我们就会成为这些规律的奴隶；如果我们只满足于第二阶段的规律和成长，我们就绝不会意识到更大的进步。在第三阶段，我们唤醒了我们对第一和第二阶段的规律的意识能力，完全意识到了第三阶段的规律。

21 当我们抱有负面思想的时候，便引发了破坏性的有害化学反应，使我们的感受力变得迟钝，使我们的神经作用减弱，导致心智和身体都变得消极，容易受很多疾病的侵袭。另一方面，如果我们抱有正面的思想，便引发了建设性的、健康的化学反应，促使心智和身体变得可以抵御不和谐思想所带来的很多疾病的侵袭。如果我们思考痛苦，我们就会得到痛苦；如果我们思考成功，我们就会得到成功。当我们抱有破坏性思想的时候，我们就引发了阻止消化的化学作用，它反过来又刺激身体的其他器官，并作用于心智，导致疾病和不适。当我们烦恼的时候，我们就搅动了痛苦的化学作用的污水池，给心智和身体带来可怕的破坏。反之，如果我们抱有建设性的思想，就会给我们带来健康。

22 这些分析足以向我们证明：生命，主要是化学作用，而心智，则是思想的化学实验室，我们都是精神实验室里的化学家，那里的一切都是为我们而准备的，其产生的结果将取决于我们所使用的物质。换句话说，我们所抱有的思想的性质决定了我们所遭遇的境遇和经历。我们在生命中播种什么，我们就会从生命中收获什么——既不会多，也不会少。

23 当我们真正理解生命力的时候，就会发现，生命力，不是机遇问题，不是信念问题，不是国籍问题，不是社会地位问题，不是财富问题，不是权力问题——在个体成长的过程中，所有这些问题都将占有一席之地，但不起决定作用。我们最后必定会认识到：作为服从自然规律的结果，我们所得到的只有“和谐”。

24 规律的这种严格的精确性和稳定性，是我们最大的资产，当我们意识到这一有效力量并明智地加以利用的时候，就是我们发现能让我们获得自由的真理的时候。

25 近年来，在科学上取得了如此巨大的发现，展现了如此浩瀚的资源，揭示了如此巨大的可能性以及如此不为人知的力量，以至于科学家们越来越不敢断言某些已经确立的理论颠扑不破，永远正确，也不敢声称某些理论荒诞不经、绝无可能。一种新的文明正在诞生。陈规陋习、僵化教条、冷酷残暴已经成为过去；取而代之的是开阔的视野、坚定的信念、服务的意识。人类正逐步从传统的镣铐中挣脱出来，思想获得了解放，真理以它的全貌展现在惊讶不已的人们面前。

26 尽管在人类历史上已经创造了无数奇迹，对于心智法则（它意味着精神的法则）所带来的可能性，我们还仅仅是惊鸿一瞥。这种新发现的力量对我们来说至关重要，我们刚刚在一个微不足道的程度上开始认识到它的存在。它能给遵从它的人带来成功，这一点开始被数以千计的人所理解、所践行。更多的奇迹正在诞生。

27 现在，整个世界正处于觉醒的前夜，将迎来焕然一新的力量和意识，这是一种来自我们内心的全新力量，是对我们内心的全新认识。上个世纪见证了人类历史上最辉煌的物质进步，而这个世纪，将给人类的精神和心灵带来更为伟大的进步。

思想比所有的言辞更深刻，
感受比所有的思想更深刻，
一个人绝不可能把自己尚
未学会的东西教给别人。

——哈奈尔

第 4 课 心智：一切行动赖以产生的中心

LESSON FOUR

1 历史、环境、和谐、机遇、成功以及任何别的事物，都是被行动创造出来的；而无论是有意识的行为还是无意识的行动，都是由思想产生的；而思想又不是凭空产生的，思想是心智的产物。因此有一点就变得很明显了，这就是：心智是一切行动赖以产生的创造性中心。

2 我们当前的世界是一个商业世界，这个商业世界刚被构建出来就受到了许多内在规律的控制，这些规律不可能被与它旗鼓相当的任何力量所中止或废除。但有一点是不证自清的：高层面上的规律可以压倒低层面上的规律。就如同树的生命力导致树液上升，地心引力规律并不能将它下降，而是被它所战胜。

3 博物学家耗费了大量时间用来观察可视现象，在他的大脑中负责观察的那一部分不断积累着相关知识。结果，在认识自己所看见的事物上，他就变得比某个未观察过这一现象的朋友内行得多、熟练得多。他只要随便扫上一眼，就能掌握大量的细节。他有意识地在观察方面扩大自己的脑力，通过训练自己的大脑而达到了这样的程度。由此，我们得出了这样的结论：一个人从观察中所学到的知识远远高于未进行观察的同伴。反过来，一个人如果不行动、不工作，就会使他原本精细的思维变得越来越迟钝、越来越僵化，直到他的整个生命变得贫瘠而荒芜。

4 我们的愿望是思想的种子，在合适的条件下能够发芽生长、开花结果。我们每天都在播撒这样的种子，收获的又是什么呢？每一个今天，都是过去思考的结果，将来又会是现在思考的结果。我们通过自己创立或抱持的思想，创造着我们自己的品格、个性和环境。引力法则也同样存在于精神世界，跟原子引力并无二致。我们的思想也在找寻它自己的同伴，吸引着与自己相协调的精神流。每一种思想都可以变得很具体，精神流像电流、磁流和热流一样真实。

每一个今天，都是过去思考的结果，将来又会是现在思考的结果。

心智的巨大潜力，是通过持续不断的练习开发出来的。

5 心智的巨大潜力，是通过持续不断的练习开发出来的。其活动的每一种形式，都通过实践而变得更完美。为发展心智而进行的练习，显示出各种各样的动机。它们包括：理解力的发展，情操的培养，想象力的活跃，直觉力的舒展（对于直觉力，无须进行激励或禁止，只需让它自由发挥）。

6 此外，心智的力量，还需要通过道德品质的培养来发展。塞涅卡说："最伟大的人，是以坚定的决心做出正确选择的人。"那么，伟大的心智力量，取决于它的道德践行，因此需要让每一次有意识的精神努力都能达到相应的道德目标。一种发展了的道德意识，都能够增强行动的力量和连续性。因此，均衡发展的品格，需要以良好的身体健康、精神健康和道德健康为基础，这些因素联合起来形成了强大的力量并最终通向成功。

7 我们发现，大自然不断在万物之中寻求和谐，不断试图在每一种冲突、每一种创伤、每一种困境之间创造出和谐的环境。思想的和谐是大自然开始创造物质条件和谐环境必不可少的条件。

8 如果我们理解了心智是伟大的创造性力量，那么一切就皆有可能。恰恰由于愿望是一种如此强大的创造性能量，因此我们要在生活和命运中培养、控制、引导我们的愿望，使它为我所用。拥有强大精神力量的人们，支配着他们身边的那些人；他们的影响力，不论远近都能感觉到，甚至能够支配着那些与他们相距遥远的人。那些支配他人的强者，都是拥有伟大心智这种超强力量的人。他们让别人"想要"与他们保持一致，从而确保了他们的领导地位，也保证了他们的愿望得以实现。就这样，强者的愿望可以对其他人的心智发挥强有力的影响，引导这些人按照强者所制定的路线行动。

9 如果不发掘自身的内在力量，任何人都是软弱无力的。只有充分发挥自身的智力和道德征服力的人，才会表现出过人的权威。这一真理正是当今这个极度匮乏的世界所渴望的。每个人的身上都有一种与生俱来的神圣的潜力，每个人都拥有智力，也拥有道德，只不过有的明显可察，有的正在沉睡。

10 我们每天都要经历一次“日出”、一次“日落”，尽管我们知道这只是运动的表象。虽然我们感觉自己脚下的地球是静止不动的，但我们清楚地知道它在飞速地旋转。因而我们说，世上不存在静止，静止存在于我们的心智。我们总把钟说成是“发声体”，然而我们都知道，所有的钟之所以能发声是因为空气中产生了振动。当这些振动达到了每秒16次的频率时就产生了我们通过听觉能感知到的声音，直到频率为每秒38,000次的振动，我们都能听得到。当频率超过这个数字的时候，一切复归于寂静。由此我们得出这样的推断：发出声音的并不是钟，声音就在我们的心智里。

11 我们感到阳光刺目，看到太阳“发光”，然而我们知道，它只是放射出能量，这种能量可以在宇宙中产生频率为每秒400万亿次的振动，引起人们所说的“光波”。当振动的频率减少到每秒400万亿次以下的时候，它让我们感觉不到光了，我们只能感受到热。于是我们知道，我们所说的光，只不过是一种运动方式，唯一存在的“光”，是这些波在我们的心智中所引发的感觉。当振动的频率改变的时候，光的颜色就产生了变化，颜色的每一次改变，都是由于振动的频率或速度的改变所导致的。所以，尽管我们说玫瑰是红色的，草是绿色的，天空是蓝色的，但我们知道，这些颜色仅仅存在于我们的心智里，是光波的振动导致了我们视觉的变化。于是我们知道，阳光是没有颜色的，颜色只不过存在于我们的心智里。对我们来说，表象仅仅存在于我们的意识中，甚至连时间和空间都不存在了，时间只是连续的参照物，除了作为现在的思考参照，并不存在过去和未来。

12 现代科学已经教会我们懂得：光与声音只是强度不同的运动，这导致了对人的内在力量的发现，在做出这些揭示之前，人们从未设想过这样的力量。“心智是一种普遍存在的物质，是万物的基础。”许多人如今都在努力对这一令人惊奇的事实给出明确的证明，然而这一至关重要的事实，此前从未渗透进人们的普遍意识中。

> 心智创造负面境遇就像创造有利境遇一样轻而易举，当我们有意或无意地设想匮乏、局限与冲突时，我们就是在创造这些负面境遇，这正是许多人在无意之中所做的事情。

13 每个原子无论是分是合，都不可避免被某个地方所接受。它不会毁灭，只为使用而存在，并且只存在于它该存在的地方。归根结底，有一个法则支配并控制着所有的存在。支配我们生活的规律，如果运用得当，能够为我们带来利益。这些规律不可改变，我们也无法摆脱它们，这些伟大的永恒力量，在寂静中发挥着作用。我们虽然无法消除规律，但是却可以使它们为我所用。让自己与规律和谐相处，度过和平而幸福的一生，是我们力所能及的事。

14 困境、冲突、障碍，都向我们证明：成长是通过以旧换新、以次换好来实现的，要么是拒绝给予我们不再需要的，要么是拒绝接受我们所需要的。我们只能接受我们所给予的东西，我们也只能给予我们所接受的东西；它之所以属于我们，是为了表达我们成长的速度与和谐的程度。这是一种有条件的、互惠的行为，因为我们每个人都有一个完整的思想实体，这种完整，使得我们只有在自己给予的时候才有可能接受。如果我们死守自己所拥有的，我们就不能获得自己所缺乏的。

15 因为引力法则的作用就是只带给我们有利的东西，因此只要我们明确地知道自己想要什么，需要什么，我们就能够有意识地控制我们的环境，能够从我们的每一次经历中汲取我们进一步成长所需要的东西。我们所能达到的和谐与幸福的程度就取决于我们是否拥有获得成长所需的东西的能力。

16 当我们达到更高的层面、获得更宽广的视野的时候，我们获取并利用成长所需要的东西的能力也随之不断增长。我们了解自己需要什么的能力越强，我们辨别它、吸引它、吸收它的可能性就越大。除了我们成长所需要的，我们不需要别的东西。我们创造的所有条件和做出的所有努力都是为了我们的利益服务的。困难与障碍源源不断而来，我们可以从这些困难与障碍中汲取智慧，收集我们进一步成长不可或缺的东西。种瓜得瓜，种豆得豆，所予所取，不爽毫厘。我们获得的力量的大小，取决于我们战胜困难时需要付出的努力的多少。

17 生命成长的永恒不变的需求，要求我们尽最大的努力，去获取那些能够为我所用的东西。通过领悟自然法则并有意识地与之合作，我们才能获取最大程度的幸福。像所有其他规律一样，这一规律也对所有人一视同仁，而且处于持续不断的运转中，分毫不差地把你行为的结果带给你。换言之，“人种的是什么，收的就是什么”。(《新约·加拉太书》第6章第7节)

18 心智的力量常常受到一些令人麻痹的束缚，这些束缚来自人类原始质朴的思想，长期以来被人们所认可并对人们发挥着作用。恐惧、烦恼、无力和自卑的感想，每天都在侵袭着我们。这些因素就是我们所得到的东西如此之少，生命如此贫瘠的根源。当然，心智创造负面境遇就像创造有利境遇一样轻而易举，当我们有意或无意地设想匮乏、局限与冲突时，我们就是在创造这些负面境遇；这正是许多人在无意之中所做的事情。但每个人都有无穷的潜力，只需释放欣赏触觉和健康的野心，使之扩展为真正的伟大，我们就可以挣脱束缚，摆脱负面因素的困扰。

19 因为女人拥有更为细腻的敏感性，使得她们更容易接受来自他人心智的思想振动，因此女人多半比男人更易受到负面因素的支配，因为负面的、压抑的思想洪流对女人的杀伤力尤其强大。

20 但这种局限不是不可战胜的。有数不清的女性歌唱家、慈善家、作家和演员，都突破了这种局限，证明了她们有能力实现文学的、戏剧的、艺术的、社会学的最高成就。当弗洛伦斯·南丁格尔在克里米亚半岛付出前所未有的同情心的时候，她就战胜了这种局限性；当红十字会领袖克拉拉·巴顿在联邦军队中从事类似的工作时，她也战胜了这种局限性；当詹妮·林德在音乐艺术中为实现自己充满热情的渴望辛勤付出，最终达到那个时代最高的艺术成就并同时赢得巨额的经济回报，从而显示出自己非凡的能力的时候，她也战胜了这种局限性。

21 思想的影响与潜力，受到了前所未有的追捧和重视，人们开始对其进行独具慧眼的研究。男人和女人都开始自己独立思考，他们对自己身上存在的可能性已经有了一些认识。他们迫切要求：如果生命中还有什么秘密的话，就应该把它们揭示出来。

22 如今，新的世纪已经破晓，站在熹微的晨光中，人们看到了某种巨大的庄严的东西，这就是生命的无穷的潜力之源。站在这样的光明中，人们发现自己能够从生命无穷的能量中汲取新的力量（他自己也是这一无穷能量的一部分）。这种力量使人确信：人所能达到的成就是不可估量的，人向前行进的边界线是无法限定的。

23 有的人，似乎是轻而易举地攫取了财富、权力，毫不费力地实现了自己的雄心壮志，功成名就；有的人虽然也成功了，但却付出百倍的艰辛，成功来之不易；还有的人，他们所有的雄心、梦想和抱负，全部付诸东流，一败涂地。何以会这样呢？其原因显然不在于人的体魄，否则，那些伟人们一定是体格最健壮的人了。因此，差异必定是精神上的——人的心智。创造力全在于人的内心，人的心智构成了人与人之间的唯一差异。在人生旅途中，正是心智使我们能超越环境、战胜困难。

创造力全在于人的内心，人的心智构成了人与人之间的唯一差异。在人生旅途中，正是心智使我们能超越环境、战胜困难。

我们的境遇与环境多半是由我们无意识的思想创造的，因此它们常常不尽如人意。要改善我们的境遇，补救的措施首先必须改进我们自己，有意识地改变我们的精神状态。

24 如果我们深刻理解了思想的创造力，就可以体会到它惊人的功效。如果没有适当的勤奋和专注，思想是不会独自产生这样的效果的。读者会发现，无形中有各种规律一直在控制着我们的道德世界和精神世界，如同物质世界中的万物都是严格依照明确的规律运转一样，毫厘不爽。要获得理想的结果，就必须了解并遵循这些规律。恪守规律，就会得到准确的结果。

25 思想由规律控制。思想的规律，就像数学规律、电学规律、地心引力规律一样明确。我们之所以没有显示坚强的信念，乃是因为我们对规律缺乏理解。如果我们理解了幸福、健康、成功、繁荣，以及其他每一种境遇或环境，都是有意识或无意识的思想的结果，我们就会认识到，掌握统治思想的规律是多么重要。

26 科学家告诉我们，我们生活在物质的世界中。其中大多数物质本身是无形的，但却时时处处对我们产生影响，作用于我们的思想和言辞，围绕在我们的身边、充斥于我们的内心。我们根据自己的所思所想主动地、有意识地利用它们，我们所想的和所说的便是在客观上显示的结果。

27 那些有意识地去实现思想力量的人往往能够享受最好的生活，将那些高等级的实物变成了他们日常生活切实有形的组成部分。这是因为他们发现了一个更高力量的世界，并持续保持这种力量不断地运转。利用这种力量使那些看上去似乎不可战胜的障碍被战胜，困难被克服，困境被改变，命运被征服，甚至连敌人也被改变成了朋友。这种力量是无穷无尽的、不受限制的，因此可以不断向前推进，从一个胜利走向另一个胜利。

28 供应是取之不尽的，需求顺应我们所希望的路线。这就是需求与供应的精神法则。

29 我们的境遇与环境多半是由我们无意识的思想创造的，因此它们常常不尽如人意。要改善我们的境遇，补救的措施首先必须改进我们自己，有意识地改变我们的精神姿态，努力使自己更加适合生存的环境，我们的想法和愿望会最先显示出改进。关于这一点，没什么可奇怪的，也不是超自然的，它只不过是“存在的规律”而已。

30 不懂心智规律，就如同不懂得化学品的特性和关系，而操作化学品一样，都像孩子玩火一样危险。这一点放之四海而皆准，因为心智是产生我们生活中的所有境遇的主要根源。扎根于心智中的思想，肯定会结出其相应的果实。最伟大的谋士也不能“从荆棘上摘葡萄，从蒺藜里摘无花果”。

31 亚瑟·布里斯班说：“思想及其成果包括了我们所有的成就。”精神与思想，可以比作音乐家的天才与从他的乐器中所发出的声音。乐器之于音乐家，就像人的大脑之于激发思想的精神。不管多么伟大的音乐家，其天分都要依靠乐器来表达，乐器通过振动在空气中产生声波，声波把音乐带进大脑的神经，美妙动听的音乐才能被人所感知和认同。

32 如果给帕德雷夫斯基一架五音不全的钢琴，他所演奏出的音乐也只能是嘈杂与缺乏和谐。或者给最伟大的小提琴家帕格尼尼一把走调的小提琴，哪怕他再有天赋，你听到的也只能是刺耳的、令人厌恶的声音。音乐的精神必须有正确的乐器来表达。同样，思想的精神，必须有清醒理智的头脑来表达。

33 精神与思想是等同的，正如音乐家的天才与他的音乐被人演奏时的声音也是等同的。在音乐中，声音表现并解释着音乐家的精神。这种解释及其精确性取决于乐队、小提琴或钢琴。当乐器变音走调的时候，你所听到的就不是音乐家的天才，而是曲解。同样，一颗高度发达的头脑，哪怕再聪明，如果处于混乱状态的话——比如，一个像尼采那样有着巨大的天才和崩溃的心智的人的疯言疯语——要远比心智相对比较无力、比较简单的人更令人痛苦，更叫人厌恶。

心智是产生我们生活中的所有境遇的主要根源。扎根于心智中的思想，肯定会结出其相应的果实。

一切有用的工作都是合理思考的结果。思想是精神的表达，是通过多少有些缺陷的大脑来运转的。

34 由于我们始终生活在物质的世界里，我们的心智也不习惯于处理抽象的问题。虽然精神是宇宙中唯一真实的东西，而我们把大部分思想和精力都投放到那些没有生命的物体上了，以至于许多人根本就没有想到精神便浑浑噩噩地在这个世界上走了一遭。大多数人都仅仅只能表达真正精神生活的最轻微、最微弱的反映，到目前为止很少有和谐。只有不断完善的人类大脑，普遍适应的理念才会清晰地表达出来，然后，这个地球就会真正变得和谐，由得到清晰表达的精神所控制。

35 想想尼亚加拉瀑布吧，想想不停运转的大型机械、想想被点亮的城市、想想灯火通明的大街、想想疾速行驶的汽车，表面上看似乎全都可以同尼亚加拉瀑布所蕴藏的力量联系起来。然而事实上这些都要归功于人的思想所表达的精神。正是精神，利用了尼亚加拉瀑布作动力。正是精神，把瀑布的力量传输到了遥远的城市。认真想想精神的特性和神秘力量吧。没有比思想更振奋人心、更令人痴迷、更叫人困惑的了。

36 但是精神却是看不到摸不着的，精神既没有形状也没有重量，既没有大小也没有颜色，既没有声音也没有气味。你问一个人：“精神是什么？”他必定会回答：“精神什么也不是，因为它不占有空间，也不占有时间。”然而我们感觉得到，精神是存在的，正是精神赋予我们生命活力，在我们跌倒时伸出手将我们扶起，在成功时鼓舞我们，在失败与不幸时安慰我们，如果没有这种精神，生命里就根本什么都没有，就跟地里的一块石头并无不同，跟裁缝放在店门口的人体模型没有任何区别。

37 不管承认与否，精神无处不在，精神就是一切。视神经抓住了一幅画，把它送到大脑里，精神便看见了这幅画。世界只有被我们用精神的眼睛看到的时候才存在。精神正是通过越来越高度发达的大脑所进行的思考来发挥作用，并以此来表达自己。是精神逐步把人从原先野蛮未开化的境遇带到了如今比较文明的状态。同样是精神，通过比我们现在所能想象的更为高级的大脑在未来发挥作用，从而在这个星球上建立真正的和谐。

38 不妨把精神与你所看到的物质世界，跟伟大画家头脑中的天才，与他所创作的作品做一下比较。米开朗琪罗所创作的每尊雕塑、每幅绘画，都已经存在于他的精神中。但精神并不满足于这样的存在。它必须把自己形象化，它必须把自己展现在人们的面前。恰恰如同所有的母爱都存在于女人的精神里，但只有当母亲怀抱着自己的孩子，实实在在地看着这个有血有肉的、她所深爱、所创造的生命时，母爱才得以完整存在。精神只有被反映在物质世界中的时候，才真正有了生命。

39 最杰出的伟人，他们的成就最初也都是封存在他们的内心里，但只有当他们的精神通过大脑产生作用、通过想法表达自己，从而创造出作品的时候，他们的精神才会完全被人们所认识。正是作用于哥伦布的精神，把第一艘船带到了美洲。

40 我们知道，一切有用的工作都是合理思考的结果。思想是精神的表达，是通过多少有些缺陷的大脑来运转的。倘若我们认识到思想本身是精神的表达，那么我们就会在责任感的驱使下，竭力给予我们所能拥有的精神以最完美的表达，给予它以最好的机会，让它栖息在我们并不完美的躯体中，通过我们所拥有的并不完美的心智表达出来。

41 栖息于地球上的人类正在逐步完善自己，我们的种族在十万年前还是动物模样的人，有着巨大而突出的下颚、大牙齿、小额头，以及外形丑陋的躯体。千百年来，他们逐渐在改变，随着时间的推移，他们根除了自己身上残留的动物性，残忍的兽性慢慢地消失了，获得了更多的精神性。他们不断发展自己的身体，掌握必要的手段，下巴突出的脸蛋变得更饱满丰腴。下颚缩进去了，前额凸起来了，在前额的后面，逐渐发展出了最终能够对精神给出恰当而充分的表达的头脑，以便能够恰当地解释赋予自己以生命活力的精神。

42 我们知道，我们每一个人无一例外地受到某种看不见的力量的牵引或推动，始终在一代接一代地不断改进自身。这种力量，常常是已经从人世间消失很久的力量，父亲或母亲的活力与感召常常在儿子的生命中持续存在，并不断发挥作用，使得他能够从事仅凭个人的意愿绝不可能完成的工作。认识到这一点确实是一件鼓舞人心的事。

43 这种改进要归功于父母们彼此之间的爱，以及他们对孩子的爱。改进通常看不见，可能是家里树立着良好榜样的某个女人，给予那个正在干活的男人以其他任何别人都不能给予的感召和力量。改进可能是父爱，让一个男人能够替一个或许不能自理的孩子干活。

第 5 课 内在的富足引来外在财富

LESSON FIVE

1　蓝天白云、日月星辰、风霜雨雪，大自然总是慷慨的、浪费的、奢侈的。在任何被造物中，丰富都被发挥得淋漓尽致，没有哪个地方能够体现出节约。丰富，是宇宙的自然法则。这一法则的证据是确凿的，毫不费力就能列举几项：无以数计的绿树繁花、植物动物，以及创造与再创造的循环过程赖以永恒继续的庞大的繁殖系统，所有这一切都显示出了大自然为人类准备环境时的浪费。大自然为每个人准备了丰富的供应，这一点很明显；同样明显的是，许多人却从来都没有享受到大自然的这种慷慨：他们至今没有认识到一切物质的普遍性，没有认识到心智是引发动因的有效要素。而正是凭借这种运动，我们才能获得自己渴求的东西。

2　思想是借助引力法则运行的一种能量，它的最终体现，便是人们生活中的丰裕富足。丰裕富足的思想只会对类似的思想产生共鸣，人的财富与他的内在相一致。内在的富足是实现外在富足的前提，它吸引着外在财富来到你身边。生产能力是个体真正的财富之源。因此，一个人如果对他所设定的目标全力以赴，全身心投入，那么他就已经非常接近成功的彼岸了。他的付出和收获成正比，他会不断地付出、给予。他付出得越多，收获得也就越多。

3　我们生活在自然的和社会的环境之中，并受环境的影响，如果我们想要成为

> 内在的富足是实现外在富足的前提，它吸引着外在财富来到你身边。

环境的主人，就需要了解心智作用的相关科学法则。这样的知识是最有价值的资产，它可以逐步获得，一旦掌握就可以付诸实践。这使得我们跟环境建立起了一种全新的关系，揭示出了我们此前做梦也想不到的各种可能性，这些是通过一系列井然有序的规律而引发的，而这些规律，必然与我们新的精神姿态有着密切的关系。而控制环境的力量，就是它的果实之一；健康、和谐与繁荣，是它的资产负债表上的进项。而它所需要的代价，仅仅是收获其庞大资源时所付出的劳动。

4 力量是财富的源泉，一切财富都是力量的产物；只有当财富能够赋予力量的时候，拥有财富才是有价值的。一切事物都代表着某种形态、某种程度的力量；只有当事物能产生力量的时候，它们才是有意义的。找到开启这种力量的钥匙，发现统治这种力量、使之能服务于一切人类努力的规律，标志着人类进步的一个重要纪元。它排除了人的生命中反复无常的因素，而代之以绝对的、不可改变的普遍法则。

5 古人看到蒸汽、电流、化学亲合力与地心引力等现象时，一度惊恐万状，以为是魔鬼在惩罚人类。随着科学的进步和社会的发展，人们知道了这些不过是自然界的科学规律，人们将这些规律称为“自然法则”，这一发现使得人们能够大胆、勇敢地控制着物理世界。明白了是自然法则而非什么神的旨意在起作用，就认清了迷信与智慧的分界线。

6 自然界中还存在着一种力量，它比物理力量更加强大，这就是人类精神的力量、道德的力量和灵魂的力量。思想，是至关重要的力量，但却埋藏得很深，在最近半个世纪里才得以揭示。思想的力量刚一获得解放就显示出了惊人的效果，它所创造的世界，对于50年前（甚或25年前）的人来说是绝对不可想象的。我们精神发电厂，在创始的短短50年的时间里，便获得了如此喜人的成果，因此可以预见的是，在下一个50年里，将会有更大的惊喜在等着我们。

7 或许会有人提出异议：如果这些法则是真的，那我们为什么不能加以论证呢？如果这些基本法则是正确的，那我们为什么没有得到正确的结果呢？其实我们正是这样做的，我们得到的结果完全符合我们理解规律、应用规律的能力。在有人总结出控制电流的规律并将结论公之于众之前，我们不懂得如何应用这些规律，也达不到预期的效果。

8 一切力量，正如一切软弱一样，皆源于内在。一切成功，正如一切失败一样，其秘密也同样来自人的内心。一切成长都是内心的展开。万物皆然，显而易见。每一株植物、每一只动物、每一个人，都为这一伟大法则提供了活生生的证据。往昔的错误，就在于人们总是从外在世界中寻找力量或能量，却不知道这力量恰恰存在于我们的内心。

9 智慧、能量、勇气与和谐的环境，全都是力量的结果，而我们已经看到，一切力量皆来自内心；同样，每一种匮乏、局限或不利的环境，都是软弱的结果，而软弱只不过是无力而已。它来自乌有之乡，它本身什么也不是——打败软弱的制胜法宝就是开发我们内心的力量。

10 这一伟大法则遍及宇宙的各个角落，透彻理解这一法则会让我们获得开发并拓展创造性思维的心智力量，而这种创造性思维，将给我们的生活带来神奇的改变。正确利用这些机会的能力和悟性，绝好的机会将铺平你的人生之路，力量将从你的内心中涌出，乐于帮助的朋友将不请自来，环境为适应你的需要而做出改变；你会找到真正的“无价之宝”。这就是许多人变失为得、变惧为勇、变绝望为喜悦、变希望为现实的关键所在。

11 让我们看看大自然中最强大的力量是什么吧。在矿物世界里，每一样东西都是固体的、不易挥发的。在动物与植物的王国里，一切都处于变动不居、不断变化、始终被创造与再创造的状态。在大气中，我们发现了热、光与能量。当我们从有形转到无形、从粗糙转到精细、从低潜力转向高潜力的时候，各门各类都变得更加精细，更具有精神性。当我们踏进微观世界的门槛时，我们便找到了最纯粹的、最活跃的能量。

12 正如大自然中最强大的力量是看不见的无形力量一样，人身上最强大的力量也是看不见的无形力量。就在几年之内，通过触动一个按钮或撬动一根操纵杆，科学就已经把几乎取之不尽的资源，置于人类的控制之下。这强大力量的根源就是无形的精神力量，而彰显精神力量的唯一方式，就是通过思考的过程。思考是精神所拥有的唯一活动，思想是思考的唯一产物，但是这唯一的产物却足以让人成为最富有者。

思考是精神所拥有的唯一活动，思想是思考的唯一产物。

13 自然界的万事万物都与精神有着千丝万缕的联系。推理，乃是精神的过程；观念，乃是精神的孕育；问题，乃是精神的探照灯和逻辑学；而论辩与哲学，乃是精神的组织机体。增减盈亏，都不过是精神事务而已。

14 但凡想法，定会招致大脑、神经、肌肉等生命机体的物质反应，也会引发机体组织结构中客观物质的改变。所以，要想使人的身体组织发生彻底的改变，需要我们做的只不过是改变自己的思维方式，针对特定主题进行思考而已。

15 思想的改变就是失败转化为成功的不二法门，勇气、力量、灵感、和谐，这些想法取代了原先的失败、绝望、匮乏、限制与嘈杂的声音，慢慢在心中生根，身体组织也随之而发生改变，个体的生命将被新的亮光所照耀，旧事已经消亡，万物焕然一新，你因此获得了新生。这是一次精神的重生，生命因而有了新的意义，生命得以重塑，充满了欢乐、信心、希望与活力。你将看到成功的曙光，而此前你一直是在黑暗中横冲直撞。你将发现新的机遇，你的头脑中充满了成功的想法，并辐射到你周围的人，他们受你精神的感染会帮助你前进与攀升。他们会和你并肩作战，成为你通向成功的合作伙伴。与此同时，你所处的外部环境也会发生改变。所以，就是通过这样简单地发挥思想的作用，你不仅改变了自身，同时也改变了你的环境、际遇和外部条件，使一切为迎接成功做好准备。

16 不管你意识到与否，我们正处在崭新一天的破晓时分。即将到来的各种可能，是如此美妙神奇，如此令人痴醉，如此广阔无边，这样的情景几乎令你目眩神迷。一个世纪以前，不要说有飞机了，一个人哪怕只有一挺格林机关枪，也足以歼灭整整一支用当时的武器装备起来的大军。现在，只要有人认识到了思想的重要性，那么他就像拥有机关枪的威力一样获得了难以想象的优势，从而卓冠群伦，傲视苍生，成为万人景仰的领袖。

17 心智是富有创造性的魔术师，而引力法则就是它的神奇的魔力棒。每个个体都有充分的自主权，都有权自己做出选择，任何人都无权也不应该进行干涉。

然而有人却执意破坏这一规则，用强力法则去与引力法则相抗衡，就其本性而言这是破坏性的，跟引力法则针锋相对。使用强力，比如地震和灾难，只不过是破坏和灾变，除了废墟之外，不会实现什么好的结果。要想成功，就必须始终把注意力放在创造性的层面上，而不是破坏的层面上。

18　心智不仅仅是创造者，而且是唯一的创造者。毫无疑问，对于任何事物，我们只有充分地认识它们，了解它们的特性，才能有效地利用它们。“电”这样东西亘古以来一直存在着，只不过是100年前才走入人们的视线。当有人发现了电的规律，并使之服务于人以后，我们才从中受益。如今，人们了解了电的规律，全世界都被电所照亮。“富裕规律”也是如此，只有那些认识它、遵循它的人，才能分享它所带来的好处。

19　富裕的获得，正是依赖于对“富裕规律”的认知。它一定不能是竞争性的，不是靠掠夺他人来满足自己。你应该为自己创造所需要的东西，而不是从任何别人那里拿走任何东西。大自然为所有人提供了丰富的供应，大自然的财富仓库是无穷无尽的，如果有某个地方看上去似乎缺乏供应，那仅仅是因为通道尚有缺陷。

20　人们对富裕规律的认知，激发和体现了人类的精神品质和道德品质，其中就包括勇气、忠诚、机敏、睿智、个性与建设性。这些全都是思想的倾向，而所有思想都是创造性的，它们存在于与精神环境相一致的客观环境中。每一个想法都是因，而每一种境遇都是果。这是符合因果规律的，因为个体的思维能力是产生“普遍适应的理念”这个结果的诱因。

21　在人类看上去柔弱无比的身躯内，蕴藏着很多不可思议的可能性。其中有一种可能性，就是通过机遇的创造与再创造来掌控自己的境遇。创造这种机遇的主要力量来自思想，思想导致了对决定未来事件的力量的认知。正是这种内在的心智将成功变成现实，这种对内在力量的认知，组成了能够做出相应的和谐行动，这种力量在我们与我们所寻求的对象和目标之间搭建了桥梁，使我们通向理想的彼岸。这就是行动中的引力法则，这一法则，是所有人的共同财产，任何一个对其运转拥有足够知识的人都可以加以运用。

22 勇气是人类与生俱来的一种庄严而高贵的情操，就是对精神冲突的热爱中所彰显出来的心智力量；无论是像将军般发号施令，还是同士兵一样服从执行，二者都需要勇气。但在大多数情况下勇气都是潜藏着的，不露锋芒。真正的勇气，是冷静、沉着和镇定，绝不是有勇无谋、争强好胜、脾气暴躁或好辩喜讼。有一些并不起眼的人，表面上总是只做能让别人高兴的事，但是，当时机出现的时候，潜藏的东西就会显露出来，我们惊奇地在柔软的手套下发现了铁腕。

要想成功，就必须始终把注意力放在创造性的层面上，而不是破坏性的层面上。

富裕的获得，正是依赖于对“富裕规律”的认知。你应该为自己创造所需要的东西，而不是从任何别人那里拿走任何东西。

23 积累，是把我们收获的东西储备和保存下来的能力，这样我们就能够利用更大的机会。而一旦我们做好了准备，成功的机会就会出现。所有成功的商人都有这样的品质，而且得到了很好的发展。詹姆斯·J.希尔留下了超过5200万美元的财产，他说：“如果你想知道自己在生活中是注定成功还是注定失败，你可以轻而易举地得到答案。测试方法简单易行，准确无误：你能存钱吗？如果答案是肯定的，那么你就具备了成功的一项重要素质；反之，你就注定会失败，因为成功的种子不在你的身上。你或许会想：这不可能。但是事实会向你证明，缺少积累的能力，成功就像海市蜃楼一样可望而不可即。”

24 读过詹姆斯·J.希尔的传记的人都知道，他是通过下面的方法才挣到他的5000万美元的。首先，他从一张白纸开始，充分开发和利用自己的想象力，把他打算穿越西部大草原的庞大铁路计划予以具体化。此外，富裕的规律十分重要，这个规律能为他实现这一计划提供方法和手段。不过起决定作用的还是执行这一环，如果只限于纸上谈兵，詹姆斯·J.希尔绝不会有任何东西积存下来。

25 愿望是积累的动力，二者相互促进：你积累得越多，你的愿望就越多；你的愿望越多，你积累得就越多。就这样，只需要很短的时间，作用与反作用就获得了不可阻止的动力。然而，千万不要把积累跟自私、贪婪或吝啬混为一谈；这些全都是旁门左道，它会把你引入歧途，会让真正的进步成为泡影。

26 构建，是心智的创造性本能。在商业界，它通常被称作“创新精神”。创新精神表现在构建、设计、规划、发明、发现和改进中。创新精神是最有价值的品质，必须不断得到鼓励和发展。每一个成功的商人都必定有计划、发展或构建的能力。沿着别人的老路走是远远不够的，必须发展新的观念，新的做事方式。每一个个体在某种程度上都拥有创新精神，因为在那无限而永恒的能量中，他是一个意识中心，而万物皆源于这种能量。

27 水可以呈现出三种不同的形态：固态、液态和气态，但它们全都是同一种化合物，唯一不同的是温度。但谁也不会试图用冰去驱动引擎，把它变成蒸汽，它就很容易承担这个任务。你的能量也是如此，如果你想作用于创造性层面，你首先就要用想象的火焰把冰融化，你的能量之火越猛烈，融化的冰就越多，你的思想就变得越有力，而你实现自己的愿望也就越容易。

28 睿智，就是感知自然法则并与之协作的能力。真正的睿智可以毫不费力地避开欺诈与瞒骗的陷阱；它是深刻洞察力的产物，而这样的洞察力，让你能够深入事物的核心，洞悉创造成功条件的内在规律。

29 机敏跟直觉颇为类似，是商业成功中的一个非常微妙、同时也是非常重要的因素。要想拥有机敏，你必须要有精细的感觉，必须要有明确知道该说什么、做什么的直觉。要想拥有机敏，你必须拥有同情心和理解力。拥有非凡的理解力至关重要，因为所有人都能看、听、感觉，但真正能够“理解”的人却少得可怜。机敏是预知即将发生的事情的晴雨表，并能精确计算行动的后果。机敏让我们保持身体上、精神上和道德上的纯洁，因为在今天，这些都是成功所必须具备的素质。

30 忠诚，是把有力量、有品格的人联结在一起的最强大的纽带。任何人扯断这样的纽带都将受到严厉的惩罚。宁愿断臂也不肯卖友的人，朋友绝不会舍他而去。那些默默地坚守忠诚，甚至付出生命的代价也在所不惜的人，除了获得进入信任与友谊的神殿准许之外，体内还会注入一股令人羡慕的宇宙力量，而只有这种力量才能吸引值得渴望的境遇。

31 个性，是展开我们所拥有的潜在可能性的力量，要特立独行，要关注比赛的过程而不是比赛的结果。强者对那些自鸣得意地跑在自己身后的大批模仿者毫不在乎。他们不会仅仅满足于成为一大群人的领导，或者得到乌合之众的欢呼喝彩。这些只能取悦于胸襟狭小之辈。有个性的人更自豪于内在力量的开掘，而不是弱者的奴颜婢膝。个性是真正的内在力量，这一力量的发展及其作为结果的表达，使一个人能够承担起指引自己前进步伐的责任，而不是跟在某个我行我素的领头人之后亦步亦趋。

在内心中确立真正成功的必备因素的人，也就确立了自信，奠定了胜利的基础，有了这些保障，就不会与成功失之交臂。

32 灵感，是海纳百川的吸收艺术，是自我认识的艺术，是调整个体心智以适应普遍理念的艺术，是给万力之源加上输出装置的艺术，是区分无形与有形的艺术，是成为无穷智慧流动渠道的艺术，是使完美形象化的艺术，是认识全能力量的艺术。

33 真诚，是一切幸福的必要条件。可以肯定，认识真诚，并自信地坚持真诚，是一种满足，并且是其他任何东西都难以媲美的境界。真诚是最根本的真实，是所有成功的商业关系或社会关系的先决条件。不管是出于无知还是故意，每一次跟真诚相左的行为，都会削弱我们立足的根基，导致不和谐，以及不可避免的失败与混乱。因为，每一次正确的行动，连最卑微的心智也能准确地预知它的结果；而如果违反正确的原则，对于其所带来的结果，就连最伟大、最深刻、最敏锐的心智，也会晕头转向，迷失方向。

34 上述这些因素就是通向成功的阶梯，那些在内心中确立了真正成功的必备因素的人，也就确立了自信，奠定了胜利的基础，有了这些保障，就不会与成功失之交臂。

35 在我们的精神过程中，有意识的不到百分之十；另外百分之九十都是下意识的和无意识的。所以，仅仅依靠有意识的思想来达成结果的人，其有效性也不到百分之十。重大的真实，正是隐藏在下意识心智的辽阔领地里，也正是在这里，思想找到了它的创造性力量，它的与目标相联系的力量，使无形的力量变成有形的力量。而那些成功的伟人，都是找到开启更大的精神财富仓库的金钥匙的人。

36 如同水往低处流一样，电流必定总是从高潜能流向低潜能，熟悉电学规律的人都懂得这样的原理，因此能够让这种力量为自己所用。那些不熟悉这一规律的人，便无法驾驭这一强大的工具。统治精神世界的规律也是如此。有的人懂得心智渗透万物，无所不在，反应迅速；他们能够利用这一规律，控制条件、境况与环境。对此一无所知的人就没法利用它，只是临渊羡鱼罢了。

37 这种知识所带来的结果，原本就是上帝的恩赐；正是这一“真理”让人解除了束缚，不仅是免于匮乏和局限，而且还免于悲痛、烦恼和忧虑。而且，这一法则并不因人而异，不管你过去的思维习惯如何、你曾走过的路怎样，它都会一视同仁，毫无歧视。

38 冥冥之中，我们总感觉到一股强大的力量在牵引着我们，我们自觉不自觉地在追随着它，这就是精神的力量。精神的力量控制并引导着已经存在的每一种其他力量，它可以培养、可以发展，没有任何限制能够置于它的活动之上。精神力量是世界上最伟大的事实，是治疗一切疾病的灵丹妙药，是解决一切困难的不二法门，是满足一切愿望的必由之路；事实上，它就是造物主为人类的解放而准备的慷慨供应。

心想事成

我坚信，心想事成，
想法被赋予了躯体、呼吸和翅膀；
我们放飞自己的想法，让它们
用结果去填充世界，或好或坏。
我们召唤我们隐秘的想法，
让它飞向地球上最遥远的地方，
一路留下它的祝福，或者哀伤，
就像它身后留下的足迹一行行。

我们构建自己的未来，
一个想法接一个想法，
我们并不知道，结果是好还是坏。
然而，宇宙就是这样形成的。
想法，是命运的另一个名字；
选择吧，然后等待命运的安排，
因为恨会产生恨，爱会带来爱。

——亨利·范·代克

第6课 成功需要一种追求成功的动机

LESSON SIX

1 人体内的两大系统——脑脊髓神经系统与交感神经系统，分享着类似的神经能量控制系统，脑脊髓神经系统的器官是大脑，交感神经系统的器官是腹腔神经丛。前者是自觉的或有意识的，后者是不自觉的或下意识的。这两个系统互相交织，对任何一个系统的刺激都会传递给对方。

2 从功能上看，可以把神经系统比作电报系统；神经元对应电池，神经纤维对应电报线路。电池里产生的是电。然而，神经元却并不产生神经能量。它们转化能量，神经纤维则输送能量。身体的每一活动，神经系统的每一刺激，我们的每一个想法，都要消耗神经能量。这种能量并不是像电流、光或声音那样的物理波，它们是“心智”。

3 人们以脑脊髓神经系统和大脑为媒介，才意识到了自己所拥有的，因此，一切拥有皆源于意识。这种精神环境——意识——随着人们所获取知识的增加而不断改善。知识是通过观察、经验和反思而获得的。而小孩子的未曾发育的意识，或者是傻瓜与生俱来的意识，都不能算是真正的意识。

4 拥有是建立在意识的基础之上的，我们把这种意识叫作“内在世界”。我们所获得的那些有形的拥有，则属于“外部世界”。拥有内在世界的就是心智。让

我们能够在外部世界获得拥有的，也是心智。心智通过思想、精神图景和行动来彰显自己。每一种成功的商业关系或社会地位，奠定其基础的基本原则，都是要认识到内在世界与外在世界的差别，客观世界与主观世界的差别。

我们做什么，取决于我们是什么；而我们是什么，则取决于我们习惯性地想什么。因此，我们必须控制并引导内在的思考力量，使它更高效地运转。

正确思考的重要性远远超出了你的想象。

5 神经系统是主人，它是通过心智来执行自己的权力的。因此心智是宇宙精神实现的手段，它是物质与精神之间的纽带，是我们的意识与“宇宙意识”之间的纽带。心智是“无穷力量”的门户。神经系统跟心智的关系，就像钢琴跟它的演奏者的关系一样。心智只有当它赖以发挥作用的工具在正确的时候才能完成表达。

6 思想是天生的喜新厌旧者，它是富有创造性的，总是不断地创新。我们利用思想去创造条件、环境及其他生活经历的能力，取决于我们的思维习惯。我们做什么，取决于我们是什么；而我们是什么，则取决于我们习惯性地想什么。因此，我们必须控制并引导内在的思考力量，使它更高效地运转。

7 浩瀚的宇宙看起来纷繁复杂，归根结底却只有两样东西：力量与形态。思想就是力量，当我们认识到我们拥有这种“创造力”，还能控制和引导它并通过它作用于客观世界的力量与形态的时候，我们也就完成了精神化学中的第一项实验。

8 普遍适应的理念是无所不知、无所不能、无所不在的。普遍适应的理念是一切力量、一切形态之源，是作为万物之基础的“本体”。与固定的规律相一致，“万物”源于自身，并被自身所创造和维持。这就是得到完美表达的创造性的思想力量。在它出现的每一个地方，它本质上都是一样的，所有心智都是同一个心智，这解释了宇宙的秩序与和谐。深刻领悟这一道理，生活中的所有问题就都迎刃而解了。

9 普遍适应的理念在我们身上得到充分的体现，因此，在我们的内心有着无限的力量、无限的可能，它们全都受到我们自己的思想的控制。因为我们拥有这些力量，因为我们与普遍适应的理念息息相通，所以我们有能力把逆境变为顺境，把歧途变为坦途。

10　没有任何限制能够约束普遍适应的理念，因此，我们对自己跟普遍适应的理念合而为一这一点认识得越充分，我们所意识到的限制或匮乏就越少，所意识到的力量就越多。

11　不管是出现在宏观世界，还是出现在微观世界，普遍适应的理念都是一样的，其相应彰显出来的力量的不同，是由不同的表达能力决定的。一块黏土和一块相同重量的炸药，包含了同样多的能量。但后者身上的能量很容易被释放，而前者身上的能量，我们至今尚没有学会如何释放它。

12　人类的心智有两件外衣——显意识（或客观的）与潜意识（或主观的）。我们一面通过客观心智与外部世界建立联系，一面通过主观心智与内在世界建立联系，二者缺一不可。在精神生活的所有层面上，心智都呈现出不可分割的统一与完整。虽然我们努力地想把显意识心智与潜意识心智区别开来，但只不过徒劳无功，因为这种区分事实上并不存在，这样处理只不过是为了方便而已。

13　潜意识心智是联系我们与普遍适应的理念的纽带，我们通过潜意识跟所有力量建立起了直接的关系。潜意识是一个记忆的仓库，它储存了我们通过显意识心智所得到的对生活的观察和体验。潜意识心智是培育思想的巨大温床，无论是有意栽花还是无心插柳，潜意识都为这些种子提供养料。然后，思想开花结果后又带着自己成长的果实再一次作用于我们的意识。意识是内在的，而思想则是力量的外在表达。二者是不可分割的，没有脱离思想的意识，意识始终是以思想为前提的。

14　凭借思想的力量，我们把水变为蒸汽让它承载重负，让商品流通世界。我们已经捕获了闪电，并将它命名为“电流”。我们已经驯服了江河，并让无情的洪水成为我们的奴仆。我们创造了流动的宫殿，它们在深谷中开辟出坦途。我们胜利地征服了空气。尽管我们依然停泊在银河里的银色群岛之中，但我们已经征服了时空。

15 如果两根电线靠得很近，而且第一根电线携带的电负荷比第二根电线更大，那么，第二根电线就会通过感应而从第一根电线接受部分电流。这一现象可以用来形象地说明人类对普遍适应的理念的姿态。他们并没有有意识地跟这一力量之源建立起联系，但是潜意识中却已经受到了影响。

> 建设性的思想会在潜意识中创造出一些倾向，这些倾向又变为人们彰显的性格。

16 如果让第二根电线接触第一根电线，它就会尽其所能地负载更多的电流。当我们意识到力量的时候，我们就成了一根“生命的电线”，因为意识让我们跟力量之间建立起了联系。随着我们利用力量的能力的增长，我们应对生活中的各种境遇的能力也在增强。

17 外在的生活条件和环境条件，只不过是我们的主导思想的反映。我们通过意识领会、思想彰显所渴望的条件。为了表达，我们必须在我们的意识里创造相应的条件。要么是悄无声息地，要么是通过重复，我们把这一条件印刻在潜意识里。所以，正确思考的重要性远远超出了你的想象。视而不见，充耳不闻，都让我们不能去理解。换句话说：没有意识，就无法去理解。

18 建设性的思想会在潜意识中创造出一些倾向，这些倾向又变为人们彰显的性格。对于性格这个名词，最通俗的解释是：由天性或习惯在一个人身上留下的特殊品质，它把一个拥有这种性格的人跟所有其他人区别开来。性格有外向表达和内向表达。内向表达是意图，外向表达是能力，二者分担着性格的作用。根据引力法则，我们的经历取决于我们的精神姿态。物以类聚。精神姿态是性格的结果，而性格也同样是精神姿态的结果，二者互为作用与反作用。

19 意图赋予思想以品质，把心智引向要实现的理想，要完成的目标，或者要实现的愿望。意图和能力，决定了我们的生活经历。能力，就是不知不觉地与全能力量协作的能力。值得我们注意的是，意图和能力必须保持平衡：当意图大于能力时，脱离实际的“梦想家”就诞生了；当能力大于意图的时候，结果就会产生急躁，会产生很多徒劳无益的行动。

20 从表面上看，似乎是“机遇”“厄运”“幸运”“天命”等因素在盲目地指挥着我们的每一次经历。事实并不是这样，每次经历都由永恒不变的规律所控制。

当我们发现规律并利用规律时，我们就把命运的指挥棒拿在自己手中了。

21 物质往往是通过它一定的外观展示自己的，我们把这种外观称之为“形态”。由物质所组成的形态都是具体的、可见的、有形的。宇宙中的形态可以分为几个等级类别：始终保持唯一形态的形态，或无机形态，比如铁、大理石等；有生命的形态，或有机形态，它有感觉，可以随意运动，比如动物；还有一种形态，除了上述特征之外，还能意识到自己的存在以及自己拥有的东西，那就是我们独一无二的人类。

22 外部世界以个体的人为中心旋转，有组织的生命、思想、声音、光及其他振动，以及包罗万象的宇宙本身，都向我们发出振动，光、声音与触觉的振动，喧嚣与柔和的振动，爱与恨的振动，思想的振动，好与坏的振动，智与不智的振动，真与不真的振动。这些振动都指个体的人，无论是外在的还是内在的，也不管是显意识还是潜意识。它们很少能抵达你的内心世界，大多都匆匆而过，蓦然回首，踪迹已杳。

23 尽管有些振动对我们的健康、力量、成功、幸福都是极其有益的，但我们却无法抓住它们，不能把它们接收进内在世界里。内在世界很敏感，这是一种捕捉外部世界的振动并把它们传送到内在世界的能力。敏感性，是意识的形态表现。

24 如果把意识界定为一个通用的概念，那么意识就是外部世界作用于内在世界的结果。不管我们是清醒还是酣睡，意识都是感觉或知觉的结果。如此我们很容易认识到意识的三个层面，它们互相之间存在着巨大的差异。

25 首先是“简单意识”，这是所有动物共同拥有的。它就是存在感，通过这种意识，我们认识到“我是谁”，以及“我在什么地方”；通过这种意识，我们感知形形色色的对象，以及五花八门的场景和状况。这属于意识的低级形态。

26 其次是“自我意识”，这是所有人类（除了婴儿及智力残障者）共同拥有的。它赋予了我们自省的能力，亦即外部世界对我们内部世界所发挥的作用。作为人类思想交流工具的语言就是自省的结果，每个单词都是代表一种思想或观念的符号，都能传达特定的信息。

意图和能力必须保持平衡的：当意图大于能力时，脱离实际的“梦想家”就诞生了；当能力大于意图的时候，结果就会产生急躁，会产生很多徒劳无益的行动。

27 最后是“宇宙意识”，这是意识的最高层次。它超越了时空的概念，它也不受自身和物质世界的限制。宇宙意识是意识的最高形态，它同前两种意识有着根本的区别，就像视觉不同于听觉或触觉一样。宇宙意识跟前两者都不一样，其差别甚至超过视觉与听觉的差别。一个盲人不可能对色彩有什么真正的概念，然而，他的听觉却很敏锐，或者触觉很敏感。但是一个人既不能凭借简单意识，也不能凭借自我意识，得到关于宇宙意识的任何概念。

28 不可改变的意识法则是：意识发展到了什么样的程度，主观力量也就发展到了什么样的程度，其结果彰显在客观对象中。

29 直觉是把真理作为意识的事实，呈现出来的普遍适应的理念的另外一种状态。心智通过直觉认识真理，把知识转变为智慧，把经验转变为成功，并把外部世界的事物带入我们的内在世界，并且能够立即判定两种想法之间是否一致。

自我承诺

要坚强到没有任何东西能扰乱你内心的平静。

要对你遇到的每个人谈论健康、幸福和成功。

要让你所有的朋友都感觉到：他们是有价值的。

要对每件事情都抱乐观态度，并让你的乐观变成现实。

只想最好的，只为最好的结果而努力，只期待最好的。

对别人的成功要像对自己的成功一样充满热情。

忘掉过去的失误，去追求未来更大的成功。

要一直面带笑容，时刻准备对你遇到的任何活物微笑。

要拿出足够多的时间来改进自己，使得你没有时间去批评别人。

要大度得没有忧愁，要高贵得没有愤怒，要强大得没有恐惧，要快乐得不允许烦恼存在。

要相信自己很棒，并向世界宣布这个事实——不是用响亮的言辞，而是用伟大的行为。

要活在这样的信念里：只要你真的相信自己是最棒的，全世界都会站在你这边。

——克里森·D.拉

第 7 课 互惠使财富得到增长

LESSON SEVEN

1 墨西哥所丢掉的所有矿藏，从印度群岛驶出的所有大商船，所有满载金银的传说中的西班牙财宝船队，跟现代商业理念每8小时所创造的财富比起来，还不如一个乞丐得到的施舍有价值。

2 金字塔的基座又大又稳固，但是高高在上的塔尖不过仅仅能站一只鸟，然而它还是吸引了所有人的目光。世界上80%的财富掌握在20%的人的手里。世界就是这么不公平，贫富的差距还在扩大，财富正在向更少数的精英分子集中。美国的进步要归功于它2%的人口。换句话说，美国所有的铁路、所有的电话、所有的汽车、所有的图书馆、所有的报纸，以及数不清的其他便利、舒适和必需品，都要归功于其2%的人的创造天才，美国的百万富翁也是这些人。

3 谁是站在金字塔尖的人，谁是世界的主宰，谁能拥有财富呢？我们从文明中所享受到的所有好处，又要归功于谁？当然是那些创造性天才，那些有能力、有活力的人。不要以为他们是衔着金汤勺出生，靠继承获得了财富。这些精英当中有30%的人是穷牧师的儿子，他们的父亲每年挣的钱绝不会超过1,500美元；25%的人是教师、医生与乡村律师的儿子；只有5%的人是银行家的儿子。

4 那么，究竟是什么原因使他们和普通人之间产生了如此大的差距，为什么那2%的人成功地获得了生活中最好的一切，而剩下98%的人却依然挣扎在温饱线上？可以肯定的是，这并不是机遇的问题，因为正如我们所知道的那样，宇宙是由规律控制的。规律控制着太阳系的所有行星以及太阳系之外的整个宇宙。规律控制着每一种形态的光、热、声音和能量。规律控制着物质的东西和非物质的思想。规律给地球蒙上了迷人的面纱，让它充满了慷慨的施舍。它不只是对某一部分人慷慨，任何人都可以从它那里得到丰富的赠予。

5 金钱财富，恰如健康、成长、和谐及其他任何生活条件一样必然、一样肯定、一样明确地受到规律的控制，这个规律是任何人都必须遵从的。许多人已经在不知不觉中遵从了这个规律，而另一些人则试图更加充分合理地利用这一规律。

6 如果不想被历史的车轮落在后面，如果想成为那个2%中的一员，你就必然要服从这一规律；事实上，新纪元、黄金时代、产业解放，都意味着那个2%将要扩张，直至优势状况逆转过来——2%很快会变成98%。

7 人类不再是拉线木偶，被动地接受自然和命运的摆布。人类已经变得十分强大，可以不费力气地控制劫数、命运和运气，就像船长控制他的船、火车司机控制他的火车一样容易。

8 万物最终都可以分解为同样的元素，并且可以相互转化。由此可以看出事物之间的关系是互为关联，而不是彼此对立。

9 一切事物都有颜色、形状、大小、两端。有北极，也有南极；有内，也有外；有肉眼能够看到的，也有看不到的。所有这些，表面上似乎是对立，其实都不过是对这些对立面的一种表达方式而已。同一件事物的两个不同的方面也有它们各自的名称。然而，这正反两面是相互关联的，它们不是独立的实体，而是事物整体的两个部分或两个方面。

10 这一规律的身影同样也出现在我们的精神世界中，当我们说到“知识”和“无知”的时候，也不是强调它们的对立性，无知不过就是知识的匮乏，因而仅仅是表达“缺少知识”的一个词而已，其本身并没有任何准则。

11 “善”与“恶”是我们最常谈论的道德世界的核心词汇，“善”是有意义的，是可以触摸感知的，而“恶”不过是一种反面的状态，是“善”的缺反面。尽管有时候“恶”也是一种非常真实的存在，但它没有法则可循，没有生命，没有活力。我们知道这是因为它总是被“善”所摧毁。恰如真理摧毁谬误、光明赶走黑暗一样，当“善”出现的时候，“恶”就会自动让路。因此在道德世界中只有一个法则，就是善的法则。

金钱财富，恰如健康、成长、和谐及其他任何生活条件一样必然、一样肯定、一样明确地受到规律的控制，这个规律是任何人都必须遵从的。

思想是行动的领导，行动要听从思想的指挥。如果我们希望改变行动的特性，我们就必须改变思想，而改变思想的唯一方式，就是用新的精神替换旧的过时的精神，用健康的精神姿态取代现有的混乱的精神状况。

12 在产业的世界里，我们总是说到“劳动”与“资本”这一对词语，就好像存在两个截然不同的类别似的。但是，资本是财富，而财富是劳动的产物。因此我们发现，在产业的世界里也只有一个法则，这就是劳动的法则，或产业法则。

13 正如19世纪末世界倡导竞争一样，这个世纪则是在人对和谐的呼唤声中开始的。人们越来越清楚地认识到，和谐是一种隐约出现的新观念，但是它的现身却预示着新时代的黎明即将到来，人类历史上的新纪元将要来临；这样的思想正迅速在人们的心里传播，正在改变着人与产业之间的关系。

14 因果相循，每一个原因都会产生相应的结果，每一种境遇都是某个原因的结果，同样的原因总是产生同样的结果。那么，是什么给人类的思想带来了类似的变化呢——比如：文艺复兴、宗教改革和产业革命？始终是新知识的发现与讨论。类似的事件似乎总在各个时代重复地出现，这一点我们不得不注意。

15 仔细研究人类进步的历程，我们会发现：产业集中化为公司和企业托拉斯，消除了竞争，以及随之而来的经济后果，使得人们开始思考。因为竞争是进步的动力，而在产业世界里所发生的这一进展，其后果又会是什么呢，进步会不会也随之停止了呢？由此引发的思想开始逐步呈现出来，它正迅速发芽，在所有地方所有人的心智中喷发，把每一种自私的观念排挤出去，这种思想认为：产业世界的解放即将到来。

16 正是这种思想，唤起人类前所未有的狂热；正是这种思想，集中了力与能量，一脚踢开所有阻挡它前进的绊脚石，现在几乎是没有什么力量能使它停止或后退了。

17 创造的本能在我们每个个体身上都有生动的体现，人类生来就喜欢打破常规，不爱循规蹈矩，创造是人类的精神天性；普遍创造原则已经与我们的日常生活结合为一体。因此人类的创造活动是本能的、与生俱来的；它不能被根除，只会被盲目地滥用。如果这一伟大的力量被滥用了，被转变为破坏性的通道，变成了嫉妒，这使他总是企图毁灭那些依然拥有创造权力的同伴的劳动成果，如此就陷入了可怕的恶性循环。

18 由于产业世界中所发生的变化，这种创造本能就失去了生命的活力，往日的威风不再。一个人再也不能建造自己的房子，再也不能修建自己的花园，也不指挥自己劳动；他因此被剥夺了个体所能获得的最大的快乐——创造的快乐、成就的快乐。

19 思想是行动的领导，行动要听从思想的指挥。如果我们希望改变行动的特性，我们就必须改变思想，而改变思想的唯一方式，就是用新的精神替换旧的过时的精神，用健康的精神姿态取代现有的混乱的精神状况。

20 思想的力量虽然产生于人类娇嫩的大脑中，但它却是迄今为止现存的最强大力量，它甚至可以无坚不摧，战无不胜；它使其他所有的力量臣服于自己，按自己的意愿去运行。拥有了思想的力量就等于拥有了一个取之不尽、用之不竭的宝库的钥匙。而这一知识直到最近才被少数人所拥有，它将成为这些人在人群中脱颖而出的宝贵优势。那些富有想象力、富有远见的人将会把这一思想引向建设性的、创造性的通道；他们会鼓励、培养冒险的精神；他们会唤醒、发展、引导创造性本能。在这样的情形下，世界此前从未经历过的产业复兴将在不久的将来展示于世人的面前。

21 亨利·福特在《迪尔波恩独立报》中形象地描绘了新时代的临近。他说：“人类如今正处于两个时期的分界线上，一个是‘使用便是失去’的时期，另一个是‘不用便是浪费’的时期。人类已经意识到：无须承担责任的童年时代已经永远地结束了，人类之父也不再无私地提供慷慨的给养。这使人们产生这样一种感觉：我们使用的越多，留下的就越少。有一句谚语表达的就是这种感觉：‘你不能吃掉蛋糕同时又拥有它。’两全齐美的事情很少发生。”

当我们思考的时候，我们便启动了一系列的“因”；而当我们想法发布出来，并与其他类似的想法汇合在一起，就形成了一种观念，这便是“果”。

财富是一个狡猾的精灵，它很难被抓住，更难以安于一处，财富的这种不可捉摸的特性，使得它特别容易受到思想力量的影响，使得许多人能够在一两年的时间里获得其他人努力一辈子也无法获得的财富。归根结底，这还要归功于心智的创造性力量。

22 在环境的考验和锻炼下，人们变得越来越智慧与现实，人们已经有了足够的知识，懂得栽种与收割，学会了自给自足，懂得用不断再生的农作物做自己的补给，而不是缓慢消耗天然资源的原始储藏。这样一个时代在不知不觉中已经到来：我们并不担心因为使用我们的资源而造成浪费，而是担心因为不使用而造成浪费。供应流是如此丰富而持续，使人们烦恼的不是“拥有不够”，真正使人烦恼的恰恰是“使用不够”。

23 你可以运用丰富的想象力，在头脑中为我们所处的世界画这样一幅画：在其中，供应是如此丰富，日夜困扰人们的心病不是用得太多而是用得不够。这不仅仅是一幅画，这是很快就会出现的现实。亘古以来，人类一直依赖于大自然在很久之前储存起来的资源，维持自己的生存和发展，这些资源虽然丰富，但是终究有耗尽的一天。而如今，这一令人担忧的情况改变了，因为人类找到了解决困难的方法。人类有能力创造出这样的资源：它们能够不断再生，以至于唯一的损失就是不使用它们。有如此丰富的热、光与力的供应，我们如果不充分加以利用就是一种浪费，一种罪过。这个时代如今正在到来，它的脚步声已经很近了。

24 燃料问题解决了，光的问题解决了，热的问题解决了，力的问题解决了，就这些方面而言，实际上就是把整个世界，从这四种千钧重负下解放了出来。整个人类也似乎卸下了背负多年的重担，松了一口气，好像一个新的春天已经为人类而降临。但是又出现了另一个问题：燃料、光、热与力的整体状况得到了如此大的改观，人们如何防止浪费而对这一切加以充分利用。

25 我们的下一个时期就在我们的面前，这是毫无疑义的。我们正在接近的时代不是鲁莽浪费的第一个时期，也不是精打细算的第二个时期，而是丰富充裕的第三个时期，它迫使我们利用、利用，再利用，以实现我们的每一种需求。当然，照例会有“自私自利”与“服务他人”之间的最初冲突，但“服务他人”会处于绝对的上风。个人地产上的煤矿，其所有权很容易得到承认，但江河的所有权呢？大自然自身就会叱责那个声称对一条江河拥有所有权的人。

26 心智是精神的活动，想法是运转中的心智，是人类内在心智的外部表现形式；心智是精神上的人所拥有的唯一活动，而这唯一的活动却足以承担宇宙的创造性法则的全部职责。

27 当我们思考的时候，我们便启动了一系列的“因”；而当我们的想法发布出来，并与其他类似的想法汇合在一起，就形成了一种观念，这便是“果”。如今，观念独立于思考者而存在，它们是看不见的种子，存在于每一个地方，发芽生长，开花结果，带来千百倍的收获。

28 从古到今，各行各业的人都追逐财富。“财富”是某种非常具体、非常切实的东西，我们可以获得它、拥有它，为我们所专用、所独享。不知何故，我们忘记了：世界上所有的黄金，按人均计算，每人只有很少的几个美元。如果我们完全依赖于黄金的供应，一天的时间就可以把它耗尽。如果以此为基础，我们就可以每天花掉成千上万、数以百万，甚至是数亿美元，而最初的黄金供应并没有改变。

29 其实黄金和一根刻度尺一样，无外乎是一个量度标准，一个准则；有了一根尺子，我们就可以度量成千上万英尺；同样，有了一张5美元的钞票，数以亿计的人就可以使用它，办法只不过是从一个人手里传到另一个人手里。

30 因此，我们只要用一件物品作为财富的符号代替黄金保持流通，每个人就能拥有他所想要的一切；任何需要都会得到满足。如此一来，匮乏的感觉就会离我们远去，不再对我们产生任何负面的影响。

31 很明显，我们要想从财富中得到什么好处，唯一的办法就是使用它，让它处于流通状态中，这样其他人就会从中受益；然后，我们为了互惠互利而互相合作，将富裕的法则逐步推广。

32 许多人以为把金钱紧紧地抓在手里就是拥有了财富，这是过时的、典型的守财奴的思想。其实获得财富的唯一方式就是让它保持流转；而一旦有任何协同行动使得这一交易媒介的流通有阻断的危险的话，那么就会出现停滞、后退，甚至产业的死亡。

人们通常不喜欢反省，这就是他们为什么不富有的原因。

33 财富是一个狡猾的精灵，它很难被抓住，更难以安于一处，财富的这种不可捉摸的特性，使得它特别容易受到思想力量的影响，使得许多人能够在一两年的时间里获得其他人努力一辈子也无法获得的财富。归根结底，这还要归功于心智的创造性力量。

34 海伦·威尔曼斯在《征服贫困》(*The Conquest of Poverty*)一书中对这一法则的实际运转给出了一段有趣的描述：

人们几乎普遍都在追求金钱。这种追求仅仅来自贪婪的天赋，它的运作被局限在商界的竞争领域。它是一种纯粹的外部行动，其行为方式并不源自对内在生命的认知，而内在生命有其更美好、更正义、更精神化的渴望。它只是兽性在人的领域的延伸，任何力量都不可能把它提升到人类如今正在接近的神性层面。

因为这一层面上的所有提升都是精神成长的结果，这种提升，其正在做的，恰好就是基督教所说的我们为了富有而必须做的。它首先寻求的是内心的天国，它只存在于这里。在这个天国被发现之后，所有这些东西（外在的财富）都会接踵而至。

一个人的内心中，什么可以称之为天国呢？当我回答这个问题时，10个读者当中没有一个会相信我——绝大多数人对他们自己的内在财富完全缺乏认知。尽管如此，我还是要回答这个问题，真心实意地回答。

我们内心里的天国，就存在于人类大脑里的潜能当中，这种潜能的极大丰富是任何人做梦也想不到的。软弱无力的人，其肌体之内也潜藏着上帝的力量；这些力量一直封闭着，直到他学会了相信它们的存在，然后试图展开它们。人们通常不喜欢反省，这就是他们为什么不富有的原因。在他们对自己以及自己的力量的看法中，他们被贫穷所困；对自己所接触到的每一事物，他们都要留下自己信仰的印记。即使是一个打短工的人，如果足够长时间地审视自己的内心，他就能够认识到：他所拥有的才智，完全可以被造就得跟他所效力的那个人一样强大，一样深远；如果他认识到了这一点，并赋予它应得的意义，仅仅这样，就足以解开他的镣铐，让他迎来更好的境遇。

通过认识自我，他应该知道：他跟自己的老板在智力上是平等的，或者可以变得平等；但他需要的并不只是这样的认识。他还需要认识法则，并服从法则的规定；换句话说，要想让自己攀上更高的位置，还需要更高的认识。他必须认识到这一点，并信任它，因为正是忠实而信赖地持守这一真理，他的生命才从身体上得以提升。雇员如果不是纯粹的机器，任何地方的老板都会为得到这样的雇员而欢天喜地——他们希望有头脑的人参与他们的经营，并乐意支付报酬。廉价的希望常常是最昂贵的，就本质而言也是利润最少的。随着雇员智力的不断增长，或者思考能力的不断发展，对老板来说，他的价值也就不断增加；当雇员的能力发展到能够独立做事的时候，就会有尚没有发展到这样程度的人，来取代他的位置。

一个人对自己内在潜力的逐步认识，就是往内心的天国去走，它将被彰显在外部世界里，并建立在那些与之相关的环境中。

一个精神陋室的设计方案，其本身就来自一桩看得见的陋室的精神，这种精神就表现在与其特征相关的、看得见的外部环境中。

一座精神宫殿以与之相关的结果，会发送出一座看得见的宫殿的精神。同样，也可以依此论说疾病与恶、健康与善。

第8课 你真的会思考吗?

LESSON EIGHT

1 美国参议员沃兹沃斯曾经说过:“我祈愿这一时刻的到来:美国的公众舆论开始认识到,对社会进步来说,有机化学意味着什么,科学研究意味着什么。我们一直对推进物质资源的发展很感兴趣——从地底下挖出铁和煤,让地面上长出农作物,积极从事运输以及其他商业努力。作为一个民族,我们对科学研究所给予的关注和鼓励都很少,但是,总统先生及各位参议员,未来的进步却依赖于科学研究。正是那些在化学实验室里工作的人,为人类的进步铺平了道路。”

2 他接着说:“我相信,有机化学中就潜藏着解开过去和未来的秘密的方法。我相信,它在我国的奠立和维护,也意味着1亿人民的幸福、进步和安全。”

3 美国参议员弗里林海森说:“当我们认识到正是德国化学家的天才,以及德国的化学工业在科学上所取得的进步,使得德国几乎能够在河道港口畅通无阻的时候,当我们认识到下一场战争将要用化学品来打的时候,我认为,尽最大可能给予这一产业以最高保护是我们的爱国职责。”

4 德国的科学家似乎偏爱化学,他们在化学领域取得的成就举世瞩目,科学上许多重要的发现都要归功于德国化学家。如果不幸被弗里林海森言中,如果

真有这么一场战争的话，的的确确将要用化学品来打，但是，未来的所有战争都要通过对精神化学的理解来赢得，而极少使用杀伤性武器。

5 想象一下，倘若你是一位叱咤风云的将军，站在主席台上，正在检阅一支庞大的大军。军人正迈着整齐划一的步伐大步走来，他们四个人一排，全都是风华正茂的好男儿，他们来自德国，来自法国，来自英国，来自比利时，来自奥地利，来自俄罗斯，来自波兰，来自罗马尼亚，来自保加利亚，来自塞尔维亚，来自土耳其，当然还有人来自印度、新西兰、澳大利亚、埃及和美国，他们整天不停地向前行进，日复一日，年复一年，这支千万人所组成的大军源源不断地从你面前经过，走向战场。壮士一去不复还，仅仅是因为身居高位的少数人更加关注有机化学而不是精神化学，他们都战死沙场，献出了宝贵的生命，这是多么令人可叹的事！

6 这些战士至死也不明白，武力总是会遇到同等的，甚或是更高的武力；他们不明白，低级的法则总是受控于高级的法则。富有聪明才智的男男女女却不能做自己的主人，身居高位的少数人控制他们的思考过程。就像欠了永远也还不清的债务一样，他们终日被深深的悲痛折磨，因为他们发现：为了支付他们所承担的债务的利息，他们必须工作一辈子；并且这些债务是世袭的，他们反过来将把这笔债务作为遗产传给他们的孩子，然后再传给他们的孙子，根本看不到穷尽的一天。

7 密歇根大学的校长马里恩·勒鲁瓦·伯顿说：

或许，如今我们能够向一个人提出的最严肃的问题就是：“你会思考吗？”检验一个人对社会是否有功效、是否有益，将集中在他使用心智的能力上。爱默生所发出的危险信号，最引人注目的莫过于他的呼喊：“当伟大的上帝把一个思想者释放到这个星球上来的时候，可千万要当心。”只要我们能利用今日美国的精神力量，我们就能解决世界上的巨大难题。不是通过迎合偏见和阶级利益，不是通过乱喊绰号诨名，不是通过欣然接受半真半假的事实，也不是通过肤浅的思考，而是通过细致的、苦心的、精深的科学思考，结合明智而及时的行动，人类的文明才得以拯救，人类的自由才得以确保。民主的未来依赖于教育，因此，每一位忠诚的公民，每一位有自尊的个人，都必须抓住机会，掌握知识，激发心智。真理总是让人自由，真理也总是只对善于思考的人才有用。

8 人民已经觉醒，开始进行积极的思考。如今情况已经完全改变了，情形已经大为不同，人们把过去用于喝酒闲聊的时间花在阅读、研究和思考上，他们对自己的现状思考得越多，他们所满意的东西就越少。

如今我们能够向一个人提出的最严肃的问题就是：“你会思考吗？”检验一个人对社会是否有贡献、是否有益，将集中在他使用心智的能力上。

幸福，繁荣和满足，是清晰思考和正确行动的结果，清醒的头脑能够保证一个人明确地知道自己在做什么，能够理智地做出决定。

9 而在此之前，每当人们不满或不快的时候就会聚集到附近的一家酒馆里，喝点小酒，让酒精麻醉自己痛苦的神经，暂时忘掉那些烦恼。身居要位的领导们对此都了如指掌，因为这个原因，英格兰有了麦芽酒，苏格兰有了威士忌，法国有了苦艾酒，德国有了啤酒，而美国，由于是一个复杂的移民国家，因此也就有了各种各样的酒，它是让人民保持“幸福而满足”的最容易的方法。如果能让一个人得到一杯比例合理的酒精的话，他就已经得到了最大的满足，而不会再去深究什么。

10 幸福、繁荣和满足，是清晰思考和正确行动的结果，清醒的头脑能够保证一个人明确地知道自己在做什么，能够理智地做出决定。而酒精则反其道而行之，醉人的酒精的目的就在于给人带来一点小小的人工刺激，让理性暂时停滞，从而扰乱人的行为和思维，阻碍人们做出正确的判断。

11 有人认为啤酒比较温和，不那么容易使人麻木，对人的身体是非常有益的。但是，尽管啤酒可能不会那么快地导致酗酒的习惯，但是它就像蚕食桑叶一般，开始的时候往往被人忽略，但是当它引起人们注意的时候，就已经发展到了无法控制的地步。它并没有用那么锋利的锉刀去锉磨我们身体的器官，而是通过一个稍稍缓慢的过程让受害者走进他的坟墓，这当中，更多的是傻瓜的愚蠢，较少是疯子的魔狂。

12 还有人把葡萄酒当作诱使酒鬼离开死亡之路的灵丹妙药。但这样并不能哄骗贪婪的欲望降低到符合冷静和节制的要求。有人认为，葡萄酒会让酒鬼得到恢复，或者能延缓疾病的前进，但却是治标不治本，不能根本解决问题。必须有足够的酒精使人振作到快乐的状态，否则他就会以不可抗拒的强硬要求大声呼喊“给我”；葡萄酒没法帮助产生足够活跃的刺激，以唤醒萎靡不振的精神，或者让已经衰弱的胃变酸，这时候就会求助于威士忌和白兰地来完成慢性自杀工作。所以，即使没有人因为葡萄酒而变成酒鬼，那也仅仅是因为把他交给了老天爷的缓期报复而已，这种报复更凶残、更可怕。

13 鸦片贸易给英国人带来了数百万的利润，却有数百万中国人被牺牲掉；同样，因为酒的销售和流通为大银行和信托公司提供了百万美元的进账，为公司代理人提供了十万美元的酬金。而从另一个角度看，它促使大批群众去投票支持那些在道德上和政治上都已经破产的政党。这对于少数人来说是牟利的好机会，而对于大多数国民却是一场致命的灾祸。

14 伍兹医生的调查研究资料表明，最近三年，美国的死亡率从每千人14.2人下降到了12.3人，这意味着自从酿酒商的生意被禁止以来每年挽救了20多万人的生命。来自公立学校的老师、学校和乡村巡回护士、穷人当中的福利工作者、知识分子、警察首脑和慈善组织的领袖们的报告几乎一致表明：最近两年里，学校学生们的饮食、衣着、舒适和福利，有着自有记录以来从未发生过的显著改进。

15 正确的判断、宽阔的视野、丰富的知识和实践的主动性，对于民族和个人的福祉来说是必不可少的。最高品质的政治才能和领导能力对于进步和繁荣不可或缺。然而令人费解的是依然有人支持修改《禁酒法案》。难道他们不懂得正如当一扇门被部分打开的时候，只需小拇指轻轻一推就足以让它完全洞开一样，所谓的“修改”只不过是“废除”的另一种说法而已。这样法案的通过，无异于将人民曾经经受过的身体的、心理的、道德的、精神的退化和灾难，以及所有的悲痛、苦难、丑行、耻辱和恐怖等巨大的灾祸，再一次降临到受苦受难的人类身上。

16 下面是发表在《圣路易环球民主报》上的一篇题为《我们向何处去》的社论：

这是谁的错？当我们的需求如此之大的时候，我们的资源却如此之少，这个事实主要应归咎于谁？对此不可能有其他的答案。是美国人民。是那些被人民挑选出来为立法和行政负责的人。唯一的选举权就掌握在人民的手上。这就是我国政府的基本原则。当我们的事情被管理得很糟糕的时候，如果我们不采取行动以得到更优秀的管理者的话，那么我们就没有权利去抱怨。但是，在这种危险的情形中我们又看到了什么呢？人民是不是在寻求那些智力、判断力、知识及品格都符合改进政府状况这一期望的人呢？他们显然没有这样。相反，他们转而求助于那些主要以妨碍和破坏的能力而著称的人。

作为世界上最伟大的国家，其政府怎么能用这样一些材料来行使它的职能、维护它的伟大呢？他们不懂得如何建造，也不想去建造，他们的建议只不过是混乱无序，一幢建筑物怎么能靠这些人去完成呢？我们认为，毫无疑问，人们所发出的声音，就是对当前形势的大抗议，是民众对许多扰乱并激怒公众的事情感到不满的大发泄。有很多理由不满，这一点毋庸置疑，但不满并不能为这些情形提供补救之道，人民所采取的方针不可避免地让情况变得更糟。我们所面临的问题，必须在我们重新开始前进之前设法解决，而解决的办法，只能来自建设性的头脑。关于这一点，不可能有什么争论。然而，受托管理我们事务的人，其政治才能却不是建设性的，而是破坏性的。结果会怎样呢？

违反规律而行事，收效往往事倍功半。但只要在智力上做很小的努力，就能够轻而易举地把当前的破坏性想法转变为建设性的想法，在这样的情形下，环境就会很快改变。

17　国家作为一种社会存在是由许许多多的最小单位——个人组成，政府只代表组成国家的所有个体的平均智力。当个人的想法发生改变的时候，集体的想法也会相应地做出调整，而我们却试图把这个过程反过来，试图改变政府而不是个人，这样违反规律而行事，收效往往事倍功半。但只要在智力上做很小的努力，就能够轻而易举地把当前的破坏性想法转变为建设性的想法，在这样的情形下，环境就会很快改变。

18　医药在治疗人类病痛的同时，也对其他器官造成或大或小的损伤。经济学和力学中的每一次作用都必然带来反作用，人类关系中每一次作用也会带来同等的反作用，因此，我们需要懂得：事物的价值取决于对人的价值的认识。任何时候，只要“事物比人更有价值”的信条泛滥起来，那么，把财富的利益置于人的利益之上的错位现象就随之出现了，其所产生的作用必然会带来人们不愿看到的反作用。

19　10年之前，德国大城市的市政债券，以4%的利率在伦敦、巴黎和纽约销售。马克像美元和英镑一样稳定。德国公司的有价证券跟英国的和美国的并排放在一起卖，那时三者价格相当，同样的坚挺。但是谁也料想不到它们并不是绝对安全的。如今，一个德国马克的价值，大约相当于百分之一美分。在

1922年11月的这一个星期里，一共发行了616.44亿马克，只有上一个星期的发行额超过了这个数字，是675.79亿马克。如此巨大的落差着实令人瞠目结舌，无言以对。

20 这些德国有价证券，利息照付，本金到期归还，但是，用来支付的钞票，其价值几乎抵不上印钞票的纸，因此，那些保守的德国投资者，那些只做“安全”投资的人，那些只购买利息不超过4%或5%的优先抵押债券的人，实际上一贫如洗。但作为补偿，他们可以这样反思：一个自由主义政府，允许人民拥有大量的啤酒，而当他们有大量啤酒的时候，他们就会兴高采烈地让别人替他们思考，因为利用这些啤酒，其目的并不在于产生深刻、清晰、持久而合理的思考。

21 成千上万的美国公民节衣缩食地创立了一笔基金，指望在将来的日子里用这笔基金能够保证他们晚年的日子衣食无忧。现在一切都成为泡影，所有的心血都付诸东流。从今往后的10年里，他们将靠什么来维护生活呢？

22 所有人都必须牢牢记住：生活这宗大买卖，不应该按照经济的方法来经营，因为投机和钻营这一套在生活中是行不通的。任何试图欺骗生活的人，最终只是欺骗了他自己。

23 为了造福人类，产生能够给最多的人带来最大利益的精神化学反应，应该把什么东西跟思想进行化合呢？首先我们应该知道，思想拥有无比强大的力量，抱持良好的愿望和理智的分析对它加以应用，会改善我们的生活，推动社会的发展和全人类的进步。但是如果思想被无节制地加以滥用，将产生可怕的后果，会给整个人类带来灾难性的破坏。

24 人类历史上许多次战争也是滥用思想力量而造成的，也是培养不满、无秩序和社会动荡的精神所带来的后果。1922年的意大利就是活生生的实例，一些人出于某种目的鼓励无政府的精神和不满的精神，把政府交给那些只对个人的飞黄腾达感兴趣的人，那时的意大利，只有墨索里尼一个权威，没有下院，没有上院，没有国王，他的权力是绝对的。他可以废除财政方面的所有法律，而应用自己炮制的新法律，他已经表示要对领取高工资的工人征税，“更多的是因为政治和道德的原因，而不是财政原因”。

25　欧洲一位著名的政治家这样描述当前的情形：

不幸的是，一场像1914—1918年的世界大战这样的战争，其所带来的破坏是很难修复的。即使拿出全部的善意来对待被征服者，如果他凭借诚实的劳动，真诚地渴望帮助世界摆脱血腥的梦魇，世界也依旧会长时间地继续它绝望的漂泊，四顾茫然。我们今天依然处在战争的延续阶段，除非是和平时期的活力有了一个新的方向，否则这一阶段很可能没有尽头。财政陷入了混乱，预算被人为地摆平了，汇率是65法郎兑1英镑、14法郎兑1美元，可怕地扭曲了纸币的流通，不断上涨的生活费用、罢工、股票市场的瞬息万变，使得贸易和产业都无法开展；股票的积聚，就是4年战争的赎金。无论是对征服者还是对被征服者，这场世界性的大灾难所带来的，都只能是全面的混乱。数以百万的人，并没有因为52个月的死亡与毁灭的工作而被奉为神圣，因为在和平到来的第二天，世界就要重建。这样的速度，其所需要的平静远远超出了人类力所能及的范围。

任何试图欺骗生活的人，最终只是欺骗了他自己。

思想拥有无比强大的力量，抱持良好的愿望和理智的分析对它加以应用，会改善我们的生活，推动社会的发展和全人类的进步。

对于强大心智的行动来说，强健的体格是必不可少的。像重武器一样，心智在它发力的时候也会对身体形成反冲，并且会让虚弱无力的体格摇摇欲坠。

26　我们应该还记得，在《圣经》中也有过类似的表述：

因为那时必有灾难，从世界的起头，直到如今，没有这样的灾难，后来也必没有。若不减少那日子，凡有血气的，总没有一个得救的。只是为选民，那日子必减少了。

27　我们的胃就像一个大容器，它有极强的应变能力：对血液它是加速的循环，对活力它是弹性，对神经它是快乐或痛苦的振动，对愉快的灵魂之爱它是丰富饱满。它是生活的银索，是甘泉边的金碗，是水塔旁的滑轮；当这些在履行它们各自的职责的时候，肌肉、精神和道德的力量也在和谐地发挥着作用，让整个生命系统充满了活力和欢乐。但是，当它出了故障而无法正常工作的时候，心智和身体的力量就会下降，疲乏、消沉、忧郁和叹息就会随着健康的溃败和生命之光的暗弱接踵而来。

28　经验告诉我们，任何刺激都会作用于胃，胃部的肌肉紧张会超出食物和睡眠所能维持的程度，当它过了这个点的时候，就会产生虚弱——劳累过度的器官，它的放松，跟它所受到的异常刺激成正比。胃是有生命力的，生命的活力确保它正常地工作，它可能被不明智地上升到快乐和健康的音调之上，当然也会下降到之下。如果经常重复这样的实验，它就会产生一种不自然的胃音——自然的胃音对于快乐和肌肉活力是必不可少的——完全超出了常规自然食物的力量所能维持的限度，并创造出一片真空，其中除了充满造成这种胃音的破坏力之外，起不到任何积极的作用。如果持续人为地扩大自然音与这种异常音之间的差别，习惯就把它变成了第二天性。就像反复地拉抻一根橡皮筋，最终的结果是使它失去弹性。

29 作为一般法则，对于强大心智的行动来说，强健的体格是必不可少的。像重武器一样，心智在它发力的时候也会对身体形成反冲，并且会让虚弱无力的体格摇摇欲坠，因此只有将自己变强壮，才不至于在发挥作用的时候伤了自己。

30 人类历史亦是如此。曾经走在各国前列的埃及，在它自己的柔弱的重压之下，最终灰飞烟灭。希腊的胜利，让它陷入了东方的奢华，也让时代的黑夜笼罩了它的光荣。而罗马，它的铁蹄曾蹂躏其他国，撼动地球，但人们却目睹了它后来的岁月，心脏变得越来越衰弱，强者的盾牌被弃之如敝屣。

第 9 课 内在信念是健康的保证

LESSON NINE

1 一直以来，精神化学在医学界的评价总是最广泛的，但其积极意义已经被某些医学从业者所重视，所肯定。奥斯勒医生曾经说过：“在治疗学中，精神方法自始至终都扮演着非常重要的角色，当然，这在很大程度上未必被承认。大部分病痛的痊愈，其实都是信念在发挥作用，它让精神振作，加快血液流动，而神经则不受打扰地扮演它们的角色。失去或者缺乏信念，即使最强壮的体格，也会变得衰弱，甚至走向死亡。当最好的药也被绝望地放弃时，即使是一块面包或一匙清水，信念也能够创造康复的奇迹。对医生以及他的药物和方法的信任，是整个医学专业的基础。”

2 正如人们普遍承认的那样，烦恼或连续的负面情绪刺激会打破消化系统的正常运行，使之发生紊乱。当消化功能正常时，饥饿感会在我们吃饱时得到抑制，在我们实际需要进食之前不会感到饥饿。在这种情况下，抑制中心就会恰如其分地发挥作用。一旦我们患上胃病，这个抑制中心就停止发挥作用，所以我们不时感到饥饿，最终导致已经受损的消化器官的过度劳累。类似的小麻烦，人类一直不曾避免。这种麻烦完全是局部的，不会引起大中心很多注意。但如果不适是源自一个根深蒂固的、无法轻易消除的原因，更为可怕的疾病就会不期而至。这时，它的严重影响一旦长期持续，麻烦就会遍及生物体每一个部分，甚至危及生命。当发展到这种程度，只有大中心的管理有

力、坚决而明智，紊乱才不会得以持续；一旦大中心出现软弱无力的状况，整个系统就随时有可能全然坍塌，后果不堪设想。

3 林达医生有这样一种说法：“‘自然疗法’介绍了一种恶的理性观念，由违背自然规律而引起，就其目的而言它是矫正的，只有遵循自然规律才能克服。如果不是有人在某个地方违反了自然规律，就不会出现所谓的痛苦、疾病和恶了。”

4 违反自然规律的原因可能是无知、漠视、任性或恶意。“果”和“因”总是互为关联的。

5 自然生活和自然康复的科学表明，人类的疾病，主要是大自然在努力消除身体的病态物质、恢复身体的常态的经历；与大自然中任何其他事物一样，疾病的过程在方式上也称得上是井然有序，所以，我们一定不能阻止或抑制疾病，而是积极配合。由此，我们艰难而缓慢地记住了这样一个至关重要的教训：防止疾病的唯一手段就是“服从规律”，它也是治疗疾病的唯一手段。

6 “自然疗法”揭示了治疗的基本规律、作用与反作用，以及病情急转的规律，让我们铭记了这样一个真理：在健康、疾病和治疗过程中，没有所谓意外或反复无常的事情发生，身体状态的每一次变化，要么是与我们的生命规律相和谐，要么是相冲突；我们只有完全听任并服从规律，才有望掌握规律，以此维持期待中的身体健康。

7 我们在研究疾病的原因和特性时，必须坚持从“生命”本身开始。切记：我们所谓的生命和活力的表现，造就了健康、疾病和治疗的过程。

8 关于生命或生命力，流行着两种差别很大的观念：身体观和生机观。前者把生命或生命力，连同它所有的精神和物质现象，都看作组成人的身体——物质元素的电磁和化学活动。从这一观点看，生命是一种“自燃”，或如同一位科学家所阐述的，其实是“一连串的发酵”。

9 现代科学正迅速地弥合生命的物质领域和精神领域之间存在的鸿沟，作为现代科学发展的结果，在观念更先进的生物学家眼中，上述生命观已经过时了。

> 大部分病痛的痊愈，其实都是人们的信念在发挥作用，它让人们精神振作，加快血液流动，而神经则不受打扰地扮演着自己的角色。

10 后者呢，生命或生命力的生机观，把生命力视为一切力量中的主要力量，来自所有力量的中心源。这一力量，弥漫、温暖了整个被创造的世界，使之充满生机，表达“自然意志”“理念”“道”，表达伟大的创造性智能。这种“自然巨力”，是地球旋转的原动力，亦能推动组成不同的原子和物质元素的电子微粒和离子不停运动。

11 天然物质，并不能称作是生命及其所有复杂的精神现象之源，充其量只是“生命力”的表达，是“伟大的创造性智能”的彰显，有人把这种智能称为上帝，也有人赋以梵天、道、气等名词，只是传统时代人们的理解不同而已。

12 这种至高无上的力量和智能，作用于人体内的每一个原子、分子和细胞，只有它，才是真正的“治疗者”，这种“自然治疗力”一直在努力修补、治疗，以恢复完美。医生所能做的，就是清除障碍，让患者的内部和周遭重新回复正常，只有这样，内在力量才能发挥最大优势。

13 归根到底，大自然的一切，不论是稍纵即逝的想法或者是情绪，还是坚硬无比的钻石或者是白金，都只是运动或振动的呈现，存在着无与伦比的协调与平衡之美。

14 “没有生命的自然”是美丽而有序的，因为它的演奏跟“生命交响曲”的乐谱合拍。加入了人的演奏才会跑调。这是属于他的特权或者说是祸根，因为他有自由来选择行动。

15 在“自然疗法”的手册中是这样定义健康和疾病的，给我们提供了更好的理解层面：

在生命的身体、心理、道德和精神层面上，组成人的实体的元素和力量正常而和谐地振动时，才会有所谓的健康，这完全符合大自然适用于个体生命的建设性原则。

而与大自然应用于个体生命的破坏性原则相一致，当组成人的实体的元素和力量进行反常且不和谐的振动时，疾病也因此诞生。

16 那么，以怎样的条件才能产生正常抑或反常的振动呢？解释这个问题的答案就是：生物体的振动环境，必须与大自然在人的身体、心理、道德、精神和灵魂等生命和行动领域中建立起来的和谐关系相协调。这个答案，已经得到诸多精神医学家的证实。

17 在《精神医学法则》（*The Law of Mental Medicine*）一书中，汤姆逊·杰伊·哈得逊说：

像所有自然法则一样，就其应用来说，精神医学的法则是普遍适用的；而且，像所有其他法则一样，它也是简单的、容易理解的。如果我们承认：在健康状态中存在着一种控制身体功能的智能，那么接下来必然会得出这样的结论：在生病的情形中，同样的力量或能量没能发挥作用。这种力量既然失败了，那么就需要帮助它；这就是一切治疗手段旨在实现的目标。对于恢复身体的正常状态，再聪明的医生也不敢说能比"自然的帮助"做得更多。

需要这种帮助的正是精神能量，这一点没人否认；因为科学家告诉我们，整个身体是由智能实体的联盟所组成的，每一个智能实体，都以一种刚好适合其作为联盟成员的特殊职责的智能履行其自身的功能。事实上，任何生命都有心智，从最低级的单细胞生物直到人都是如此。因此，正是精神能量，使得身体的每一根纤维在其所有的状态之下运动起来。有一个中央智能控制着每一个这样的心智生物体，这一点是不证自明的。

这一中央智能，究竟只是身体的所有细胞智能的总和，还是一个独立的实体，在身体死亡之后还能够维持独立的存在？这个问题，跟我们眼下所从事的研究并没多大关系。对我们来说，只要认识到这一点就足够了：这一智能是存在的，并且，它目前是控制性的能量，通常控制着组成身体的无数细胞的行动。

那么，当精神生物体因为各种原因而未能履行其跟身体构造的任何部位有关的功能时，一切治疗手段打算激活的，正是这一精神生物体。因此，精神疗法是激活精神生物体的主要方法和常规方法。也就是说，精神疗法对精神生物体的作用比其他疗法更直接，因为它更清晰地作用于后者。尽管如此，但也绝不排除物理疗法，因为所有经验都表明：精神生物体对物理刺激和精神刺激都能做出响应。

因此可以有理由声称，在疗法上，在其他条件相同的前提下，精神刺激在效果上必然比物理疗法更直接、更积极，道理很简单：一方面它是智能的，另一方面它是清晰的。然而必须指出，即使是在物理治疗实施过程中，完全消除心理暗示也明显是不可能的。极端者甚至声称，物理治疗的全部效果都要归功于心理暗示的因素，但这个说法似乎站不住脚。有点把握的说法顶多是：物理治疗，在其本身并不肯定有害的时候，是好的、合理的暗示形式，同样被赋予了某种类似于安慰剂的疗效。还有一点可以肯定：治疗方法无论是物理的还是精神的，它们都必定会直接或间接地赋予控制身体功能的精神生物体以生机。否则的话，治疗效果就不可能持久。

在生命的身体、心理、道德和精神层面上，组成人的实体的元素和力量正常而和谐地振动时，才会有所谓的健康。

防止疾病的唯一手段就是“服从规律”，它也是治疗疾病的唯一手段。

我们由此得出结论：所有疗法（无论是物理的还是精神的）的治疗价值，都取决于各自产生下列效果的能力：刺激主观心智进入常规活动状态，并把它的能量引入适当通道。我们知道：心理暗示比其他任何已知的治疗手段都更直接、更积极地满足了这个要求；而且，在外科领域之外的任何病例中，这就是为恢复健康而必须做的一切。它也是我们所能做到的一切。精神生物体是身体内部健康的基础和源泉，宇宙中的任何力量，都不可能比激活精神生物做得更多。谁也创造不出比这更大的奇迹。

18 而克劳斯顿教授在对皇家医学协会发表的就职演说中曾说：

我希望今天晚上能确定或强调一个这样的原则，我认为，实践医学中对这个原则的考虑是不够的，而且常常是根本就没有考虑。它建立在生理学的基础之上，有着最高的实践价值。这个原则就是：大脑皮层，尤其是精神皮层，在机体中拥有一个这样的位置：在每一器官的所有疾病中，在所有活动中，在所有伤害中，必须以一个或多或少的利好或利坏的因素来看待它。从生理学上说，皮层是所有机能的大调节者，是每一种器官紊乱的永远活跃的控制者。我们知道，每一个器官和每一种机能都被表现在皮层中，而且被表现得能把它们全都带入正确的关系中，彼此之间互相协调，所以，它们全都可以通过皮层被转换为一个生命整体。

生命和心智，是组成一个真实动物生物体的有机整体的两大要素。人的大脑皮层是进化金字塔的顶峰，进化金字塔底座，是由密密麻麻的细菌，及其他我们如今看到几乎遍布自然界的单细胞生物所组成。它看来好像就是从最初起步的所有进化的终极目标。在大脑皮层中，其他的每一器官和机能都找到了它们的有机目的。在组织结构上——就我们迄今所知道的而言——它的复杂性远远超过其他器官。

如果我们充分认识到，每一个神经细胞的结构（有着许许多多的纤维和树突），以及神经细胞彼此之间的关系；如果我们能够证明，皮层是用来实现神经能量的普遍交互的器官，连同它的绝对一致，它的局部定位，以及它为心智、运动、感性、营养、修复和排泄所做的奇妙安排——当我们充分认识了所有这一切的时候，对于大脑皮层在器官等级中的支配地位就不会有进一步的疑问了，对它在疾病中的最高意义也就没什么疑问了。

19 这在病例中已经得到佐证。《柳叶刀》杂志记录了巴尔卡斯医生的一个病例：一个58岁的女人被认为所有器官都有病，哪儿都疼，她尝试过每一种治疗方法，但最后被纯粹而简单的精神疗法给治好了。医生让患者确信她目前的状况肯定会导致死亡，并让她深信：倘若由富有经验的护士来护理的话，某种药绝对能治好她的病。然后，便在每天的7点、12点、17点和22点给她一汤匙蒸馏水，继之以精心的护理。不到三个礼拜，所有疼痛都消失了，所有病都治好了，而且一直未曾复发。这是一次把任何物理治疗都排除在外的颇有价值的实验，它证明仅仅通过精神因素同样可以治愈一种病。当然，它通常也可以跟物理治疗结合起来。

20 包括你我在内的很多人都很容易相信，只有神经疾病或机能疾病，才可以通过心理方法或精神方法来治疗，但事实并非如此。阿尔弗雷德·T.斯科菲尔德在《心智的力量》(*The Force of Mind*)一书中说：

在一份已发表的250个病例的清单中，我们发现了5例“肺病”，1例“髋关节坏死”，5例“脓肿”，3例“消化不良”，4例“内症”，2例“咽喉溃疡”，7例“神经衰弱”，9例“风湿病”，5例“心脏病”，2例“手臂萎缩”，4例“支气管炎”，3例“弱视”，1例“脊骨断裂”，5例“头疼”。这些病都是同一年上伦敦市北的一家小礼拜堂的治疗结果。

国内和欧洲大陆的温泉疗养地（有着川流不息的含硫黄和铁的矿泉水）的“治愈”是怎么回事呢？

医生真的归功于温泉疗养地、真的打心眼里相信这些病例中的所有治愈都是通过水、水和食物，甚或是通过水和食物和空气实现的吗？或者，他真的不认为一定还有“别的东西”吗？请走进疗养院、进入所有事情的中心，以及他所有秘密的内室吧：在他自己的诊所里和他自己的执业实践中，医生难道不曾面对他自己也无法解释其原因的治愈——是的，还有疾病——吗？当他继续使用本地医生所发明的疗法时，他难道没有经常为它的疗效而感到惊讶吗？

那些有意识地去实现思想力量的人往往能够享受更好的生活，他们将那些高等级的实物变成了日常生活切实有形的组成部分。

任何一个富有经验的医生难道真的怀疑这些精神力量吗？他难道没有认识到如果把“信念”的因素添加到他的处方中常常会让他的药更加有效么？他是否通过实验认识到了坚称药物一定能产生如此这般的效果这一做法的价值呢？

那么，如果这种力量真的那么广为人知的话，究竟为什么会被忽视呢？它有自己的作用规律，它的局限性，它的或好或坏的力量；它难道不能给医科学生以明显的帮助吗？如果他的老师向他指出这些，而不是他从一大堆毫无规律的成功中瞎琢磨出来的。

然而，我们终究还是倾向于认为，一场无声的革命正在医生们的头脑中缓慢发生，我们现在这些关于疾病的教科书（仅仅满足开出数不清的处方，再结合一点作为严肃考量殊无价值的精神治疗），最终将会被其他的包含我们这个世纪更有价值的观点的教科书所取代。

第 10 课 健康要有平常心

LESSON TEN

1 维吉尔说:“找到了事物原因的人是幸福的。”

2 梅奇尼科夫认为，科学的最终目的，就是通过卫生及其他预防措施，使世界摆脱掉苦难。他在研究过身体之后，所尝试的事情就是把伦理应用于生活，这样生活才会过得丰富，这才是真正的智慧。他把这种状况称为“正常生活”。

3 梅奇尼科夫夫人转述她丈夫的观点说，如果我们想要经历生活的正常周期——即“正常生活”，我们的生活方式就必须依据理性的、科学的时间表去改变、去指导。对于所有人来说，除非知识、正直和团结在人们当中不断增长，除非社会环境更友善，否则，正常生活是不可能实现的，这和人类的道德基础是并行不悖的。

4 像人类所拥有的其他能力一样，信念也有一个它赖以发挥作用的中心——松果体。信念通过人体的器官来暗示自己，因此是“身体的”，就像疾病可能是“精神的”一样；精神和身体只是人这个既伟大又普通的个体的组成部分。疾病的治疗需要用到“宇宙力”，这种力量可能以不同的形式，如上帝、大自然、自然治疗力、气、逻各斯、神来彰显，但是无论以何种方式，都无外乎物质手段或者精神手段。

5 巴特勒医生告诉我们："柏拉图说，人是一株根植于天上的植物。我很同意这个说法，但他也是一株根植于地上的植物。"事实上，可以说人有两个起源，一个是尘世的、肉体的，另一个是精神的，不过后者源于前者——所以，最终的起源是一个。

每个人都有自己的精神特性，所以必定存在着统治精神世界的基本法则，无论受重视与否，这些精神法则都要发挥其作用。

结果是显性的，而原因是隐性的，因此我常常只找到结果而找不到原因。只处理"果"而不找诱因，治标不治本。

6 人是一个生物体。德・昆西把生物体定义为一组部分作用于整体，反过来整体又作用于所有部分。这个定义简单而真实。

7 具有讽刺意味的是，心智尽管是人类生物体作用与反作用的主要部分，通常也是决定性的部分，但它却未被纳入正规医学研究的范围，否认它是几乎所有并非由传染引起的身体疾病的主要原因。但近年来，身体中毒和内分泌紊乱开始越来越引起人们的重视，医学研究者们也开始试图在身体之外作用机制中寻找答案，并将它明确地定位于心智的状态。这些状态开始进入诊断学的范围；先进的医学技术也把它们纳入了治疗学中。

8 其实人们关于心智对身体有何影响的研究开始得很早，甚至可以追溯到希波克拉底，或许比他更早。14世纪的时候，曼德维尔就曾赞成让一个求医问药的人背诵几首《赞美诗》；他也不反对通过朝圣来寻求健康——他认为，在善的潜力巨大的时候，百害莫侵。在朝圣的路上（通常是步行，大部分时间在户外度过），体育运动的价值几乎用不着指出。在中世纪及其稍后，许多名医都坚持要患者（不管他们多有钱，出身多高贵）从他们的住处徒步前来求医，而且要十足的谦卑，否则就拒绝施治，这种办法治好了许多嗜睡症和肥胖症。这些都是古代心智应用的实证。

9 罗耀拉说："要带着万事全靠你的想法去做每件事，然后，仿佛万事全靠上帝那样去期待结果。"这阐述的是一种做事的态度，一种心智状态。

10 相对于那些固执、酸腐的学究们，各康复学派的最明智、最宽容、最开明的解释者，总是慷慨地承认其他学派的价值和本学派的局限。那些负责任的、真正尊重职业荣誉的医学人员，在处理科学的时候会使用所有有益的、建设性的手段。因此，有一位杰出的神秘论者说：

在错位、脱臼或骨折等病例中，获得解救的最快捷的办法就是去请一个有能力的医师或解剖专家，让他去护理受伤的部位或器官。在血管或肌肉破裂的病例中，应该立即寻求外科医生的帮助。这倒不是因为心智治不好任何病或上述病症，而是因为：在当下，即使是在受过教育的人当中，心智在很多时候都因为误用或不用而软弱无力。为了避免不必要的痛苦并尽快痊愈，精神治疗应该配合着这些身体治疗。

11 先贤威廉·奥斯勒爵士说："科学的救助，就在于对一种新哲学的认识——这就是柏拉图所说的'科学之科学'：'如果研究这些学科深入到能够弄清它们之间的相互联系和亲缘关系，并且得出总的认识，那我们对这些学科的一番辛勤研究才有一个结果，才有助于到达我们既定的目标，否则就是白费辛苦。'"[《旧人文与新科学》(*The Old Humanities and the New Science*)]

12 科学家们假设，只有一种物质，并因此推论出：科学就是这种物质而非其他物质的科学。然而他们却不得不面对这样一个事实：他们的这种物质被分开了，而且，当他们把它分解到最细微的程度时（例如原生质），就不得不面对比他们所熟悉的，或者能够充分解释的规律更高的规律。然而，许多视野更宽广的科学家却开始看到了"第四度空间"，并承认这样一个事实：可能存在完全超出化学试验和显微镜头之外的物质。

13 一个崭新的时代正在向我们走来，电报和无线电如今已经普遍应用于我们的日常生活，利用所有的信息和知识通道四通八达、畅通无阻。因此，疾病从所有已知的康复技术中受益也便指日可待了。

14 每个人都有自己的精神特性，所以必定存在着统治精神世界的基本法则，无论受重视与否，这些精神法则都要发挥作用。医生总是由于拒绝承认患者的精神特性而害人不浅，而玄学家们则走向了另一个极端，他们总是由于不承认患者的身体是内在精神的肉体表现，不承认身体的状况只是精神的表达，而贻误苍生。

15 有了近些年所涌现出的关于心智的智慧作为坚强的后盾，我们立即认识到：病原体不仅是疾病的原因，而且也是疾病的结果，而过去被认为是疾病的罪魁祸首的细菌是疾病产生的结果而不是导致疾病的原因。

16 结果是显性的，而原因是隐性的，因此我常常只找到结果而找不到原因。只处理“果”而不找诱因，治标不治本，不过是用一种形式的痛苦去替代另一种形式的痛苦，不能根除疾病。如果我们的目的是要救治痛苦，要想标本兼治，那么我们就该去寻找导致“果”产生的那个“因”，而这个“因”绝不可能在“果”的世界中找到。

当你刻意地去做一件事，这是显意识的结果。我们需要把它们变成自发的意识，或者说潜意识，习惯渐成自然，这些新行动又渐渐变成了自然的习惯，继而成为潜意识，从显意识到潜意识的转变，其实就是从刻意到自觉再到习惯的转变。

17 在这个新的时代，反常的精神状态和情绪状态马上就会被发现，并得到纠正。毁灭中的生物组织会被根除，或者通过医生治疗时的建设性方法而得以重建。反常的损害会通过建设性的治疗而得到纠正。但是，比所有这一切都远为重要的，是主要的、本质的观念，是所有结果赖以为基础的观念，而且，不要让任何不和谐的或破坏性的思想接近患者，对患者及其周围的人来说，所有的想法都应该是建设性的，因为每个医生、每个护士、每个陪护、每个亲友最终都会认识到：想法是精神性的事物，它们一直在寻求彰显，一旦找到沃土，它们就会立即生根发芽。

18 有的患者的反应不十分灵敏，不能立即对客观世界的想法和影响他们健康状况的周围环境，做出及时准确的反应。甚至有的患者，会把伪装了的破坏者，误认为是来拯救自己的天使心肠的慈善家，而报以热烈的欢迎。这些欢迎将是下意识的，人们总是受潜意识的支配而行动。

19 显意识的心智，只通过感觉器官，即目、耳、鼻、舌、身来感受客观世界，接受想法，使人产生视觉、听觉、触觉、味觉和嗅觉这五种感觉。

20 与显意识不同的是，造物主没有明确规定哪些器官是专门用来感受潜意识的。下意识想法则是通过任何受到影响的身体器官来接收，并把接收到的想法具体化。首先，有数百万的细胞化学家准备并等待执行它们所接收到的指令。其次，由巨大的交感神经系统所组成的整个通信体系会延伸到每一根生命纤维，准备对轻微的情绪做出反应：快乐或恐惧，希望或绝望，勇敢或无力。接着有一连串的腺体所组成的完整的制造车间，细胞化学家们用来执行指令的所有分泌物都是在这里制造的。然后有整套的消化器官，食物、水和空气在这里被转变为血液、骨头、皮肤、头发和指甲。然后有供应部门，源源不断地把氧、氮和醚送入生命的每个部分，它的全部奇迹就在于：醚使得细胞化学家所要用的每一样东西都处在溶解状态，因为醚把细胞化学家在制造一个完美个人的时候所需要的每一种元素保持在纯粹形态中，而食物、水和空气则把这些保存在次要形态中。

21　下意识就像一个规模宏大的工厂，拥有一整套排泄废料的装备，以及一整套修复各部门的装备。在我们周围或许存在各种各样的通信讯号，但如果我们不利用放大器，就接收不到任何信息，我们的下意识无线电也是如此。如果我们不设法让潜意识和显意识协同合作，我们就认识不到：下意识在不断地接收某种信息，并不断地在我们的生活和环境中把这些信息具体化。

22　如此高效而完备的系统就是造物主亲自发明和设计的机能，并把它置于潜意识心智而不是显意识心智的监管之下。人类需要时刻谨记的是：潜意识往往要依靠显意识而得以彰显，当潜意识心智同它所有神奇的机能与“普遍适应的理念”相协调的时候，是受显意识心智控制的，在普遍适应的理念中，所有这一切都保持着开放的状态。

23　处于自然世界中的人或物，为了认识那些有待于我们去认识的新观念，必定要从自然的层面上升到超自然的层面，从感性认识上升到理性认识。这一层面是通过内心的平和来达到并实现的。

24　造物主为人类想得很周到，我们人体内部是一个和谐的系统，平和的内心促成细胞的协调，使之产生自动的修复过程，从而使疾病得以恢复。所以，我们必须记住，不能喂细胞吃，而应让它们自己吃；任何企图强迫它们接受超过它们所需给养的努力，都会导致灾难。它们自动接受它们所需要的，拒绝对它们有害的，不需要外力的干涉。

第11课 你必须发自内心地相信自己

LESSON ELEVEN

1 亨利·布鲁克斯先生的著作《自我暗示的实践》(*The Practice of Autosuggestion*)提及了他在埃米尔·库尔医生的诊所进行的一次有趣且极富教益的拜访。这个诊所位于南锡市圣女贞德路尽头库尔医生宅邸内一座怡人的花园里。亨利·布鲁克斯先生说，当他到达时，已经人满为患，但还有人不断想要进入。一楼已经被人全部占满，门口仍挤满了人，所有的椅凳都坐满了前来求诊的虔诚的患者。

2 他接着讲述，库尔医生大部分不同寻常的治愈病例，仅仅是给患者以暗示：即康复的力量其实就潜藏在他自己身上。还有一家由考夫曼小姐负责的儿童诊所，在这项工作中，她毫不吝啬地投入了自己所有的时间和精力。

3 布鲁克斯认为，库尔医生的发现，可能会给我们的生活和教育带来深远的影响，“它让我们懂得：生活的重负，至少在很大程度上是我们自己造成的。我们在自己身上以及在周遭的环境中重现了头脑中的想法。更深层次地说，它为我们提供了一种避恶扬善的手段，改变我们原本坏的想法、鼓励好的想法，从而改善我们的个体生命。这个过程并非终止于个人，社会的思想在社会环境中被认识，人类的思想在世界环境中被认识。从幼年起就培养一代人的自我暗示的知识和实践，对于这样一个社会问题和世界问题，我们又该采取怎

样的态度呢？一旦我们都在自己的内心找到了快乐，那么，是否会继续贪婪，想要拥有更多呢？自我暗示，需要改变态度、重估生命。如果我们一直面朝西方，我们就只看得到乌云与黑暗，而只要轻轻地回过头，就能看到壮丽的日出以及更为宽广的视野”。

4 医学博士范·布伦·索恩一篇类似的文章也在1922年8月6日的《纽约时报》上发表，文章评价库尔医生的工作说，埃米尔·库尔精心设计的这套治疗精神和身体疾病的体系，其本质可以概括如下：

个体拥有有意识和无意识两种心智，心理学家称后者为潜意识心智，一直扮演着显意识心智谦卑而温顺的仆人。它主管和监督我们内部组织的食物消化，肌体修复，废物排泄，以及重要器官的功能和生命本身的持续。

库尔医生认为，当有意识心智中产生要额外努力修复某种缺陷（无论是身体还是精神的）的想法时，个人要做的，就是把这个想法明白无误地传达给潜意识心智，这位谦卑温顺的仆人就会立即服从指令，不存在任何质疑。

5 库尔医生、布鲁克斯先生，以及许多法国、英国和欧洲其他地方的名流要人都曾声称：他们直接观察过许多病例，可以称得上是奇迹的结果。而对于那些因不曾目睹过这一治疗形式所能产生的神奇疗效，而对此抱有怀疑态度的人来说，不妨让他们知道库尔医疗法的三个实例，很可能他们就会改变态度。首先，库尔医生多年来一直免费为有需要的患者服务；其次，他总向病人坦言：自己并没有治疗的力量，一辈子从未治好过一个人，关键在于患者本身，自己才能真正拯救自己；第三，任何人在治疗的过程中无须任何咨询以及其他任何人的帮助。还可以补充一点：即使是一个小孩，一旦领会了显意识心智和潜意识心智这个事实，并能正确地加以运用，他就能成功地进行自我治疗。

6 在此书的封面上，布鲁克斯先生引用了《新约·哥林多前书》中的一句话："除了在人里头的灵，谁知道人的事。"选择这句话，布鲁克斯是将它作为《圣经》中提及显意识心智和潜意识心智存在的证据。但是，其所使用的方法或其结果可能具有的宗教意义，不论是库尔医生的治疗，还是布鲁克斯的这本关于治疗的书，最终都没法详细阐明。

7 库尔医生在南锡所进行的医疗实践，之后得到了迅速传播，然而，他坚持认为，这套方法的治疗效果的公认与传播得益于一句口碑：“日复一日，我在方方面面都越来越好。”他并没有强调他所谓的治疗的宗教意义，然而，布鲁克斯先生说：“那些具有宗教情怀的人，如果真的希望把这句口头禅跟上帝的关怀、保护挂钩，也可以这样说：‘日复一日，在上帝的帮助下，我在方方面面都越来越好。’”这种疗法的成功之处，就是要在显意识心智中产生这样的信心：它所强调的，在其表面价值上被潜意识心智所接受，正如布鲁克斯说的：“一个想法进入显意识心智，一旦被潜意识心智所接受，就会变为事实，形成我们生命中一个永远也无法消除的要素。”

康复的力量，其实就潜藏在我们自己身上。

一个想法进入显意识心智，一旦被潜意识心智所接受，就会变为事实，形成我们生命中一个永远也无法消除的要素。

8 现在，让我们追溯一下这本书的创作过程，以便了解库尔医生的工作。布鲁克斯先生出生在英国，很有兴趣直接观察库尔医生在南锡的工作。库尔医生在此书的序言中说，头一年的夏天，布鲁克斯先生对自己做了一个访问，花了几周的时间。他是第一个带着明确的研究目的——有意识的自我暗示方法——来到南锡的英国人。为接近这个目标，他参加了库尔医生的会诊，完全掌握了这个方法。两个人接着一起反复研究了这种疗法所依据的诸多理论。

9 库尔医生说，布鲁克斯先生能巧妙地抓住治疗方法的本质，并以自己简单而清晰的方式表达出来。他还说：“不论是需要获得治疗的病人，抑或是为了防止将来生病的健康人，都应该遵循这种方法。我们能够通过践行靠自己的力量确保自己长寿，能拥有极好的健康状况，不论是心智健康，还是身体健康。”

10 接下来，就让我们随着布鲁克斯先生去拜访库尔医生的诊所吧。房子的后面是一座花园，鲜花盛开，果实累累，令人心旷神怡。患者坐满了花园的长椅，候诊室和会诊室内都挤满了来自四面八方的患者，有男人，有女人，还有孩子。

11 库尔让患者确信自己正在一点点好转，并补充说：“你曾在自己的潜意识里播下了坏的种子；如今，播下些好的种子吧，之前的那种力量，将同样带来好的结果。”

12　对一个抱怨连天的女人，他说："夫人，您过于执着于自己的病了，太多的想法正在给您创造新的疾病。"对一个患头痛的女孩、一个眼部红肿的年轻人、一个患静脉曲张的劳工，他不厌其烦地反复说明：他们的痛苦将在自我暗示中被完全解除。他走向一个神经衰弱的女孩，这个女孩已经来过诊所三次，并在家里遵循这个方法做了10天的治疗。她说，她正在好转。如今她吃得香、睡得好，正开始享受全新的生活。之后，一位曾经是铁匠的高大的农民引起了他的注意。他说，差不多10年来，他不能把手臂抬到肩部之上。库尔预言，他会彻底痊愈。再之后，他开始关注那些自我认定已经受益的患者。一个女人胸部有疼痛的肿块，被医生诊断为癌症（在库尔看来，这一诊断是错的）。她说，经过三周的治疗，自己已经完全康复了。另一位患者则成功地战胜了贫血，体重增加了9磅。第三位患者说，自己的静脉曲张溃疡已经治好了。第四位患者，一个被认定会终生口吃的人，声称自己已经痊愈。

13　此时，库尔再将注意力转向之前的那位铁匠，对他说："10年来，你一直认为自己不能把手臂抬到肩部之上，所以你不去做，然而，有时我们所想的，会让我们误以为是事实，现在，你转变思路，对自己说：'我能抬起手臂。'"铁匠满脸疑惑，半信半疑，嘀咕着："我能抬起手臂。"并试着做了一次，说手臂很疼。

"坚持住，别放下，"库尔用命令式的口气对他大喊："你要想：'我能，我能！'然后慢慢闭上你的眼睛，以最快的速度跟着我重复：'起来了，起来了。'"

半分钟后，库尔说："现在，认真想：你能抬起手臂。"

"我能。"此人开始对此深信不疑，然后高高举起了手臂，很得意地保持着这个姿势，让所有人都见识到这个成果。

库尔医生平复了一下自己的情绪，说："我的朋友，恭喜你已经把自己治好了。"

"不可思议，难以置信！"铁匠终究还是一头雾水。

库尔请他拼命击打自己的肩膀，以此来确信事实的存在。于是，有节奏的击打落在医生的肩膀上。

"够了，"库尔喊了一声，顺势躲开铁匠那重锤般的拳头，"你可以回到你的铁砧旁边了。"

14　此时，他转向了一号患者，那个步履蹒跚的男人。那个人被刚才的一切所鼓舞，心里扬起了信念的风帆。在库尔的指导下，他果然控制住了自己，在短短几分钟内就真的能从容前行了。

库尔继续说：“当我看完门诊时，你应该有能力在花园里跑了。”

预言很快应验了，患者以每小时5英里的速度绕着围栏轻松地跑了起来。

> 恒星与行星在各自的轨道上井然有序地运行，一切成就也都按照属于自己的正常顺序实现。我们首先希望，然后相信，继而尝试，第四步都是我们拥有知识。

15 接着，库尔概括了一些特殊的暗示。他让患者闭上眼睛，用低沉、单调的声音对自己说如下的话：

“我即将说出的每个字都将铭刻在脑海，它们会一直固定在那里，所以，如果没有你的意志和认知，没有以任何方式意识到正在发生的事情，你自己以及你的整个生物体都会服从它们。让我告诉你，首先呢，每天早、中、晚吃饭的时候，你都会感觉到饥饿；也就是说，你会感觉到：‘要是有什么吃的东西就好了！’然后，你大快朵颐，尽情享受食物，但绝不会吃太多。要适可而止，然后你就会本能地知道什么时候算是吃够了。你会充分地咀嚼，把它转变为糊状，然后再下咽。这样，你会很好地消化食物，不会让胃和肠部感觉不适。完美地执行消化过程，你的生物体会尽最大可能利用食物去创造血液、肌肉、力气和能量，一言以蔽之——创造生命。”

16 布鲁克斯说：“库尔医生与考夫曼小姐他们把个人财富和整个生命都投入到了为他人服务的工作中。不论在多么困难的时刻，他们从未收过患者一分钱，也从未拒绝过任何患者。如今，这种疗法已名声远扬。库尔在自己的这项工作中花费了大量时间，有时一天甚至多达十五六个小时。在‘诱导自我暗示’的治疗领域，他堪称纪念碑。”

17 韦尔特默先生在《再生》(*Regeneration*)一书中说：

人类所参与的最近的一场战斗，如今正在继续。这不是一场大炮和利剑的战斗，而是一场观念的冲突。它不是破坏性的，而是建设性的。它不是一场毁灭之战，而是一场完成之战。它不会加深冲突，而是要确保和谐。它不会把人类大家庭结合在一起，编织进结合与联合、会所与聚会中；而是让人类种族个性化，人人都将特立独行，承认自身之内存在所有的可能性，承认自身之内所有的神性法则，组成完美整体的一部分。

当一个人这样看自己的时候，他就会看到这个内在的王国，不是在他的内心，而是在所有人的内心。我们必须设想：要完成我们决心要做的工作，其力量就存在于心智之中；但在我们把这项工作付托给心智之前，我们必须有一个清晰的观念：我们所要做的究竟是什么。为了让身体再生，我们必须推定或假设这个想法是对的：创造生命与健康的力量就在我们自己身上；我们必须懂得：它产生于何处，是如何产生的。

只要我们能理解这一点，只要遮蔽我们的无知面纱能够被掀起，并允许我们窥探知识的宝库，像允许先知和预言家们所窥探的宝库一样，只要我们能够攀上摩西所站立的地方，并放眼全景，只要我们能经历保罗在说下面这句话时所做的事情："我不知道我是在身体之内还是在身体之外。"我们就能够理解他所说的话："我们身上所显露出来的光荣，眼睛未曾看见，耳朵未曾听见，人心也未曾想到。"

18 大脑就是这样一种器官：我们凭借它与身体的其他器官交流想法，并通过感官从外部接收印象。伟大的人之所以能发展出比一般人更为精密的大脑品质，就在于他们拥有不同于一般人的伟大思想。这使得人们认为，精密的大脑才能诞生伟大的心智，如果他们能把大脑当作容易腐烂的身体上的其他器官一样看待，他们就会知道：它只是赖以表达心智的器官，仅此而已。

19 当我们抱持一种信念，这种信念便进入并控制了我们的心智。所以，一个在贫困中辛苦挣扎的人，只要增强他的信念，他就一定能挣脱贫穷的镣铐。

20 暗示的影响力在于它的控制性，这种控制性必须是一种未受干扰的正面暗示；被接受暗示的人必须将其看作生命中固有的，绝非能轻易改变或修正的。

21 还有一种应用暗示原则的方法，蒙大拿州汉密尔顿市的J.R.西沃德先生描述过这种方法。他说：

我是个36岁已有家室的男人，家人为我摆脱了吸烟而感到高兴。我吸了（或者毋宁说是吃了）15年的烟。一开始我并非想要形成吸烟的习惯，而是认为它有助于我长大成人。在这个习惯不受阻挠地发展了几年之后，我发现，自己被一只行动迟缓却不断长大的章鱼给牢牢抓住了，我身陷其中，不能自拔。

我在一家木器店里做木工活儿，所有木工都知道，木材中有某种东西让人想嚼烟草。当我染上这一恶习的时候，我一天到晚都在吸烟，起初能得到强烈的满足，后来就不满足了，我开始很想知道自己会走向何方。慢慢地，我意识到自己已经成了烟草的奴隶，我开始考虑减少烟量，或者彻底戒除。

我马上就要向你解释我妻子帮我戒除恶习的方式，并让我们确信：如果应用恰当的话，暗示所具有的神奇力量。

当我们抱持一种信念，这种信念便进入并控制了我们的心智。

我们把大部分思想和精力都投放到那些没有生命的物体上了，以至于许多人根本就没有想到精神便浑浑噩噩地在这个世界上走一遭。

大约在我最消沉的时候，某部著作引起了我的注意，这部书讲到了受控制的思想所具有的力量，我开始对研究这个很感兴趣，但当我阅读、思考并开始在我们的日常生活和环境中寻找证据的时候，我逐渐了解了真相。我开始懂得，生命现象是被内心所养育、从内心中生长出来的，如果内心处在腐朽的状态，它总是会在外部显示出来。事实上，如今我懂得了耶稣基督的话，“他心如何思量，他为人就如何”是什么意思。如果你认为自己是烟草或其他不良习惯的奴隶，你就会是奴隶。你必须认为自己一直是自由的。

但是，要让一个人想象自己远离一种像思想本身一样紧紧缠住他的习惯，是一件很难的事，别人帮不上忙。在我们为了戒除我的嚼烟习惯而试着暗示的时候，我和一个孩子睡在一间卧室里，而我妻子则和我们当时最小的只有8个月大的孩子睡在另一间卧室里。像往常一样，她在夜里不得不经常起来照看孩子，正是在这个时候，她趁我睡着给我做精神治疗。

不必在同一个房间里，尽管那样也很好。在我熟睡的时候，她会设想自己仿佛就站在或蹲在我的床边并对我说话。她的暗示是建设性的、正面的，而不是负面的。就像这样：“如今你渴望摆脱嚼烟的习惯；你是自由的，渴望并享受控制，而不是沉湎；明天你会只想要平常一半的烟量，而且每天都会减少，直到你在一个礼拜内彻底摆脱它，再也不想烟草了。你是主人，你是自由的。”

每当她在夜里醒来的时候，都对我做上述暗示，而我则发誓在她开始治疗之后的六天之内彻底放弃对吸烟的渴望，彻底戒除吸烟。

那是几个月前的事了，今天，在生活中我已经比从前更能控制思考和言行的习惯。我已经从一个瘦弱不堪、神经崩溃的人，变成了一个体格健壮、精力充沛、思维清晰的人，每一个认识我的人，都注意到了我的外貌和举止发生了多么大的变化。打那儿以后，我就开始从事建设性的定向思维的研究和实践。

22　众所周知，人们在无线电报或电话中使用了一种被称作“调谐线圈”的装置，能产生与一定波长的电波相和谐的振动。它跟波的特殊音调合拍，因此是和谐的，能够使振动畅通无阻地走向接收装置。与此同时，还有其他“音调”更高或更低的其他无线电波振动经过，只有那些和谐的振动才会被接收器所记录。

23 几乎同样是以这样的方式，我们的心智通过意志力来控制我们的“调谐线圈”。为了达到和谐，我们可以根据低频振动的思想（比如动物的自然刺激）调整我们的心智，也能依据教育性的或精神性的思想加以调整，又或者在满足某些条件后，索性让自己成为纯粹的接收装置，单一接收精神性的思想振动。人就是拥有这样的“神力”。显然，一旦这一建设性的定向思维得不到应用与可视化，不要说金碧辉煌的大厦，哪怕仅仅是一幢粗糙简陋的茅屋也绝不可能存在于我们的视线之中。

24 所谓推销术，其实就是对暗示的理解和巧用。用得巧妙，往往能松懈对方的显意识注意力，激活并加速他的欲望，直到他做出赞同的响应。正是因为正视到了这种把暗示推入欲望中心的力量，才诞生了橱窗展示、柜台展示以及图画广告等花样翻新的推销方式，通过这些方式，暗示变得愈发强烈，一旦跟欲望的思想振动相和谐，就会强力促使行动的付诸实施。一旦暗示并未得到认可，或者跟欲望表现出不和谐，那么，它就像是“一颗落在石头地里的种子”，不会产生任何果实。

25 所以说，想法加行动能直接导致结果，这样的关系无疑体现在建筑师和他的设计图中、裁缝和他的图样中，以及学校和它的产品中，产生的结果全都与主要的建设性思想相和谐。生活成功的程度，思想的质量是决定因素。

第12课 人人都是自己的心理医生

LESSON TWELVE

1 麦克白问医生："你难道不能诊治那种病态的心理吗？"——但这一段用来解释心理分析实在是再合适不过了，以至于我不得不把它完整地抄在这里：

麦克白：你难道不能诊治那种病态的心理，从记忆中拔去一桩根深蒂固的忧郁，拭掉那写在脑筋上的烦恼，用一种使人忘却一切的甘美的药剂，把那堆满在胸间、重压在心头的积毒扫除干净吗？

医生：那还是要仗病人自己设法的。

2 我们常常患上某种形式的恐怖症，其原因可以一直向前追溯到孩提时代；很少有人能免于某种形式的厌恶感，或"病态心理"，不管受害者愿意与否，这种影响每天都在发生。在某种意义上，潜意识不曾停歇，收藏着哪怕是点滴不愉快的记忆；与此同时呢，显意识在努力保护我们的尊严（也可以称作虚荣，随你怎么称呼）的时候，发展出的原因比最初的看上去更好。

3 由此形成了病态心理。有位患者由于在孩提时候听到过大炮在离她很近的地方轰鸣，于是患上了"恐雷症"。这件事他已经"忘却"了许多年，要承认这样一种恐惧，即使是只对自己承认，都显得有些孩子气。无疑正是这种伪装，使得心理分析师很难将这种根深蒂固的悲伤从患者的记忆中连根拔起，抹去那由来已久的烦恼，这些才是它的"创伤"，或最初的打击。希腊语单词

Psyche的意思不仅是“头脑”而且还是“灵魂”，如果我们还记得，将便于我们更好地理解莎士比亚对心理学的透悟，因为他不仅说出了“病态的心理”，而且还淋漓尽致地道出了“重压在心头的积毒”。

4 诸如此类的病态心理，其实我们每一个人都会有、都曾有，只是形式有所差别：或温和，或剧烈。因为厌恶某些食物，所以患上畏食症；因为害怕锁上的门，所以患上幽闭恐怖症，与此相对的，还有人害怕开阔的空间，会怯场，害怕触碰木头及其他迷信。这些五花八门的病态心理一时很难一一列举完整。

5 对于绝大多数病态心理，患者必须进行自我治疗。当然，这种治疗需要在有经验的心理分析师的帮助下进行。某些病例还需要精心设计治疗步骤，利用心理测试仪及其他精密的记录装置，但过程往往并不复杂。首先让患者彻底放松身体，安抚心灵；然后告诉他，把他头脑中浮现出来的、跟其病态心理有关的东西全部说出来——其间，心理分析师会给予适当提示和询问。那些已经根深蒂固的最初的原因或经历，在联想的召唤下会慢慢浮出水面；很多时候，仅仅是解释就足以根除那深深的困扰。

6 还有一组既是心理也是身体（或者二者可以互相引发）的紊乱——歇斯底里。理查德·英格勒斯在《心智的历史与力量》（*The History and Power of Mind*）一书中将这一问题总结得非常清楚：“疾病可以分为假想的病和真正的病。假想的病其实仅仅是一幅精神图景，却牢牢占据着患者的头脑，导致身体上的相应变化；产生这种疾病的原因，通常在于完全忽视解剖学或生理学的规律，难以治愈，因为这幅图景在拥有者心智中的地位难以撼动，因此，要进行治疗，必须首先彻底修正他的思维方式。一位声称自己有肾病的患者，探测到疼痛，生病的器官却在腰部几英寸之下，这样的情况其实并不少见。脾脏常常被猜想在身体的右侧，幻想中的肿瘤出现又消失。但是，一旦抱持这些精神图景的时间太长，就会创造出母体组织或旋涡，那些起初纯粹是假想的因素，最终会导致实际的疾病。”

7 大量的疾病追根究底都是由于抑制常规欲望，或者是由以往个人生活中的失调而引起的。心理分析一般都立足于这个假设。在类似病例中，疾病的根源往往隐藏得很深，甚至隐藏了许多年，必须彻底探查。

8 心理分析采取的手段，可以是通过梦境，或者是对梦境的解释，抑或通过询问患者过去的经历，以此来探查这样的难点。一名训练有素的分析师，首先要得到患者的信任，产生友好的亲近感，能让患者袒露自己哪怕是最隐蔽的经历。

> 疾病可以分为假想的病和真正的病。假想的病其实仅仅是一幅精神图景，却牢牢占据着患者的头脑，导致其身体上有相应变化。

9 患者一旦记起了某段特殊经历，作为心理分析师，就要趁机鼓励他详细谈论经历过程，让它从潜意识中逐渐浮现出来。然后，分析师要让患者清楚地看到导致他的疾病的根本原因所在，同时让他知道：只要彻底消除病因，伤害就会立即结束。

10 这就好比肉体中的外来物质。一个可怕的肿块，发炎、疼痛、让人苦不堪言；外科医生切除了肿块，剩下的就是等待时间的愈合了。心理的规律亦然。潜意识中如果真的存在什么异常活动，或者某些痛处正在发生溃烂，年复一年，只要运用精神分析给它定位、消除精神症结，并展示给患者看，精神疏导便大功告成。

11 休·T.帕特里克医生是西北大学医学院神经与精神疾病临床学的教授，他提到的几个病例十分有趣：

恐惧的因素，在很多官能神经性紊乱的病例中，影响力不可忽视。但在许多病例中，尽管病情同样重，这一因素却不是那么明显。后者当中有多个种类，可以分成许多组。一组患者从体形上看都很有胆量。几年前，有人跟我提到一个人，他在拳击场上大名鼎鼎，可以说是无所畏惧，是一个特别不爱操心的人，夸张一点，甚至可以说是无忧无虑。他就患有一些颇为令人困惑的神经症状，尤其是失眠症，缺乏兴趣，喜怒无常。通过细心的分析很快发现：某些微不足道的症状（起因于奢侈的生活和家庭摩擦）使他形成这样的意识：自己正陷入精神错乱。这种恐惧占据了他的灵魂，无法摆脱，让他无心做任何事。然而，患者本身丝毫没有意识到他的烦恼其实就是一种病，当然他的医生也忽视了。

正因为如此，他们根本无法从身体上治好这种病，不得不进行精神上的分析，从潜意识中找出恐惧的原因，并将它彻底暴露在患者面前。当患者得知病因时，其效果无异于从我们红肿的眼睛上拔下一根睫毛让你看。烦恼就此消失，因为你确信：病因已经被消除，你当时就将它忘记了。

在怀俄明州有一位绵羊牧场主，他说自己患上了失眠症、厌食症，肚子疼，经常神经过敏，根本无力照料牧场。他的问题，其实是恐惧胃癌。这种恐惧使他勇气丧失，导致他对自己身体感觉的极度夸张。

这位牧场主原本就不是一个懦弱的人啊。我曾经在一次关于他的买卖的交谈中听说过一件事：有一段时期，绵羊养殖被西部的牛仔们搞成了一项危险职业。在那些年头里，尽管他睡觉时一直随身携带一支来复枪，但他依然生活得很平静。一次，他得到通报，说有三位牛仔已经动身前来“逮他”，消息确凿。于是他武装完毕，飞身上马前去会见。用他自己的话说，他成功“说服他们离开此地”，三个未遂的刺客打马转身，疾驰而去。他在这次遭遇中没有丁点儿的忧虑或者是不安。

12 站在身体的角度上说，他很有胆量，但一旦内部机体似乎出了点什么毛病时，他就束手无策了。医生一确定他害怕的根源，马上向他表明（大概借用了X光片或者诸如此类的媒介）：其实他什么病也没有。接着把患者的注意力转移到那个其实根本就不存在的恐惧上，医生让患者确信：他的恐惧没有任何根据。

13 还有一个病历：一位49岁的警察不幸患上了失眠症，头疼、神经过敏，体重下降，一时难以治愈。他不是一个疑神疑鬼、容易恐惧的人。他多年来执勤的地方一直都是芝加哥市治安很糟糕的地区之一，由于对罪犯熟悉，他总是被派去搜捕最恶劣的罪犯。他参加过的“枪”战不计其数。一次，一位恶名昭著的“枪手”近在咫尺，对着他的脑袋开火。所有这些，他都镇定自若，不曾畏惧。可是一遇到他的病，他就不折不扣地屈服了。恐惧由此而来：一个心怀叵测的恶人控告他处置失当，他为此遭到了审判委员会的传讯。

14 这让他陷入了极度的烦恼之中。他深感无辜，觉得耻辱，害怕自己因传讯而被迫停职，甚至被解职。他彻夜难眠：担心失去自己原本应得的好名声，担心危及自己的家庭，更何况家里的房子有一笔抵押贷款。渐渐地，他的头部开始产生不适感，接着他觉得自己很不稳定。就在这个关键时刻，他的朋友同情地告知：一个人的烦恼会导致精神病。这中间有几个步骤：担心丢脸，担心破产，担心发疯。但患者自己能确切明白所有这一切吗？不会。他沉溺在自己的焦虑紧张中，他一味地忍受痛苦，丧失了信心，迷失了方向。

15 当医生向他展示从他的潜意识中挖出的病根时，目的就是要让他清楚地明白：所有的恐惧都源于他的内心。于是，他下定决心要将这些恐惧连根拔起，自然而然地，他的病痊愈了。

因为这幅图景在拥有者心智中的地位难以撼动，因此，要进行治疗，必须首先彻底修正他的思维方式。

完整的记忆一直存在于潜意识心智中，刚出生时就已经装配完备。

16 潜意识心理生病的方式是慢性的，它发病通常是因为某种通常持续了许多年的精神经历，他一再地深埋这段经历，才最终导致了这种疾病。这构成了潜意识中的——是精神上而非身体上的——专业术语被称作“脓肿”的东西。

17 一个女人多年来全身虚弱，病症一直没有任何好转的倾向。心理分析师开始询查病因。他开始念一些单词，向她的思想里灌输一系列的概念，当念到了“水”这个词时，女人呈现出惊恐的表情，讲起了在她的童年时代，一天，她跟弟弟一起在码头上玩耍，无意中把弟弟推下了水，弟弟被淹死了。那是许多年前的事，当时她还很年幼。医生问她直到今天，是不是还无法忘怀这些事？她回答：“不，我很多年前想起过这些，可能是15年前，也可能是20年前。”

18 听到这样的答案，医生似乎找到了治疗她的途径。当时她住在一家疗养院，由一位护士照料。医生对她说：“我要你每天都跟护士讲述关于你弟弟的经历，不停歇地一直讲，直到你讲得再也没有任何感觉，也不会因此而发生任何的情绪波动。之后，在两三周之内再来找我。”她遵从医生的吩咐去做了，就在第六天的时候，她痊愈了。反复讲述这些经历的效果使得它对显意识心理来说不再具备丝毫的影响力，当然也无法激发任何的感情。暗示就这样一点点进入潜意识，直到对这些事情的感怀不再，才最终打破了这持续了20多年的恐惧，潜意识中的病态心理也因此而消失。

19 完整的记忆一直存在于潜意识心智中，刚出生时就已经装配完备。每个新生的婴儿都从祖先那里顺理成章地继承到了某些特质。这些特质被带入潜意识中，当个体的生命或健康需要它们时，它们就挺身而出，发挥作用。

20 人的出生、成长、生活、死亡，这一切的一切都是那么顺其自然，就如同树会开花、结果，然后瓜熟蒂落一样。当我们遇到某种状况，潜意识都会处理，即使受到干扰，它也能做出补救。有些事情即使你自己已经忘掉了，但潜意识心智仍然会帮你全部保留；当显意识心智不考虑问题的时候，潜意识心智就会在第一时间苏醒过来。

21　忽视一个问题是怎么回事，这个不难知道。当我们熟睡时，潜意识却不停止工作，正在解决它；又或者，当我们不小心丢了东西，着急上火，却怎么也找不到，一旦显意识感到绝望并放弃寻找，我们遗失东西的地方就会轻而易举地从潜意识中立刻浮现出来。

22　还有，如果你遇到了什么困难，只要你能说服你的显意识心智放弃此事，不再为它焦虑，不再担心，停止紧张和挣扎，你就会在潜意识的带领下摆脱困境。潜意识总是倾向于健康与和谐的境遇。比如，不会游泳的你淹没在水里，只会下沉。当救生员靠近来拯救你的那一瞬间，如果你紧紧搂住他的脖子，就会妨碍他的手脚活动，会给拯救行动增加难度，甚至还会导致失败。然而，只要你放心地把自己完全托付给他的双手，他就会把你带出水面。值得肯定的是，每一次困境中都会有潜意识的存在，它扮演的正是这个救生员的角色，能给你帮助，只要你能说服你的显意识停止紧张焦虑，消除担心，放弃挣扎，你就会在潜意识的指引下走出困境。

23　设想一下，如果显意识心智任由自己对每一件鸡毛蒜皮的小事都很生气，每次它发怒，刺激就会转向潜意识。一次一次的刺激，让潜意识每一次都被搅动。愤怒不断叠加，很快，潜意识便养成了习惯，阻止的力量就越来越弱了。当这种情况持续下去，显意识心智就很容易受到来自外界的刺激影响，以及来自内部的习惯刺激，作用与反作用的结果，让愤怒变得更轻易，而防止愤怒却变得更困难。显意识心智的每一次生气，都会给潜意识带来额外的刺激，而这一刺激会激励再次生气，从此进入到一个恶性循环。

24　愤怒属于一种异常状态，而任何异常状态其本身就包含了惩罚，在身体中某个抵抗力最小的地方，这种惩罚会迅速反应。比如，如果你的胃不好，就会患上急性消化不良，并且最终变成慢性的。有些人会患上布莱特氏病，还有人会患上风湿病，诸如此类。

25 很明显，这些状况都是结果，一旦原因被消除了，结果紧跟着也就会消失。如果你知道想法是原因、状况是结果的话，你就会立即决定要控制自己的想法，消除愤怒及其他不良的心理习惯；当真理之光逐渐变得清晰而完美时，习惯以及与之相关的每一件事情都会被抹去，宿疾就会在无声中被摧毁。

如果你遇到了什么困难，只要你能说服你的显意识心智放弃此事，不再为它焦虑，不再担心，停止紧张和挣扎，你就会在潜意识的带领下摆脱困境。潜意识总是倾向于健康与和谐的境遇。

26 不仅仅愤怒是如此，恐惧、嫉妒、欺骗、肉欲、贪婪，无一例外，都会变成潜意识的，最终导致身体呈现某种病态。有经验的心理分析师，会根据疾病的特征找到病因所在。

27 在《我们的潜意识心智》（*Our Unconscious Mind*）一书中，弗雷德里克·皮尔斯这样告诉我们：

众所周知，一切事物或多或少都是容易受暗示影响的。对暗示的反应，既可以是正面的，也可以是负面的，既可以是接受，也可以是抵抗。在这里我们不难看到一种属于潜意识的抑制力。对于犯罪者来说，某类犯罪的流行就显示了对暗示的模仿反应，报纸上的详细报道，还有来自四面八方的关于暴行的大量讨论，无疑都是灌输这种暗示。

于是，强烈的原始冲动被唤醒，冲破最初的潜意识抑制力（这种抑制力在有犯罪倾向的人身上表现比一般人更弱），停留在潜意识中，不断膨胀，最终变得非常强大，强大到足以战胜对惩罚的恐惧，从而完全控制人的行为，导致犯罪。而一般人，因为拥有更强大的潜意识抑制力，即使遭遇同样的暗示，也会做出消极的反应，以愤怒及希望惩罚犯罪的形式，将那些被唤醒的原始冲动的能量完全释放，最终当然也就根本不会走到犯罪这一步。针对这种情况，我们会发现一个很有意思的现象：人们常常会要求以比犯罪本身更强烈的原始暴力对犯罪进行惩罚。这种现象在心理分析师看来，其实是一种个体用来增强其潜意识抑制力的方法。

一切真正有智慧的思想，都已经被人们想过无数遍；但要让它们真正成为自己的，就必须再真诚地重想一遍，直到它们在我们的个人经验中扎下根来。

—— 歌德

第 13 课 设想美好的精神图景

LESSON THIRTEEN

1 几乎所有的大学在多年以前就开设了心理学课程，对心理学的研究也显得日益重要。心理学的内容包括对个人意识的观察与分析、认知与分类，但这种个人的或显意识的自我意识心智，却涵盖不了心智的全部内容。

2 通过对初生婴儿的研究，科学家们惊奇地发现，在婴儿身体的内部，持续地进行着高度复杂、井然有序的活动。但是就婴儿本身来说，婴儿的显意识心智并不足以认知这些活动，不能引发或维持这些活动，也不懂得设计这些活动。然而，所有这些活动都表现出了智能，非常复杂、高度有序的智能。在大多数情况下，婴儿的周围没有谁略微懂得在肉体生命的这一高度复杂的过程中到底在发生什么。

3 通过仔细研究人体中正在发生的心脏的跳动、食物的消化、腺体的分泌和排泄等所有复杂的过程，科学家得出了这样的结论：人的体内存在一种具有高度智能的心智命令控制着这一切，就像一股无形的力量，这种在数百万组成身体的细胞中发挥作用的力量正是心智。更确切地说，它是潜意识的，因为它是在我们所谓的“意识”的表面之下发挥潜移默化的作用。

4 为了便于研究实验，科学家将潜意识心智分成两个层面。第一个层面上的潜

意识跟每个个人相联系，在某种意义上它可以被视为人的潜意识；但在更深的层面上，它又并入了所谓的“普遍潜意识”，或者说并入了“宇宙意识”。为了阐述这个问题可以举一个形象的例子：你不妨想想密歇根湖面上那些高出波谷层面的波浪，它们代表了许许多多个体潜意识；然后，你再想想与其他水面处于同一水平的一小块水体，但在某种程度上却跟着波浪一起流动。表面上看与其他水体并没有任何不同，但其底部又并入了其下最深的层面的不流动的大水体，很难把它们明确区分开来。那么，湖中这三个层面的水可以用来说明你的个体意识（或自我意识）、个体潜意识和普遍潜意识（或宇宙意识）。好了，现在我们知道，从宇宙意识中涌现出了个体潜意识，而从个体潜意识中涌现出的是个体意识。

5 每个人在天真的孩提时代，他所有的行为几乎都是由潜意识控制的，但随着年龄的增长和心智的发育，显意识开始崭露头角，人们在不知不觉中变得有意识了，但依然只在某种程度上意识到了显意识规则的存在，这些规则表现为正义、真率、诚实、纯洁、自由、仁爱等，他开始把自己跟这些东西联系起来，越来越受它们的控制，显意识逐步取代潜意识占领主导地位。

6 没有人刻意地努力成长，也没有人能准确注意到生长的细节，因为生长的过程是一个潜意识过程，我们并没有有意识地执行生命的过程，所有复杂的自然过程——心脏的跳动、食物的消化、腺体的分泌——都需要高度发达的心理和智能。个人的意识或心智没有能力处理这些错综复杂的难题，因此，它们是由“普遍适应的理念”控制的，这种普遍适应的理念，在个体的身上我们称之为潜意识。心智是一种精神活动，而心智是创造性的，因此潜意识心智不仅控制着所有的生命功能和生长过程，而且也是记忆和习惯的栖息地。

7 “普遍适应的理念”有时候被称作“超意识”，有时候被称作“神的心智”。潜意识有时候被称作主观心智，而显意识则被称作客观心智，但要记住，词语只不过是携带思想的容器，而语言本身是没有思想的。得意妄言，恰恰说明了这一点。

8 潜意识之所以被称为“潜”意识是因为它的作用不是可见的，在这种精神作用持续不断地发生的时候，我们通常完全没有意识到。因为这个原因，它被称为心智的潜意识部分，以区别于显意识那一部分，这部分是通过我们能意识到的感知来发挥作用的，我们称之为“自我意识”。显意识存在于思考、认知、意愿和选择的力量。自我意识，就是知晓自己是一个思考、认知、意愿和选择的个体所具备的能力。大脑是显意识心智的器官，脑脊髓神经系统是显意识心智赖以跟身体的所有部分建立联系的神经系统。

> 从宇宙意识中涌现出了个体潜意识，而从个体潜意识中涌现出的是个体意识。
>
> 潜意识心智不仅控制着所有的生命功能和生长过程，而且也是记忆和习惯的栖息地。
>
> 无论潜意识心智做什么，如果反反复复地做，潜意识都会把它累积起来，成为合力。

9 两个截然不同的神经系统——脑脊髓神经系统与交感神经系统在身体中存在，它们有各自的领地并在自己的职权范围内各司其职，它们共同为两种心智部分做好充分的准备。

10 和人身体内其他执行不同职能的器官和系统一样，这两个神经系统的功能和活动都是不同的，脑脊髓神经系统是自我意识的专属，而交感神经系统则被潜意识所使用。交感神经系统是潜意识用来跟感觉和情绪保持联系的工具，因此，潜意识对情绪而不是对理智做出反应，因为情绪比理智要强大得多。因此，个体意志所采取的行动，常常跟理智所发出的指令背道而驰。

11 但是这两个系统又不是截然分开、毫无关系的，相反，二者之间非常紧密，存在着交互作用的交集。显意识和潜意识只是与心智相关的两个作用面。潜意识跟显意识的关系，与风向标跟大气的关系完全类似。大气的微妙变化会在风向标的方向中显现出来，同样，显意识心智所抱持的最微不足道的想法，也会在显意识心智中引起相应的变化，其变化与显意识想法中感受的深度，以及放纵这一想法的强度成正比。因此我们发现，在两个心智部分的功能和活动都不相同的同时，它们之间又存在一条非常明确的活动路线，既相区别又有联系，符合对立统一规律。

12 潜意识心智的主要任务，就是保护个体的生命和健康。因此它监管着所有的自动功能，比如血液循环、消化、所有自发的肌肉活动等。它把食物转换为构建身体的合适材料，以能量的形式回馈给有意识的人。有意识的人在智力劳动和体力劳动中利用这种能量，在这个过程中耗尽了他的潜意识智能提供给他的东西。

13 为了使读者能够更加透彻地了解潜意识的循序渐进的累积的作用，我们可以用下面的方式加以说明。设想一下，你端来一盆水，用一根小木棍沿着盆边搅动盆里的水。最初你只能在木棍周围搅起波纹，但如果你一直持续这个动作，水就会逐渐把你施加在木棍上的力量一点点累积起来，不久你就会让整盆水都旋转起来。这时，如果你放开木棍，水就会携带着这个最初让它运动起来的工具一起旋转；如果你抓住木棍让它立在水中，你就会真切地感受到水流的势力，似乎想克服你所施的阻力，甚至有把木棍和你的手一起向前移动的趋势。为了进一步测算水流的力量，把水搅动起来之后，你决定不想让它旋转，或者让它向相反的方向旋转，那么你就用木棍向相反的方向搅动盆子里的水吧，你会发现有很大的阻力，你会发现要想让水停下来需要很长的时间，而要让它朝相反的方向旋转，则阻力更大，需要的时间更长。虽然开始时你是以极小的力来搅动盆里的水，但是当水把你施加的力累积起来以后就会变得非常强大。

14 从上面的实验我们很容易得出这样的结论：无论显意识心智做什么，如果反反复复地做，潜意识都会把它累积起来，成为合力，就像盆里的水一样。潜意识所接收的任何经验都会被搅动起来，如果你给它另一个同类经验，它就会把它添加到前面的经验上，就这样一直无限期地累积它们，一点一点地积少成多，最后会出现令人吃惊的效果。任何层面的活动，只要进入人类显意识的范围之内，都是这样。任何经验，无论对我们有益还是有害，是善还是恶，也都符合这一规律。潜意识是一种精神活动，而精神是创造性的，因此潜意识创造了适合于显意识心智所接纳的习惯、状况和环境，为显意识发挥作用提供了基础。

15 如果你想收获苹果，首先就要种下苹果的种子。这个规律不分对象的高低贵贱，对谁都一视同仁。如果我们有意识地接纳与艺术、音乐和审美领域相关联的想法，如果我们有意识地接纳与真、善、美相关联的想法，那么我们就会发现，这些想法在潜意识中扎下了根，我们的经验和环境，就会成为显意识心智所接纳的想法的反映。然而，如果我们接纳了仇恨、嫉妒、羡慕、伪善、疾病，以及任何种类的匮乏或局限的想法，我们将发现，我们的经验与环境像投影仪一样在我们的思想中产生投影。我们可以随心所欲地思考，但我们思考的结果受到一个永恒法则的控制。俗话说：“事情本无好与坏，全在自己怎么想。”我们不可能种瓜得豆，只能种善因得善果，种恶因得恶果，这是永恒不变的自然法则。

任何层面的活动，只要进入人类显意识的范围之内，都是这样。任何经验，无论对我们是有益的还是有害的，是善还是恶，也都符合这一规律。

身体状况只是精神状况的外在彰显，通过有意识地在内心默念断言中所表达的思想，在较短的时间里，状况和环境就开始变得与新的想法相一致了。

16 人的思想系统就像是一个过滤器，任何试图进入精神领域的想法，如果其本性是破坏性的，那么它很快就会被有着建设性倾向的想法所取代。因为两件事情不可能同时发生于同一空间中。事情如此，思想亦如此。正如安德鲁斯的断言：“我完整、完美、强大、有力、热爱、和谐而幸福。”或者库尔医生的断言：“日复一日，方方面面，我正在越来越好。”

17 我们要把安德鲁斯和库尔医生的话铭刻在脑海中，不断重复，直到它们变成自动的或下意识的。身体状况只是精神状况的外在表现，很容易看出，通过有意识地在内心默念断言中所表达的思想，在较短的时间里，状况和环境就开始变得与新的想法相一致了。

18 运用同样的原则，也可以反其道而行之，就会收到相反的效果。一些人践行了这一理论，证明了这一论断的科学性。由此可知，如果你否认令人不满的境况，打消对不佳境遇的苦思冥想，就会逐步而稳妥地结束这些境况，你也就是在把你思想的创造性力量从这些境况中撤走，你是在连根砍断它们，让它们的活力枯竭，最终从你的视野里消失。

19 有些行动的效果有滞后性，不会立竿见影地显现出来。生长的规律，必然控制着客观世界里的所有彰显，所以，否认令人不满的境况，并不会立即带来改观。一株植物在根部被切断之后，还会维持一段时间的青翠本色，但它会逐渐枯萎，最终凋零。这个过程，与我们自然而然地倾向于采取的方式完全相反。因此它会带来完全相反的效果。大多数人都把自己的注意力集中在那些令人不满的境况上，因此给这种境况带来了旺盛生长所必需的能量和活力，激发人去努力改善不利于自己的环境。

第 14 课 你所期望的，就是你将得到的

LESSON FOURTEEN

1 创造已经成为我们这个时代的主题词，是把互相之间有亲合力的力量以合适的比例结合起来的艺术。比如，氧和氢以合适的比例相结合就成了水。氧和氢都是看不见的气体，但水却是具体可见的。

2 思想者提出的一个想法，遇上了对它有亲合力的其他想法，这两个想法就会结合起来，组成一个吸引其他类似想法的核心。这个核心发出的召唤形成了无形的能量，其中的所有想法和所有事物都紧密联系在一起，很快就会披上形态的外衣，这一形态与思考者赋予它的特征相一致，却比初始的形态更系统，更有说服力。

3 战场上可能有一百万在死亡和磨难中痛苦挣扎的人，发出仇恨和悲痛的想法，而另外的一百万人可能死于一种被称作"流行感冒病菌"的侵害。只有经验丰富的精神疗法专家，才知道这种致命的病菌何时出现，在什么条件下出现。然而，细菌是有生命的，因此它们必定是某种拥有生命或智能的东西的产物。精神只是宇宙中的创造法则，思想只是精神所拥有的活动。因此，细菌必定是精神过程的结果。

4 人类的思想不受时间和空间的限制，无比辽阔，想法是多种多样的，因此相

应的也有多种多样的精神细菌，既有建设性的，也有破坏性的。但无论是建设性的细菌，还是破坏性的细菌，在它们和我们的思想结合之前，都不会生根发芽、旺盛生长，不会对我们产生作用。

思想者提出的一个想法，遇上了对它有亲和力的想法，这两个想法就会结合起来，组成一个吸引其他类似想法的核心。

无知是掩盖着真理之光的黑暗，只有当我们懂得了心智对物质的控制作用，才能推翻无知的黑暗统治，使真理之光重新照亮整个世界。

5 每个人的思想都是一个开放的空间，个体可以敞开他的精神之门，从而可以接纳各种各样的想法。所有想法和所有事物都包含在“普遍适应的理念”中。如果你认为有术士、巫婆或神汉想要害你，你也就为这些想法的进入敞开了大门，你就可以说约伯那样的话了：“我所害怕的事降临到了我的身上。”相反，如果认为有人想帮助你，你便为这样的帮助敞开了大门，而你会发现，“照你的信心，给你成全了”（《新约·马太福音》第8章第13节）这句话，在今天像在两千年前一样灵验。无论是建设性的想法还是破坏性的想法都是得到了你的许可后才对你的精神产生影响的。

6 托尔斯泰说：“理性的声音越来越清晰，让人可以听见。从前，人们说：‘别去想，而是要信。理性会欺骗你，只有信念才会让你通向真正的幸福生活。’于是你试着去相信，但没过多久，通过跟别人的交往你发现：每个人所相信的是完全不同的东西，因此你就不可避免地面临着选择：你必须决定在许多的信念中你到底要相信什么，而唯有理性才能做出这样的决定。”

7 规律是自然的法则，宇宙是一个完整的体系，被各种各样的规律所控制，所以，当我们看到有人通过心理方法或精神方法，获得了特殊结果的时候，理性就会告诉我们：我们全都可以做同样的事，对于每一个不辞艰辛探寻事实的人来说，这一点是显而易见的。所有表象，都受被我们视为普遍规律的法则的控制，在这些规律所彰显的表象中，人们认识到了系统、秩序与和谐。因为规律对每个人都一视同仁，无论何时，无论何地，这样的事情每天都在重复上演。

8 科学知识武装了人类的头脑，让我们明白，所谓的物质，存在着等级的差别，从最粗糙的可视状态，到最精微的，都跟精神有着密不可分的关系。因此我们看到，在心智的统治下，被抽象提炼的物质元素服从于它的控制。就其本身而言，物质并没有意识或感觉，只是当它受到与支配其行为的规律相一致的精神或心智的控制时，当精神、心智对它产生作用时，它才是能动的，才有了存在的意义。

9 正如普遍适应的理念统治并支配着宇宙一样，对人来说它也注定要统治并支配由它所创造或发展出来的“生命宇宙”——所谓的“永生神的殿”（《新约·哥林多后书》第6章第16节），是无穷宇宙的一个缩略版或精华版。

10 和谐、幸福、安逸和健康，是人类不断追求的终极目标，如何达到这个目标是一门“知识”，智慧就是对这一知识的恰当运用。无知就是掩盖着真理之光的黑暗，只有当我们懂得了心智对物质的控制作用，才能推翻无知的黑暗统治，使真理之光重新照亮整个世界。

11 精神疗法医生不会给患者任何他能看到的东西、他能听到的东西、他能尝到的东西、他能闻到的东西、他能触摸到的东西。因此，对于执业者来说，无论以什么方式触及患者的客观大脑都是绝对不可能的。只能给患者心理暗示，向他发送想法。

12 客观心智是我们用来进行推理、计划、决定、表达意愿和采取行动的心智。纵使在没有物质媒介帮助的情况下触及显意识心智是可能的，显意识心智也不会接收。若非通过感觉的媒介，我们不可能有意识地接收别人的想法。医生总是暗示完美，这样的想法马上就会被客观心智看作是违背理性，因此不能接受，所以也不会有任何结果。

13 精神疗法医生所诉诸的是普遍适应的理念，而不是个体心智。精神疗法医生所利用的这种力量，是精神的，而非物质的；是主观的，而非客观的。因为这个原因，他所触及的必须是潜意识心智，而不是显意识心智。这一神经系统，控制着身体的所有生命过程——血液的循环、食物的消化、组织的构建、各种分泌物的制造与分配。事实上，交感神经系统延伸到身体的每一个部分。所有的生命过程都是不知不觉地进行的。它们似乎是被故意带出显意识的领域，被置于一种不受无常变化的影响的力量的控制之下。

14 正如菠萝、凤梨指的是一种东西一样，主观心智、潜意识心智、神的心智，意思是一样的，只不过说法不同。它们指的是这样一种心智：我们在其中生存、活动、拥有我们的存在。我们通过意愿或意图跟这一心智相联系。心智是无所不在的，只要我们愿意，随时随地都能跟它建立联系，而无须考虑时间和空间等外部条件的局限。

我们可以随心所欲地思考，但我们思考的结果受到一个永恒法则的控制。我们不可能种瓜得豆，只能种善因得善果，种恶因得恶果，这是永恒不变的自然法则。

15 精神既存在于我们的头脑中，也充满了整个浩瀚的宇宙。因为精神是宇宙的创造原则，所以，人的精神性的主观实现，以及由此带来的完美，都是由神的意志来完成的，最终彰显在个体的生命和经历中，使个体的心智也日臻完美。

16 另外一种观点会反驳说，世界上根本不存在完美，这种完美的理想状态是绝不可能实现的。这一规律尽管毫厘不爽，但也不是总能取得预期的效果。因为还要取决于操作规律的人的素质和心智。这样的能力，可不是一个刚刚开始认识其精神遗产的业余爱好者所能胜任的。如果操作者是个不学无术、毫无经验的人，随随便便地把想法抛出来，让它绕过理性的论证，直接使其具体化为切实的形态，这样出来的东西估计不会让人喜欢。能胜任这项工作的人，要能对最细微的振动做出响应，能听到“寂静的声音”，能分辨真实和幻象。知道在沙漠中跋涉时所看到的绿洲只不过是海市蜃楼，当他接近的时候，它会后退，而不会去盲目地追寻那并不存在的水源。真正的力量是非人的，它既可以造就“超兽”，也可以造就“超人”，造就什么和怎么造成，仅仅取决于操作者的主观意识。

17 出于天性，人类总是妖魔化自己不了解、不清楚的东西。很多人并不懂得生命的基本原则以及应用这一原则的方法，因此也无法让这一原则为自己造福。在这样的情形下，他们只能指望依靠别人，当这种情况持续或频繁发生的时候，显意识中的精神因素往往会越来越弱，人的精神力量也变得越来越小，越来越被动。

18 哲学家、宗教家和科学家们反复地声称：不存在绝对的真理，换句话说，要让一个人确信“真理”的创造性力量，唯一的方式就是通过实证，或者先假设真理是强有力的，然后在这个基础上做出证明。

19 我们认识任何一个事物都是从表象开始的，我们能观察到的也只有表象，深藏其中的本质要靠心智的分析。因此，对任何事物的特有表象的观察，以及建立在这种观察的基础之上的推论，构成了这一事物的知识。如果你观察并认识到了真理的某些特有表象，只能说你了解了真理的一个方面或一部分。如果你观察并细心地注意到了真理的全部特有表象，然后又感知到了贯穿这些表象的一致性，并认识到了它们的特征赖以为基础的法则或体系，那么，你对真理的认识就是完全的。此时你就可以宣称，自己已经掌握了这条真理。真理是一个人所能拥有的唯一可能的知识，因为不建立在真理基础之上的知识是假的知识，压根儿就不是什么知识。

20 那么，真理的特征又是什么呢？这是不容回避，无可争辩，来不得半点含糊的问题。大多数人的看法是：在哲学的意义上，真理是那种绝对的、不变的东西。真理必定是事实，那么就出现了第二个问题，而事实又是什么呢？一加一等于二，这就是一个事实，亘古不变，不容置疑。无论在美国、中国、日本，它都是真理，在任何地方、任何时间，它都是正确的。一个存在于事物本性中的事实，没有起点，没有终点，不受任何限制，它控制我们的行动和我们的商业运作。那些违背真理的人最终将受到真理的严厉惩罚。然而，真理不具备具体的形象，是一个你看不到、听不到、尝不到、闻不到、摸不到的事实，对于任何身体感官来说，它都是不可感知的，但不能因此而否认真理。它没有颜色、大小和形状，不能因此而怀疑真理的正确性。真理不受时间的限制，也不能因此否认真理的绝对性和永恒性。

21 在印度，当一个年轻人开始被传授精神上的知识的时候——规定在师父门下受业七年，首先师父教给他的事情就是认清他要走的路线，这个年轻人预先得到警告，要注意可能出现的危险，他的整个行程都会受到师父的悉心守护，以防止他在早期阶段跌倒。

22 如果你正在文明的阶梯上向上攀登，如果你进入了理解的学校，如果你看到了精神上的真理之光，你就应该比那些尚未达到这个程度的人知道更多，你所肩负的任务也越重。造诣越高，责任越大，你的神经系统会自动地在更高的层面上把自己组织起来，把你提升为指导其他还未达到这一高度的人群的领袖。

23 只有那些上升到了精神层面的人才会清楚地知道，有许多的习惯做法必须丢弃，而在这样的理念下，通常，某些习惯可以轻而易举地离开个人，它们甚至会自动消失。但是，当个人坚持在旧世界里活动的时候，他通常会发现："一家自相纷争，就必败落。"(《新约·路加福音》第11章第17节)他总是在吃够苦头之后才懂得：违反精神的法则一定会受惩罚。

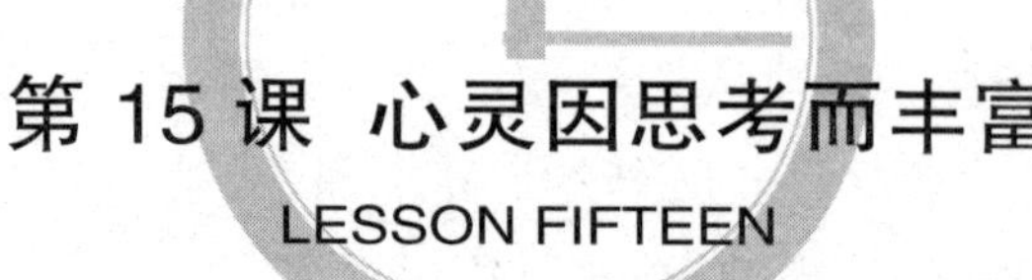

第 15 课 心灵因思考而丰富

LESSON FIFTEEN

1 科学家们已经把人们生存的空间无限细化，在自然科学中把物质分解为分子，把分子分解为原子，把原子分解为能量，而J.A.弗莱明先生在皇家科学研究所发表的一篇演讲中继续把这种能量分解为心智。他说：“在其终极本质中，除非把能量理解为我们所谓的‘心智’或‘意志’的直接作用的表现形式，否则人们就不可能参透它的真谛，不可能透彻地理解它。”

2 因此，宗教不总是迷信蒙昧的代名词，科学与宗教也不总是对立的、冲突的，在某种程度上是完全一致的。在一定范围内它们是可以和平共处的。利兰先生在《世界的创造》一文中十分清楚地论述了这一点。他说：

首先，存在这样的智慧来设计并调整宇宙的各个部分以实现没有摩擦的平衡。因为宇宙是处在无穷的时空中，因此设计宇宙的智慧也是处在无穷中。

其次，存在这样的意志来固化和规定宇宙的活动和力量，并通过永恒不变的规律把它们联结在一起。在所有地方，这种“全能意志”都建立起了对能量和过程的限制与管理，把它们永恒的稳定性和一致性固定了下来。因为宇宙是无穷的，所以意志也是无穷的。

第三，存在运动的力量，一种永不疲倦的力量，一种控制一切力量的力量。而且，因为宇宙是无穷的，所以这种力量也是无穷的。

我们应该怎样命名这个智慧、意志和力量的三位一体呢？我们实在找不出

比“上帝”更简单的名字。这个名字包罗万象，无所不及。

> 习惯性的显意识行为随着时间的推移和自身的发展，变成了自动的或潜意识的，得以让自我意识能够专注于其他事情。

3 普遍适应的理念，作为一个庞大的思想体系，正以它独特的魅力，吸引越来越多的人注重它、研究它、倡导它。普遍适应的理念是支撑性的、赋予活力的、渗透万有的，一切规律、生命、力量，都必定涉及它，处于它的包围之内，无论在物质领域还是在精神领域它都是适用的。你越深刻地理解这一理念，你就越会被它所折服。

4 每一个事物，无论是有生命的还是没有生命的，都必须得到这种普遍适应的理念的支撑，我们发现，个体生命的差异主要在于他们彰显这一智能的程度的不同。正是更大的智能把动物置于比植物更高的存在层面上，把人置于比动物更高的存在层面上。我们发现，个体控制行为方式并因此调整自己以适应外部环境的能力，再一次显示了这种智能。正是这种智能，占据了最伟大心智的中心地位，这种智能与普遍适应的理念配合得天衣无缝，二者珠联璧合，一起完善和优化着人类的精神世界。如果我们服从普遍适应的理念，普遍适应的理念也会不折不扣地服从于我们。

5 在科技和信息技术高速发展的今天，在风起云涌、气象万千的当今世界，随着经历和知识的不断增长，我们的智力运用、感知力的范围、选择的能力、意志的力量、所有的执行效力，以及所有的自我意识，都像雨后春笋般快速地增长。这意味着，自我意识作为一种精神活动在不断增加、延展、生长、发展和扩大。所有物质的东西在使用中被消耗了就不复存在了，而精神上的使用和物质上的使用，其规律完全相反。我们在精神上所拥有的东西，用得越多，繁殖得越快。也就是说，用得越多，得到得越多。

6 生命是一个守法公民，它严格遵守着普遍能量的特质和法则，而普遍能量在生命中自发活动并获得生长，在某种程度上它们通常是同时存在的，同样的普遍能量伴随着同样的特质或法则，我们称之为智能。它超越了对其基本特性的全部理解，它是绝对的，只有一个最高法则。它的特殊定义，在任何时刻都受到生命现象中的特殊关系的支配，人只能依据它的相关物来思考，我们是在这个生命现象中思考这一法则的。因此，我们把它定义为普遍智能、普遍物质，像生命、气、心智、精神、能量诸如此类的东西一样。与我们的生存和发展息息相关，为人类的进化和社会的进步做出了巨大的贡献。

7 心智的原始状态最早呈现在最低级的生命形态中，在原生质或细胞中曾经留下了心智的痕迹。原生质或细胞，虽然只是一个简单的细胞或者极低级的生命形式，但是它却能够通过已经存在的心智感知它的环境，发起活动，选择它的食物。所有这些都是心智的明证。当生物体逐步发展并变得越来越复杂的时候，细胞开始专门化，它们各司其职，忙碌地工作，虽然多数情况下只是重复一个单调的动作，但它们已经显示出高超智能的潜质。原生质或细胞之间不仅有分工，也有合作，通过联合，它们的心智力量不断增强，自身不断地向高级进化、发展。

8 起初，生命的各项功能以及各种行为，都是显意识思考的结果，随着时间的推移和自身的发展，习惯性的行为则变成了自动的或潜意识的，为的是让自我意识能够专注于其他事情。显意识与潜意识相互作用，相互促进，使二者都有了进一步的发展和完善。

9 因此很容易看出，生命存在的重要基础就是心智或精神。物质本身也许会湮灭、转化，但作为精神，却会随着历史而延续、流传，永不磨灭。正像圣保罗所说："所见的是暂时的，所不见的是永远的。"

10 因此，就人而言，天生的职责就是致力于精神的发展。这一点是至关重要的，也是人存在的意义之所在。善用，却不会损耗；常用，损耗却不断增多。这里面隐含着精神最伟大的奥妙，需要人类去积极地学习和探索。

注目于今日
因为生命在于今日
生命中真正的生命。
在今日短暂的历程中，
埋藏着生命全部的真理和现实。
今日是成长的祝福，
今日是生动的颂歌，
今日是美丽的荣光，
因为昨日不过是梦境，
而明日仅仅是幻景；
但是对于美好今日的把握，
将使每一个昨日成为幸福的梦境，
使每一个明日成为希望的幻景。
所以，好好关注今日吧！

——梵文经书

第 16 课 以祈祷培养希望

LESSON SIXTEEN

1 自人类直立行走以来，从条件反射到简单的思想，再到今天庞大系统的思想道德体系，思想对人类的进步起着不可估量的作用。对历史的形成，理想和动机比事件更有影响力。无论是国家的命运还是个人的命运，都取决于思想和意识形态。对生命的持久关注，人们的所思所想比同时代的任何骚动和剧变都更有意义。

2 工程师在打算设计跨越江河峡谷的大桥时，在尝试把大桥在形态上具体化之前，总是先在大脑中想象出整个建筑，这种形象化就是精神图景，它预先决定了最终在客观世界中成形的建筑之特征。

3 当建筑师计划修建一幢奇妙的新建筑的时候，他总是在自己的工作室里苦思冥想，调动自己的想象力来构思它新奇的外形，同时包含额外的舒适或效用，结果通常不会让人失望。

4 化学家设法寻求实验室中的安静，然后变得易于接纳某些想法，而世界最终将因为某种新的舒适或奢侈品而从这些想法中受益。

5 金融家退避到他的办公室或会计室，把精力集中在某个组织问题或金融问题

上，不久，全世界都听说了又一次产业合作，需要数百万额外的资本。

6 想象、形象化、全神贯注，都是精神技能，都是创造性的，因为精神就是一种创造性的宇宙法则，发现了思想的创造力秘密的人，也就发现了时代的秘密。用科学术语来陈述，这一规律就是：思想会跟它的作用对象相关联，但不幸的是，绝大多数人听任他们的思考停留于匮乏、局限、贫困，以及其他种种形式的破坏性想法上。因为这一规律对谁都一视同仁，所以他们的所思所想就具体化在他们的环境中。

发现了思想的创造力秘密的人，也就发现了时代的秘密。思想会跟他的作用对象相关联，但不幸的是，绝大多数人听任他们的思考停留于匮乏、局限、贫困，以及其他种种形式的破坏性想法上。他们的所思所想就具体化在他们的环境中。

7 对破衣服进行缝补，任凭技艺多么精湛的能工巧匠，也无法缝补出一件像样的衣服来，而所耗费的时间、精力和物资却比做一件新衣服还多得多。现代令人不满的状况，是根深蒂固的破坏性疾病的症状。以立法和压制的方法对这些症状施治，是治标不治本，虽然可以缓解症状，但不能从根本上治愈疾病，它会表现为其他的更糟糕的症状。要想根除顽疾，就要找到疾病的根源。要改变目前的状况，就要将建设性的措施用之于我们文明的基础——人类的思想。

8 思考是一种精神活动，由个体对普遍适应的理念的反作用所组成。思考是精神所拥有的唯一活动。精神是创造性的，因此思考是一个创造过程。但是，因为我们绝大部分思考过程都是主观的，而非客观的，所以我们大部分创造性工作都是在主观上进行的。但因为这项工作是精神性的工作，所以它依然是真实的。

9 就像人在沙滩走会留下脚印一样，那些曾经在我们的显意识中出现过的每一事物，最终都在我们的潜意识中留下了痕迹，并成为一种范式。人们利用自己的创造能力对这种范式加以改选，并将其应用到我们的生活和环境中，使其成为为我们服务的工具。

10 但是，正因为思考是一个创造过程，而我们大多数人都是在创造破坏性的条件，我们思考死而不是生，我们思考匮乏而不是富足，我们思考疾病而不是健康，我们思考冲突而不是和谐，所以，我们的经历以及我们所爱的人的经历最后都反映出我们习惯性地抱有的心态，如果我们知道我们是否能为我们所爱的人祈祷，我们也就能通过抱有关于他们的破坏性想法从而损害他们。我们是自由的道德媒介，可以自由地选择我们的所思所想，但我们思考的结果却受到永恒法则的控制。

11 乐观主义是一盏驱逐黑暗的明灯，有乐观主义的光明普照的地方，恐惧、愤怒、怀疑、自私和贪婪都会消失得无影无踪。我们预见到，对于这一让人变得自由的真理，人们的认识正越来越普遍。一个觉醒的时代，其特有的标志之一，就是在怀疑和动荡中闪耀光亮的乐观主义。在这个新的时代里，一个明显的趋势是：对于启蒙之光，人们有越来越普遍的觉醒。

12 祈祷是人类内心一种美好愿望的表达，更是对于未来的一种憧憬和规划。祈祷的价值，取决于精神活动的规律。为了获得世界上关于祈祷价值的最好的阐释，“沃克信托基金会”悬赏100美元征集关于“祈祷”的最佳论文。要求论述“祈祷的意义、事实和力量，它在生活的日常事务中，在疾病的康复中，在悲痛不幸和国家危难的时期，以及在跟国家理想和世界进步的关系中的地位和形态，祈祷对个体、国家的作用和价值”。

13 由于祈祷的价值这一命题的丰富性和涉及范围的广泛性，该活动得到了热烈的响应。共收到论文1667篇，来自世界各地，使用19种不同的语言写成，大大超出了活动发起人的预期。100美元的奖金被马里兰州巴尔的摩市的塞缪尔·麦康伯牧师获得。一部关于这些论文的比较研究由纽约的麦克米伦公司出版。

14 沃克信托基金会的戴维·拉塞尔在谈到他对此次活动的感想和印象时说：“对几乎所有的投稿人来说，祈祷都是某种真实的事情，有着不可估量的价值，但很不幸，很少有资料给出让规律得以运转的具体方法。”拉塞尔本人同意，对祈祷的回应，必定是自然规律在发挥作用，他说：“我们都知道，合理地运用自然规律，人的聪明才智就必须能够理解它的条件，并能够引导或控制它的次序。我们不会怀疑，对于大到足以包孕精神的智能来说，将会揭示出精神规律的领域。”

15 从本质上看，祈祷是属于思想与精神范畴的。祈祷是以恳求的形式表现出来的想法，而断言是对真理的陈述，它得到了信仰的增强，祈祷和断言并不是创造性思想的唯一表现形式。而信仰则是另一种强有力的思想形式，它变得不可征服，因为“信是所望之事的实底，是未见之事的确据”。这一实质就是精神实质，其本身包含了创造者和被创造者。

16 如果我们祈祷得到某物或祈祷做到某事，只要合适的条件得到满足，它就一定会得到回应。每一个思考者都必须承认，对祈祷的回应，提供了无所不能的普遍智能的证据，在所有事物、所有人的身上，这种普遍智能都是迫在眉睫的。这是确定无疑的，否则宇宙就是混乱无序的，而不是有序的整体。因此，对祈祷的回应受规律的支配，这一规律是明确的、精确的和科学的，就像控制地心引力和电流的规律一样。

一切力量，正如一切软弱一样，皆源于内在。一切成功，正如一切失败一样，其秘密也同样来自人的内心。一切成长都是内心的不断展开。

思想的改变就是失败转化为成功的不二法门，勇气、力量、灵感、和谐，这些想法取代了原先的失败、绝望、匮乏、限制与嘈杂的声音，身体组织也随之而发生改变，个体的生命将被新的亮光所照耀，你因此获得了新生。

17 几个世纪之前，有人认为，我们必须在《圣经》与伽利略之间做出选择。100年前，有人认为，我们必须在《圣经》与达尔文之间做出选择。但是，正如伦敦圣保罗大教堂的W.R.英格主教所言：“每个受过教育的人都知道，生物进化的主要事实已经牢固地确立了，它们完全不同于古代希伯来人从巴比伦人那里借用过来的传说。我们大可不必拒绝接受现代研究的确凿结果……就越不愿意把我们的信仰作为赌注押在迷信上面。”

18 永远存在的智能或心智必定是一切形态的创造者，是一切能量的管理者，是一切智慧的源泉。

19 如果我们不知道思想是创造性的，我们就有可能抱持冲突、匮乏和疾病的想法，它们最终会导致这些想法所孕育的状况，但通过对规律的理解，就能够把这个过程颠倒过来，从而导致不同的结果。

20 人类置身其中的宇宙不是杂乱无章的，而是被一些规律所控制着的，因果规律便是其中一条重要的规律。有果必有因，在同样的条件下，同样的因总是产生同样的果。因此，客观和平是主观和平的结果，外部和谐是内在和谐的结果，“人不是从荆棘上摘无花果，也不是从蒺藜里摘葡萄”。

21 要创造其他的幸福，要满心欢喜地接受新的真理，要培养希望，要看到风暴过后的宁静，看到黑夜过后的黎明。这就是科学的信条。

22 表面上看起来不合理的事，正是那些有助于我们去认识可能性的事。我们必须走上前人从未踏足过的思想小道，穿越无知的沙漠，涉过“迷信的沼泽”，攀登习俗和礼仪的群山，克服种种困难和磨难，才能进入我们期望的“启示的福地”。

23 因此，善与恶仅仅被看作表示我们思考和行为之结果的两个相对的术语。如果我们只抱持建设性的想法，结果就会让我们和他人受益，这种益处我们称之为“善”；如果我们抱持的是破坏性的想法，就会给我们自己和他人带来不和谐的结果，这种不和谐我们称之为“恶”。正如我们通过理解电的规律从而能利用电来产生光、热和力一样，但如果我们忽视或不知道电的规律，结果就有可能是灾难性的。在前一种情况下，力并不是善，在后一种情形下，它也不是恶；是善是恶，取决于我们对规律的理解。人种的是什么，收的也是什么。

24 人类是生产爱的机器，爱是情感的产物，是潜意识活动，完全处在无意识的神经系统的控制之下。因为这个原因，驱使它的动机常常既非理性，也非智力。每一个政治煽动家和宗教复兴运动的鼓吹者，都利用了这一法则，他们知道，如果他们能鼓动人们的情绪，他们所希望的结果就会得到确保，因此煽动家总是诉诸听众的激情和偏见，而从不诉诸理性。宗教复兴运动的鼓吹者们总是通过爱的天性来诉诸情感，而从不诉诸智力。他们都知道，当情绪被鼓动起来的时候，理性和智力就会陷入沉寂。

25 这里我们发现，通过完全相反的做法可以获得同样的效果——一种是诉诸憎恨、复仇、阶级偏见和嫉妒，另一种是诉诸爱、服务、希望和快乐，但法则是一样的。一方吸引，另一方排斥；一方是建设性的，另一方是破坏性的；一方是正面的，另一方是负面的。同样的力量，以同样的方式，但为了不同的目的而被运转起来。爱与恨只不过是同一种力量对立的两极，正像电力或其他力量既可以用于破坏性的目的，也可以用于建设性的目的一样。

THE NEW PSYCHOLOGY

Open the Secret to
Health,Wealth and Love

世界上最神奇的心理课

《世界上最神奇的心理课》的**最大魅力**是其内容的**实用性**，以及其表达的**清晰**和**简洁**。它没有一堆纠缠不清、支离破碎的思想，却提供给人们一套**整齐有序**、**合乎逻辑**、**说理充分**的体系。

《世界上最神奇的心理课》综合了哲学、自然科学、心理学等诸多学科的精华——厘定了人在宇宙和社会中的位置，揭示了人的**潜在力量**，为读者激发和运用自身潜能找到了一个便捷的应用途径。那些希望了解自己、了解他人，希望获得**人生幸福**、**终生健康**和**巨大成功**的人，会在本书中找到打开自身智慧宝库的钥匙。《世界上最神奇的24堂课》（Ⅰ Ⅱ）是实现成功的方法，而《世界上最神奇的心理课》是对这一方法为什么会起作用的解释。

知道并理解事物为什么会起作用，是一个人所能学到的有力的东西之一。所以，我们要这样看待它：阅读一份菜谱，远比吃一顿美味带来的东西更多；而成为厨师的人，正是懂得烹调过程的人。那些细致阅读本书并善加应用的人，将可以调配出更完美的生活。

最伟大的力量

让我们来看看大自然中的这些强大力量是什么。在矿物世界里，每一样东西都是固体的、不易挥发的。在动物与植物的王国里，一切都处于变动不居、不断变化、始终被创造与再创造的状态。在大气中，我们发现了热、光与能量。当我们从有形转到无形、从粗糙转到精细、从低潜力转向高潜力的时候，各门各类都变得更加精细，更具有精神性。

当我们到达看不见的世界时，我们便找到了最纯粹的、处于最不稳定状态的能量。

正如大自然中最强大的力量是看不见的无形力量一样，人身上最强大的力量也是看不见的无形力量——他的精神力量，而彰显精神力量的唯一方式，就是通过思考的过程。

思考是精神所拥有的唯一活动，思想是思考的唯一产物。

推理，乃是精神的过程；观念，乃是精神的孕育；问题，乃是精神的探照灯和逻辑学；而论辩与哲学，乃是精神的组织机体。

但凡想法，定会招致生命机体某种组织的物质反应，这就会引发机体组织结构中客观的物质改变。所以，只需针对某一给定主题做出一定数量的思考，就能使人的身体组织发生彻底的改变。

这就是失败演变为成功的过程。勇气、力量、灵感、和谐，这些想法取代了原先的失败、绝望、匮乏、限制与嘈杂的声音，慢慢在心中生根，身体组织也随之而发生改变，个体的生命将被新的亮光照耀，旧事已经消亡，万物焕然一新，你因此获得了新生。这是一次精神的重生，生命因而有了新的意义，生命得以重塑，充满了欢乐、信心、希望与活力。你将看到成功的机遇，而此前你是盲目的。

你的身上充满了成功的想法，并辐射到你周围的人，他们反过来又会帮助你前进与攀升。你将吸引到新的、成功的合作伙伴，而这反过来又会改变你的外部环境。

就是通过这样简单地发挥思想的作用，你不仅改变自身，同时也改变了你的环境、际遇和外部条件。

我们正处在崭新一天的破晓时分。即将到来的各种可能，是如此美妙神奇，如此令人痴醉，如此广阔无边，以至于几乎令你目眩神迷。我们正在经历的事情是一个世纪前做梦也想不到的，而即将发生的还会更多。

不消说，任何一个认识到了《世界上最神奇的心理课》中所包含的内容的人，都拥有难以想象的优势，他会成为正展现在每个人面前的无穷可能性的人。

体验并超越你的雄心和希望

阅读并体验《世界上最神奇的心理课》，将超越你在生活中的雄心和希望。

◎ 你会完全理解如何梦想成真。

◎ 你会看到“引力法则”究竟如何发挥作用以及为什么会起作用，并开始看到它的效果几乎是立竿见影。

◎ 你会学到一种新奇的方式以实现你理想的体重，这种方式并不包括减肥药丸、时尚食物，也不会让自己饿得要死。

◎ 你将学会如何“训练你的大脑”，从而消除你生活中的怀疑与恐惧。

◎ 你将发现拥有生活的意义的重要性，你将会得到训练以帮助你找到这种意义。

◎ 你将学会世界精英们用来建构财富和帝国的技艺。

◎ 通过学习如何集中注意力，你将会懂得：为什么很多聪明人从未达到过那些并不太聪明的人所达到的成功高度。

◎ 要想在任何商业冒险中实现真正的成功，仅仅学习渴望“挣钱”是远远不够的，那只会让你走向失败。

◎ 发现消极的自我诉说如何能很快地被积极的自我诉说所消除、所取代，将会帮助你实现你的目标和梦想。

◎ 把你的计划付诸行动会更容易，并且会以空前的速度发生。

◎ 结果很快就会出现，速度超出你此前的想象。

◎ 目标的设置将变成一件很简单的事。

◎ 实现目标几乎成了你的第二天性。

◎ 你会看到，无论过去有什么事情发生在你的身上，它对现在的影响都微不足道。你会昂首挺胸，以巨人的意志瞻望未来。

◎ 有三项规律等待为你效劳。学会如何利用它们的力量，这样你就可以实现你的目标、梦想与渴望。

◎ 通过界定你自己和你的目标，你会让自己看上去能够吸引成功和机遇。

◎ 你会懂得，“巧干”就是任何努力中取得成功的新“秘诀”。

◎ 当你体会梦想成真的过程的时候，你就能够把它应用于生活中的任何方面——个人的、财务的或商业的。

◎ 你会看到，学习并改进你的记忆，可以通过放松而得到很大的帮助。

◎ 阅读固然重要，同时你会发现，知道该读什么甚至更重要。

◎ 你已经耽搁了吗？你不会再耽搁的。一旦你清楚地界定了愿望和目标，你就会在内在自我中找到前所未知的能量和行动的意志。

◎ 每个人都有“挣百万美元的才能”，但他们并没有加以利用。通过训练，你会发现你能挣这笔财富，你还会看到，如何能让它产生立竿见影的效果。

◎ 你将认识到白日做梦与目标设置之间的差异，以及一个人如何能挣比别人多十倍的钱。

◎ 当你丢掉芝麻捡起西瓜的时候，你眼下所遇到的问题会从你的生活中消失。

◎ 你在生活中遭遇的“磕磕碰碰”会更少。

◎ 你学会了如何把问题或目标化整为零，你就能够战胜任何问题，实现任何目标。

◎ 你会发现，当你让自己在接近事物的时候静下来，你就会看得更清楚，并因此看到实现梦想的机会与可能。

◎ 你不仅会为自己的失误承担责任，而且还会为自己的成功真正地承担起责任，这是很多人羞于去做或害怕去做的事——但成功者并不这样。

◎ 好的东西出现，坏的东西就会消失。要将你的好的特点付诸应用，将坏的特点彻底排除，你就会成为一个精力充沛的人。

◎ 你会看到，你所遇到的问题很容易被战胜，它们是你通向成功的“垫脚石”，而不是事情出错的迹象。

◎ 你的生活将比你所认为的更丰富、更富有、更成功。

◎ 你不仅会拥有通向真正成功的钥匙，而且还会知道：什么钥匙开什么门。

致读者

亲爱的朋友：

一位年轻人去找禅师，请教如何才能得到内心的平静。

禅师问他："如果你拥有了宇宙中最伟大的财富，你还缺什么呢？"

"如何能拥有宇宙中最伟大的财富？"年轻人困惑不解地问。

"产生这个问题的地方，就是宇宙中最伟大的财富。"禅师答道。

对一位禅师来说，这个回答更直截了当。他所指的是一个人的心智——亦即一个人的头脑。

一切财富，一切幸福，一切健康，一切关联。这些东西都是我们的心智——亦即我们的观念——的产物。用已故的罗伯特·安东·威尔逊的话说，就是：

"头脑产生我们所经历的一切——我们所有的痛苦和烦恼，我们所有的极乐和狂喜，我们所有的发展程度更高的愿景和跨越时代的巅峰体验，以及诸如此类的东西。在最唯物的经济意义上，它也是'宇宙中最伟大的财富'。它创造了所有的观念，这些观念被社会所利用，变成了财富：道路、科学规律、历法、工厂、电脑、救命的药物、医学、牛车、汽车、喷气式飞机、太空船……"

从书页上暂时抬起你的眼睛，看看周围吧。你所看到的每一样东西都是某个人的心智的产物。不妨对之思考片刻。

你坐的那把椅子，起初只是某个人想做椅子的一个想法。他想到了要做一把椅子，于是他就做出设计，买来他所需要的配件，组装它们，然后使得它可以出售。拿那只照亮你的房间的电灯泡来说吧，你肯定会想到爱迪生，是他想出了这个主意，然后又劳心费力地让它变成了现实。你书架上的图书、你所住的房子、你所开的汽车……也都是这样来的。每样东西起初都是某个人的一个想法。

现在，这儿有一个大问题：

怎样才能利用你的心智——宇宙中最伟大的财富——来获得你想要的东西呢？

在我们回答这个问题之前，先让我问你几个问题吧：

◎ 你靠自己的想法和观念赚到了钱没有？你是否让它们实现了充分的价值？

◎ 你吃得好吗？睡得好吗？让自己放松了吗？

◎ 你是否专注于你的生意或工作并依然有足够的时间留给家人？

◎ 你是否像你所希望的那么健康？

◎ 你的日子是否组织得很好？

◎ 在白天你是否有足够的时间完成你应该完成的事情？

◎ 你是否睡得很沉，并能很好地恢复精神，而不做任何令你恐惧或烦恼的梦？

◎ 你是否总是精力充沛、焕然一新地醒来？

◎ 你的每一天是否都过得充实？

◎ 你是否期盼着每一天的来临？

◎ 你是否让你生活中的每一件事情，都对你的精神和身体有益？

◎ 你所遇到的人是否都做你想让他们做的事情？他们对你的感觉是否如你所愿？他们对你的看法是否如你所想？

◎ 你所遇到的事情是否做起来很容易，而且无须付出巨大的努力？

◎ 你是否能把精力集中在一个问题上，而把所有别的事情抛开？

◎ 你是否能把一个问题拆开、分化、瓦解，为的是能够理解它的方方面面，以便找出解决的办法——明确地、决定性地、最终地解决问题？

◎ 当你解决了一个问题的时候，你是否能不再考虑此事，并把注意力转移到别的事情上？

◎ 你是否心态平和，摆脱了忧愁、烦乱、焦虑和怀疑？

如果你希望挣到自己真正应得的薪水，带着新的精力和活力期盼着每一天的来临，能轻松地解决生活中的问题，变得无所畏惧，让人们对你做出肯定的响应，摆脱你内心中的忧虑和怀疑，那么，可以肯定，你今天所读到的将是最重要的文字。

你将发现，你能做到上面所说的一切，而且会做到更多——通过学习，你将利用你所拥有的最伟大的财富去做更多的事，你会做到这一切。

出版前言

很高兴能把查尔斯·哈奈尔这本奇书呈现在你的面前。这将是我们这一个“世界上最神奇的24堂课”体系中的最后一本。它不仅涵盖了许多难以对付的主题，而且你会发现自己很快就会被它给迷住了，因为你将痴迷于对事物的全新理解。

我们必须说明，这本《世界上最神奇的心理课》完全不同于哈奈尔的其他著作，尤其是《世界上最神奇的24堂课》(I)。在《世界上最神奇的心理课》中，哈奈尔详细阐述了精神科学背后的观念与理论，提供了许多支持其主张的实例和证据。

尽管这部著作问世已近百年，但它所论述的若干理论到今天依然有效。对于任何一个渴望理解精神科学的人来说，《世界上最神奇的心理课》都是必不可少的。它对任何一个想透彻理解哈奈尔及其信仰的人来说，也是必不可少的。通过他的话，我们可以得到一幅关于他的、更清晰的图画——作为一个思想者、一个探索者，甚至多半还是一个梦想家。

此外，在本书的编辑出版过程中，我们还选取了哈奈尔生前未曾公布的“世界上最神奇的24堂课”体系秘篇，并将其融合于本书之中，相信其中的真知灼见必将能为你的生活——健康积极的生活贡献一分力量。它们在哈奈尔先生去世60多年以后首次公开面对读者。希望读者可以从中得到更多的惊喜和收益。

自然，我们也不能不提到，书中的一些观点难免与当今的科技发展成果相悖触。为此，我们在编辑出版过程中做了必要的处理和调整。而某些因前后文关联不宜删节的地方，我们做了相应的保留。相信以当今读者的智慧，完全能够去粗取精，撷其精华。

为了更好地阅读和理解本书所阐释的奇妙思想，建议读者配合《世界上最神奇的24堂课》(I和II)一同阅读，从而能够前后融会贯通，深刻理解哈奈尔留给世人的伟大思想。

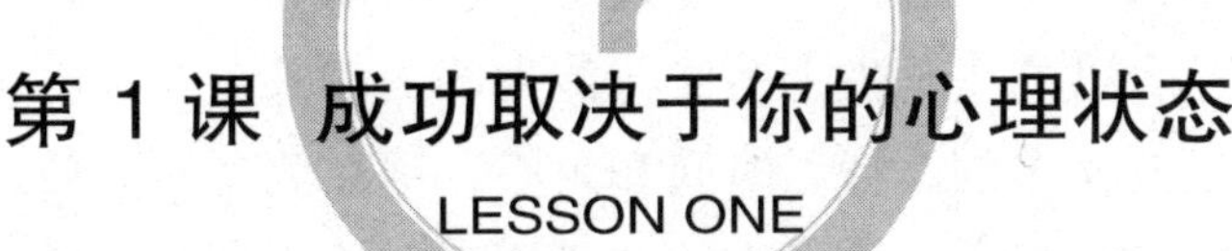

第 1 课 成功取决于你的心理状态

LESSON ONE

当一个目标或意图清晰地占据着思想的时候，它的沉淀（以有形的、可见的形态）仅仅是个时间问题。想象总是先于实现，并决定着实现。

——莉莲·怀汀

1 有金钱意识的人总是吸引金钱。有贫穷意识的人总是吸引贫穷。二者都心想事成，毫厘不爽，通过思想、言辞和行为，为他们所意识的东西铺平了道路。“他心怎样思量，他为人就是怎样。”[①]约伯说，“我所害怕的事降临到了我的身上。”意识，或者思想与信念，就是一些精神导线，我们所意识的事物就是借助它们找到了通向我们的路径。

2 惦记夜贼的家庭是个吸引夜贼的家庭。从不担心夜贼或没有意识到夜贼正在进入他家的人，绝不会受到骚扰。拦路劫匪从不袭击丝毫也不害怕的人——有某种东西会阻止他。有恐惧意识的人总是招致攻击。正如胆小的人一样，

① 这一非常著名的引语出自詹姆斯·艾伦。译者注：此语出自《旧约·箴言》第 23 章 7 节。詹姆斯·艾伦写过一篇著名的文章，以这句话的前半句作为标题。

街上那只提心吊胆的狗本能地会成为所有其他狗进攻的目标。

3 人是自己未来的建筑师。他可以造就自己，也可以毁掉自己。一个人可强可弱，可富可穷，一切取决于他控制自我意识、发展内在能力的方式。一个人所需要的是力量、决心，以及通过工作、活动和学习而带来的自我改进。你必须学会给自己的头脑披上力量与能力的美丽外衣。你必须乐于拿出与用在穿衣打扮上同样多的金钱、时间和耐心，用在美观而有效地拾掇这件精神的外衣上。通过践行商业世界中的信任法则和恰当调整，没有什么事情是不可能的。

4 你有一笔价值无穷的遗产。尽管它已经被交到了你的手里，但只有通过践行自然、精神和灵魂的法则，从而为它铺就通向你的道路，你才会真正拥有它。生活中的伟大目标和意图，不可能通过瞎猫碰死耗子的方法来实现。你所需要的唯一才能，就是做一个伟大的人、一个强有力的人的能力。不过，这种才能千万不要包在餐巾纸里藏起来。一定要把它展示出来，让它发挥作用。一定要培养它。如果你想做一个伟大的人，那么就要发现自己的才能，然后对自己说："这就是我要做的事情，忘掉所有其他事情，我要一往无前，攀登上新的高度。"你有一项高贵的、与生俱来的权利。如果不善加利用，这项权利就不为人知。

5 很少有人能实现对丰裕的占有，因为这个原因，在那顶峰之上才有成功、名声和荣耀。那里留有你的一席之地。那里，有财富等着你，有荣耀等着你。因此，如果你想达到那样的高度，就要拒绝承认低级事物占据你的注意力的权利。用意志和愿望的内在力量，提升自己在世界中的位置。

6 请记住，意图控制着注意力。要拥有一个伟大而光荣的理想，让这一理想永远超越你。当你前进的时候，不断创造新的理想或许是必要的，因为理想一旦实现，它就不再是理想了。研究你的理想，与你的理想倾心交流，与它聊天，伴它入梦，让你的心专注于它，让你的雄心与活力把你带向它。"你的财宝在那里，你的心也在那里。"①

① 《新约·马太福音》第6章21节。

7 你对自身价值的评估，其发言是如此大声、如此有力，以至于人们本能地觉得：这样的价值就在你所说出的每句话里。“人的礼物，为他开路，引他到高位的人面前。”[1]相信自己，你就会发现你的礼物，而你的礼物会提升你，用成功给你加冕。保持这种对自己的信任吧。

有金钱意识的人总是吸引金钱。有贫穷意识的人总是吸引贫穷。二者都心想事成，毫厘不爽，通过思想、言辞和行为，为他们所意识的东西铺平了道路。

人是自己未来的建筑师。他可以造就自己，也可以毁掉自己。他可强可弱，可富可穷，一切取决于他控制自我意识、发展内在能力的方式。

8 你可曾为自己规划一个伟大的未来？那么就看看，你是否没有告诉过任何人，即使你会成功。

9 你是否有一项伟大的计划、方案或创意正在规划当中？把它保留给自己吧，别透露出来。如果不这样，你就会半途而废。

10 这些都是你的私人财产。你对自己的信任，你未来的成功，完全是你的私人图景，不应该让任何人看到它，除了你自己。

11 把这些东西保留在你大脑中孕育它们的地方。它们一出生，世界就会认识它们。

12 每一幢建筑，无论大小，最初都是一种精神理念。从理念状态，逐渐发展为精神图景。从精神图景，又发展为一幅草图，或者画在一张纸上。

13 从这张纸开始，通过竖立起一个钢铁或木质框架，接着是木材、砖块、石头或水泥筑成的外墙，它最终发展成了物质的表达和形态。

14 这就是一幢建筑赖以进入可视表达的方法。每一幢建筑都是先有它的精神形态，然后才有它的物质形态。物质形态的背后，是最初的理念。理念来自不可见的领域。获得接受和批准的理念变得可见。

15 所有大买卖，所有大成功，起初都存在于大想法中，存在于大计划中，并与宇宙的伟大心智相契合。

---

① 《新约·箴言》第18章16节。

16 在可视化的过程中，或者在构建你的事物的精神图景的过程中，总是保持在合理的生长与发展的范围之内。一次持久性的成功，通常是适度地生长与发展的。你所构建的成功精神图景如果大于理性所能证明的限度，你肯定会一败涂地。时机不成熟的成功不可能保持下去。

17 把一件事情可视化直到你实现这件事情。把一次更大的成功可视化，直到你实现这样的成功。然后，一次更大的成功，总是保持在理性的限度之内，总是为不可能的或无法预料的突发情况留有余地。

18 在那顶峰之上，有很多大的机遇。因为很少有人能够充分发展自我，坚持下去，并相信自己能攀上顶峰。眼下每月挣500美元的人，不会挣到1000美元，除非他所提供的服务值每月1000美元。

19 你，你自己，就是你的未来的建筑师。当你的真正价值足以大到让你的服务变得必不可少的程度时，商人们才会带着诱人的薪水来找你。然后你就可以报出自己的价格——而且你会得到它。

20 要乐于把金钱投入到精神工具上。要做任何能够开发价值的事情。

21 在这样为自己创造成功的同时，你也必须为他人创造成功，因为在某种程度上，成功是互相依赖的。为了你的成功，其他人也必须成功。

22 那些一无所有的人，不可能购买你的服务或产品。因此，你必须激励他人成功。在这方面你越成功，你自己的成功就越完满。

23 你得到的，就是你给予的。给予的多，得到的会更多，因为他人的想法给予你精神的动力，在这一动力中，你会被携带着跟随超常的力量一起前行，而这种力量是一切力量之源。

24 不可能的事情，总是因为有人胆敢相信它是可能的而成为可能。过去的伟大发明，都是被那些比别人更相信它能实现的人创造出来的。他们的信念，激励了行动、研究、思考和努力。当信念得到工作的有力支持的时候，它就会结出硕果。这就是“普遍规律”。

25 还有更多的事情等待那些有信念的人去实现。如果你是一个有信念的人，你就会深深地穿透知识之域，从看不见的领域中揭示出崭新的、令人惊叹的东西。

26 这是一项为那些足够勇敢的人而准备的工作，他要敢于站在狮子的洞穴中，当这头狮子以奚落或恐吓的怒吼威胁着他的生命的时候，他无所畏惧，毫不害怕。

27 要实现更多的事情，你就必须保存自己的力量，你必须把这些力量用于实现你的理想。矿工深深地挖入地球的内部，勤勉不懈地劳作，拒绝享乐与奢华，这样他才可以获得贵重的金属，为的是在更大、更好的程度上获得生活必需品。

生活中的伟大目标和意图，不可能通过瞎猫碰死耗子的方法来实现。你所需要的唯一才能，就是做一个伟大的人，具有强有力的能力。

请记住，意图控制着注意力。要拥有一个伟大而光荣的理想，让这一理想永远超越你。当你前进的时候，不断创造新的理想或许是必要的，因为理想一旦实现，它就不再是理想了。

28 既有物质的金矿，也有精神的金矿。精神的金矿是通过集中、勤勉而融会贯通的思考来穿透的。因此，一个人可以披上精神黄金的外衣，这样的外衣使得他能够通过实际、巧妙而合理的方法，去吸引物质的财富。

29 冥思苦想就是精神采矿，而深刻的、富有穿透力的思考使得思考者能够把头脑里的黄金转变为手头上的黄金。

30 精神采矿就像采金矿一样需要专心致志。专心致志就是把注意力集中在一个共同的中心上。要集中并加强注意力。不屈不挠，百折不回。百分之百的注意力就是专心致志。

31 炸药被集中为能量，并使能量具体化。头脑在集中的时候就变得充满活力。这样一种头脑能够实现奇迹。充满活力的头脑能够在别人失败的地方取得成功。这是真的，因为它发展并创造了吸引成功的方法与手段。它有着实现计划的力量。

32 通向成功的道路是向上的，并存在于向上的攀登中，有许多东西要超越，有许多东西要克服，这些东西就像地心引力一样，总是把我们向下拉。

33 很多受过教育的人都失败了，因为他们的知识是肤浅的，缺乏智慧的，而且还是不切实际的、无生命的；因此，知识并没有把他们跟力量之源联系起来。很多目不识丁之辈，却因为那种内在的精神获得了成功和荣誉，这种精神是不可战胜的。

34 不可能的事总能被转变成可能。要获得“大智”的力量，你就必须放开手脚、无拘无束地去思考，去相信，去实践。

35 有意识地重复任何一个陈述（赞赏的或批评的），会在你的身上产生出这一陈述所表达的品质。给你的“自我”一个坏的名声，并加以诋毁和诽谤，它就会真正做到符合你所给予它的名声。

36 相反，如果你记住：实际上，你的真正的“自我”是完美的、理想的，因为它是精神的，而且那种精神绝不是不完美的。如果你称许它、赞美它，即使它看上去辜负了你，你也会得到你所给予它的好名声，而且你最终会发现：你确实找到了“无价之宝”。

37 集中注意力的能力，是天才区别于他人的标志。它包括这样的能力：保持你的心智向无限的知识之源敞开，并因此获得智慧、知识、力量和灵感的提升，避免误入歧途和漫无目标的精神力量，这是造成生活中许多失败的主要原因。

38 太多的人漫无目标地以盲打误撞的方式着手处理生活中的事务。生活中首先考虑的事情应该是熟悉“普遍规律”，这些规律控制着存在的精神层面和物质层面。

39 拿电打比方，精神可以比作高压电，心智可以比作变电站。当电车脱离电线的时候，人的状态就是死气沉沉的、不稳定的、胆小怯懦的，在重新建立起这一联系之前，如果他斗胆冒险的话，他的努力就会付诸东流。

40 在心理上懂得自己，就是懂得如何建立起必要的联系，并因此以最大的成功和最小的抵抗把动力应用于生活的难题。

41 对于控制着这一力量的规律，人们所拥有的知识各不相同，人的差异就在于此。未使用的力量，跟埋藏于地底的黄金并无不同。在被发现、被应用之前，它毫无价值。

42 精神的力量可以转换为任何资产。如果恰当地加以引导，它可以实现任何目标。

43 这一力量就是“无价之宝”。它是“一笔埋藏在地里的财宝，一个人在耕地的时候发现了它，便把自己所有的一切全都卖掉，来购买这块地”。(译者注：参见《新约·马太福音》第13章44节)它是用餐巾纸包着藏起来的天赋才能，为了实现任何有价值的事情，人们必须发现它、揭示它。

你是否有一项伟大的计划、方案或创意正在规划当中？把它保留给自己吧，别透露出来。如果不这样，你就会半途而废。

这些是你的私人财产。你对自己的信任，你未来的成功，完全是你的私人图景，不应该让任何人看到它，除了你自己。

44 这笔“无价之宝”可以通过践行持久、明智、导向准确的努力来获得。

45 人是大自然一切规律、力量和现象的缩影。电话、照相机、飞机、打字机，全都在人的复杂的特性和构造中各有其代表。“人类最伟大的研究是对人的研究”这句话依然是对的。

46 就其本性而言，人是双重的，亦即精神与身体。把精神拿掉，就只剩下一块毫无生气的世俗物质。人的精神有其明确的作用规律和彰显规律。对这些规律的研究，被称作“心理学”(Psychology)。

47 Psycho的意思是“灵魂”，ology的意思是信息、哲学或规律。因此，心理学是灵魂的科学。

48 对统领这门科学的规律的实际应用，将让你能够找到解决生活中任何问题的办法，并因此把自己从不幸的经历中拯救出来。

49 当我们说一个人把全部“精神”都投入到工作中时，我们的意思是：他让自己的“精神”引导他正在做的工作。所有工作、所有技艺——实际上就是生活中

的所有事务——都必须有“灵魂”在其中，这样才能成功。灵魂和精神实际上是同义词，控制着它们的规律，就像数学定律一样明确、一样肯定，其结果一样毫厘不爽。

50 一个没有地理知识、没有罗盘的人，要寻找一个异邦的国家或城市会非常困难。但拥有了地理知识、罗盘以及旅行的必要手段，他就能轻而易举地找到这样的目的地。

51 拥有了心理学的知识，你就是一个认识生活之路的人，你所跨出的每一步，都是朝着正确的方向。因此你就可以避免时间和金钱的损失，在很大程度上控制你在生活中将要遭遇的境况和经历。

52 普遍规律总是一成不变的，拿传宗接代来说，每一代总是按照它自己的种类生产出来的。在身体层面是这样，在精神的层面也是这样。你的精神，是普遍精神通过人的形态的延伸和彰显。你是无穷心智的一个分支，就像一根嫩枝是一棵树或一根藤的成员一样，这二者，意义并无不同，性质也是一样。

53 人不仅仅是人。一切“神性自我”的可能性都在等待通过你展开，就像尚未绽放的玫瑰，在仲冬时节沉睡在植物的体内，在夏季，借助这种灌木的智能，通过生长和努力，在枝头含苞怒放。玫瑰树以及所有开花植物的智能，在寂静中梦想繁花盛开。开花是它的光荣，瞧呀，植物中的精神，把梦想的实现展示在它的成熟表达中。

54 人也是渴望成功，渴望拥有力量，渴望拥有光荣——这些是他与“神性存在”合而为一的明证。这些渴望是一种“饥渴”：一旦他开始理解那支配着他的“普遍规律”，就要满足这样的饥渴。

55 那些失败的人正步行在黑暗或无常之中。他们接触不到光，也接触不到“普遍规律”的指引。他们正在践行个人自我的意志，而不是“神性自我”的意志。他们至今尚未获得让他们得以自由的知识。

56 旧的心理学必须成为过去。“看哪，我将一切都更新了。”[①]一种新的心理学正在出现。

57 “不应该让一个人播种却让另一个人收获。狮子与羔羊不应该一起喂养。不要再有哭喊和流泪，不要再有死亡。弯弯曲曲的地方要改成直线，高的地方要改低，低的地方要增高，沙漠要像花园那样鲜花盛开。别再有黑夜，别再有任何让人害怕的东西。”[②]

① 《新约·启示录》第 21 章 5 节

② 这段话很可能出自《以赛亚书》。它不是精确引用，但有些部分是直接出自该书，比如“弯弯曲曲的地方要改为正直”。（《以赛亚书》第 40 章 4 节。译者注：《新约·路加福音》第 3 章 5 节也有同样的话）哈奈尔在其他著作中曾多次引用《以赛亚书》。

第 2 课 你也能拥有一切

LESSON TWO

心想事成

我坚信，心想事成，
想法被赋予了躯体、呼吸和翅膀；
我们放飞自己的想法，让它们
用结果去填充世界，或好或坏。
我们召唤内心隐秘的想法，
让它飞向地球上最遥远的地方，
一路留下它的祝福，或者哀伤，
就像它身后留下的一行行足迹。

我们构建自己的未来，一个想法接一个想法，
我们并不知道，结果是好还是坏。
然而，宇宙就是这样形成的。
想法，是命运的另一个名字；
选择吧，然后等待命运的安排，
因为恨会产生恨，爱会带来爱。

——亨利·范·代克

1 富裕，是宇宙的自然法则。这一法则的证据是决定性的，我们在每一只手上都能看到它。无论何处，大自然都是慷慨的、浪费的、奢侈的。在任何被造物中，没有哪个地方可以观察到节约。难以数计的植物、动物，以及创造与再创造的过程赖以永恒继续的庞大的繁殖系统，所有这一切都显示出了大自然为人类准备环境时的浪费。

精神的金矿是通过集中、勤勉而融会贯通的思考来穿透的。因此，一个人可以披上精神黄金的外衣，这样的外衣使得他能够通过实际、巧妙而合理的方法，去吸引物质的财富。

冥思苦想就是精神采矿，而深刻的、富有穿透力的思考使得思考者能够把头脑里的黄金转变为手头上的黄金。

2 大自然为每个人准备了丰富的物品，这一点很明显，但是，许多人看上去似乎无缘于这些东西，这一点也同样明显，他们至今没有认识到一切物质的普遍性，没有认识到心智是引发动因的有效要素，凭借这种运动，我们跟自己所渴望的东西建立起联系。

3 要控制环境，就需要了解心智作用的某些科学法则。这样的知识是最有价值的资产。它可以逐步获得，一旦掌握就可以付诸实践。控制环境的力量，就是它的果实之一；健康、和谐与繁荣，是它的资产负债表上的进项。它所需要的代价，仅仅是收获其庞大资源时所付出的劳动。

4 一切财富都是力量的产物；只有当财富能够赋予力量的时候，拥有财富才是有价值的。只有当事件能作用于力量的时候，它们才是有意义的。一切事物都代表着某种形态、某种程度的力量。

5 发现并统治这种力量、使之能服务于一切人类努力的规律，标志着人类进步的一个重要纪元。它是迷信与智慧的分界线；它排除了人的生命中反复无常的因素，而代之以绝对的、不可改变的普遍法则。

6 认识了控制着蒸汽、电流、化学亲合力与地心引力的因果规律，使得人们能够大胆地计划、勇敢地执行。这些规律被称为“自然法则”，因为它们控制着物理世界。但是，并非所有力量都是物理力量，还有精神力量、道德力量和灵魂力量。

7 思想是至关重要的力量，在最近半个世纪里才得以揭示，并产生出了如此惊人的结果，它所创造的世界，对于50年前（甚或25年前）的人来说是绝对不可想象的。既然我们在50年的时间里通过组建这些精神发电厂从而获得了这样的结果，那么，在接下来的50年里，还有什么是我们不能做的呢？

8　有些人会说，如果这些法则是真的，那我们为什么不论证它们呢？既然这些基本法则明显是正确的，那我们为什么没有得到正确的结果呢？我们正是这样做的，我们得到的结果完全符合我们理解规律、应用规律的能力。在有人总结出控制电流的规律并告诉我们如何应用之前，我们不会从这些规律中得到任何结果。

9　这使得我们跟环境建立起了一种全新的关系，揭示出了我们此前做梦也想不到的各种可能性，这些是通过一系列井然有序的规律而引发的，而这些规律，必然与我们新的精神姿态有着密切的关系。

10　因此很清楚，丰裕富足的思想只会对类似的思想做出反应。人的财富与他的内在相一致。内在的富足是外在富足的秘密，它吸引着外在财富来到你身边。

11　生产能力是个体真正的财富之源。因此，一个人如果在他所着手进行的工作中投入全部的身心，那么他的成功是没有止境的。他会不断地付出、给予；他付出得越多，收获得也就越多。

12　思想是借助引力法则运行的一种能量，它的最终体现，便是人们生活中的丰裕富足。

13　一切力量，正如一切软弱一样，皆源于内在。一切成功，正如一切失败一样，其秘密也同样来自人的内心。一切成长都是内心的展开。万物皆然，显而易见。每一株植物、每一只动物、每一个人，都是这一伟大法则的活生生的见证。往昔的错误，就在于人们总是从外在世界中寻找力量或能量。

14　透彻理解遍及宇宙的这一伟大法则，会让我们获得能够开发并拓展的创造性思维的心智状态，而这种创造性思维，将给我们的生活带来神奇的改变。

15 绝好的机会将充满你的人生之路，正确利用这些机会的能力和悟性，将从你的内心中涌出，朋友将不请自来，环境将调整自己以改变你的境遇。你会找到真正的“无价之宝”。

很多受过教育的人都失败了，因为他们的知识是肤浅的、缺乏智力的，而且是不切实际的、无生命的；因此，知识并没有把他们跟力量之源联系起来。很多目不识丁之辈，却因为那种内在的精神获得了成功和荣誉，这种精神是不可战胜的。

16 智慧、能量、勇气与和谐的环境，全都是力量的结果，而我们已经看到，一切力量皆来自内心；同样，每一种匮乏、局限或不利的环境，都是软弱的结果，而软弱只不过是无力而已。它来自乌有之乡，它本身什么都不是——那么，补救之道不过就是发展力量。

17 这就是许多人变失为得、变惧为勇、变绝望为喜悦、变希望为实现的关键奥妙。

18 这看上去似乎太好了，以至于不像是真的，但请记住：就在几年之内，通过触动一个按钮或撬动一根杠杆，科学就已经把几乎取之不尽的资源置于人类的控制之下。难道就不会存在另外一些包含更大可能性的法则吗？

19 正如大自然中最强大的力量是看不见的无形力量一样，人身上最强大的力量也是看不见的无形力量——他的精神力量，而彰显精神力量的唯一方式，就是通过思考的过程。思考是精神所拥有的唯一活动，思想是思考的唯一产物。

20 是故，增减盈亏，都不过是精神事务而已。推理，乃是精神的过程；观念，乃是精神的孕育；问题，乃是精神的探照灯和逻辑学；而论辩与哲学，乃是精神的组织机体。

21 但凡想法，定会招致生命机体某种组织的物质反应，如大脑、神经、肌肉等。这就会引发机体组织结构中客观的物质改变。所以，只需针对某一给定主题做出一定数量的思考，就能使人的身体组织发生彻底的改变。

22 这就是失败演变为成功的过程。勇气、力量、灵感、和谐，这些想法取代了原先的失败、绝望、匮乏、限制与嘈杂的声音，慢慢在心中生根，身体组织也随之而发生改变，个体的生命将被新的亮光所照耀，旧事已经消亡，万物焕然一新，你因此获得了新生。这是一次精神的重生，生命因此有了新的意义，生命得以重塑，充满了欢乐、信心、希望与活力。

23 你将看到成功的机遇，而此前你是盲目的。你将发现新的可能，而此前这些可能对你毫无意义。你的身上充满了成功的想法，并辐射到你周围的人，他们反过来又会帮助你前进与攀升。你将吸引到新的、成功的合作伙伴，而这反过来又会改变你的外部环境。所以，就是通过这样简单地发挥思想的作用，你不仅改变了自身，同时也改变了你的环境、际遇和外部条件。

24 你会看到，你必须看到，我们正处在崭新一天的破晓时分。即将到来的各种可能，是如此美妙神奇，如此令人痴醉，如此广阔无边，以至于几乎令你目眩神迷。一个世纪以前，一个人不要说有战斗机了，哪怕只有一挺格林机关枪，也足以歼灭整整一支用当时的武器装备起来的大军。眼下也正是如此。任何人，只要认识到了现代哲学体系中所包含的可能性，都将获得难以想象的优势，从而卓冠群伦，傲视苍生。

25 心智是创造性的，它通过引力法则得以运转。我们不要试图影响任何一个人去做我们认为他应该做的事。每个个体都有权自己做出选择，但除此之外，我们可以在强力法则下发挥作用，就其本性而言这是破坏性的，跟引力法则针锋相对。

26 一点点反思就会让你确信：所有伟大的自然规律，都是在默不作声地发挥作用，根本性的法则是引力法则。只有一些破坏性过程，比如地震和灾变，才会使用强力。用这种方式永远不会实现什么好的结果。

27 要想成功，就必须始终把注意力放在创造性的层面上，它一定不能是竞争性的。你别想从任何别人那里拿走任何东西；你应该为自己创造某个东西，而你自己希望得到的东西，你应该完全乐意让人人都拥有它。

28 你知道，大可不必从某个人那里拿走再给予另一个人，大自然为所有人提供了丰富的供应。大自然的财富仓库是无穷无尽的，如果有某个地方看上去似乎缺乏供应，那仅仅是因为分发的通道尚有缺陷。

29 富裕的获得，正是依赖于对“富裕规律”的认知。心智不仅仅是创造者，而且是唯一的创造者。毫无疑问，任何事物，都是在我们已知它可以被创造出来并付出相应的努力之后，才被创造出来的。当今的世界，并没有比以前多了“电”这种东西，只是当有人发现了电的规律，并使之服务于人以后，我们才从中受益。如今，人们了解了电的规律，全世界都被电所照亮。“富裕规律”也是如此，只有那些认识它、遵循它的人，才能分享它所带来的好处。

> 太多的人漫无目标地以盲打误撞的方式着手处理生活中的事务。生活中首先考虑的事情应该是熟悉的“普遍规律”，这些规律控制着存在精神层面和物质层面。
>
> 精神的力量可以转换为任何资产。如果恰当地加以引导、使用，它就可以实现任何目标。

30 对富裕规律的认知发展出了某些精神品质和道德品质，其中就包括勇气、忠诚、机敏、睿智、个性与建设性。这些全都是思想的倾向，而所有思想都是创造性的，它们彰显在与精神环境相一致的客观环境中。这必然是正确的，因为个体的思维能力，就是他作用于“普遍心智”并使之得以彰显的能力。每一个想法都是因，而每一种境遇都是果。

31 这一原则赋予个体看上去不可思议的可能性，其中有一种可能性，就是通过机遇的创造与再创造来掌控个人的境遇。这种机遇的创造，意味着必不可少的品质或才能的存在或创造，而这些品质或才能就是思想的力量，它们导致了对决定未来事件的力量的认知。正是这种在心智内部对胜利或成功所进行的构建，这种对内在力量的认知，组成了能够做出响应的和谐行动，据此，我们跟自己所寻求的对象和目标建立起了联系。这就是行动中的引力法则。这一法则，是所有人的共同财产，任何一个对其运转拥有足够知识的人，都可以加以运用。

32 **勇气，**就是在对精神冲突的热爱中所彰显出来的心智力量；它是一种庄严而高贵的情操；它既适合发号施令，也同样适合服从执行，二者都需要勇气。它常常有隐藏自己的倾向。也有一些男人和女人，表面上总是只做能让别人高兴的事，但是，当时机出现的时候，潜藏的东西就会显露出来，我们在柔软的手套下发现了铁腕，我们没有错看它。真正的勇气，是冷静、沉着和镇定，绝不是有勇无谋、争强好胜、脾气暴躁或好辩喜讼。

33 **积累，**是把我们不断收到的事物部分地储备和保存下来的能力，这样我们就能够利用更多的机会，而且一旦我们做好了准备，这样的机会还会出现。不是说“给他曾得到过的”（参阅《新约・马太福音》第25章第29节）吗？所有成功的商人都有这样的品质，而且得到了很好的发展。已经去世的詹姆斯・J.希尔[①]留下了超过5200万美元的财产，他说：“如果你想知道自己在生活中是注定成功还是注定失败，你可以轻而易举地得到答案。测试方法简单易行，准确无误：你能存钱吗？如果不能，那就拉倒吧。你会失败的。你或许会想：这不可能，但你肯定会失败，就像你活着一样肯定。成功的种子不在你的身上。”就其本身而言，这个观点很不错，但读过詹姆斯・J.希尔的传记的人都知道，他是通过遵循我们已经给出的那些方法才挣到他的5000万美元的。首先，他从一张白纸开始，利用自己的想象力，把他打算穿越西部大草原的庞大铁路计划予以理想化。然后，他必须认识富裕的规律，以便为他实现这一计划提供方法和手段；如果他不执行这一计划，他绝不会有任何东西积存下来。

34 积累需要动力。你积累得越多，你的愿望就越多，你的愿望越多，你积累的就越多。就这样，只需要很短的时间，作用与反作用就获得了不可阻止的动力。然而，千万不要把积累跟自私、贪婪或吝啬混为一谈，这些全都是走邪路，会让真正的进步成为不可能。

35 **构建，**是心智的创造性本能。不难看出，每一个成功的商人都必定有能力计划、发展或构建。在商业界，它通常被称作“创新精神”。沿着前人的老路走是远远不够的。必须发展新的观念，新的做事方式。创新精神表现在构建、设计、规划、发明、发现和改进中。创新精神是最有价值的品质，必须不断得到鼓励和发展。每一个个体在某种程度上都拥有创新精神，因为在那无限而永恒的能量中，他是一个意识中心，而万物皆源于这种能量。

36 水呈现在三个层面上：冰、水和蒸气，它们全都是同一种化合物，唯一不同的是温度。但谁也不会试图用冰去驱动引擎，把它变成蒸气，它就很容易承

① 詹姆斯・J.希尔（1823—1916）白手起家，缔造了一个铁路帝国。一位记者询问他成功的秘诀时，希尔先生答道：“工作，艰苦的工作，充满智慧的工作，然后是更多的工作。”除了他的铁路之外，希尔还从事很多其他的生意：煤矿与铁矿、航运、银行与金融、农业及加工业。在他生命的晚期，希尔写过一本书《进步的大路》，详细阐述了他的经济哲学。

担这个任务。你的能量也是如此，如果你想作用于创造性层面，你首先就要用想象的火焰把冰融化，你弄到的火越猛烈，融化的冰就越多，你的思想就变得越有力，而你实现自己的愿望也就越容易。

37 **睿智，**就是感知自然法则并与之协作的能力。真正的睿智在它败坏堕落的时候也会避开欺诈与瞒骗；它是深刻洞察力的产物，而这样的洞察力，让你能够深入事物的核心，懂得如何引发能够创造成功条件的运动。

38 **机敏，**是商业成功中的一个非常微妙，同时也非常重要的因素。机敏跟直觉颇为类似。要想拥有机敏，你必须有精细的感觉，必须凭直觉知道该说什么、做什么。要想机敏，你必须拥有同情心和理解力，理解力非常罕见，因为所有人都能看、听、感觉，但能够“理解”的人却少得可怜。机敏使你能够预知即将发生的事情，并计算行动的后果。机敏让我们能够去感觉我们什么时候拥有了身体上、精神上和道德上的清洁，因为在今天，这些都是成功所必须付出的代价。

拥有了心理学的知识，你就是一个认识生活之路的人，你所跨出的每一步，都是朝着正确的方向。因此你就可以避免时间和金钱的损失，在很大程度上控制你在生活中将要遭遇的境况和经历。

一切财富都是力量的产物。只有当财富能够赋予力量的时候，拥有财富才是有价值的；一切事物都代表着某种形态、某种程度的力量；

39 **忠诚，**是把有力量、有品格的人联结在一起的最强大的纽带。任何人扯断这样的纽带都不可能不受惩罚。宁愿断臂也不肯卖友的人绝不会缺少朋友。那些默默地坚守、如果有必要甚至会坚守到死的人，除了得到信任与友谊的神殿之外，还会发现自己跟一股宇宙力量联系在一起，而只有这种力量才能吸引值得渴望的境遇。

40 **个性，**是展开我们所拥有的潜在可能性的力量，要特立独行，要关注比赛的过程而不是比赛的结果。强者对那些自鸣得意地跑在自己身后的大批模仿者毫不在乎。他们不会满足于仅仅领着一大群人，或者得到乌合之众的欢呼喝彩。这些只能取悦于胸襟狭小之辈。有个性的人更自豪于内在力量的展开，而不是弱者的奴颜婢膝。

41 个性是真正的内在力量，这一力量的发展及其作为结果的表达，使一个人能够承担起指引自己的前进步伐的责任，而不是跟在某个我行我素的领头人之后亦步亦趋。

42 **灵感，**是海纳百川的吸收技艺，是自我认识的艺术，是调整个体心智以适应普遍心智的艺术，是给万力之源加上适当的机械装置的艺术，是区分无形与有形的艺术，是成为无穷智慧流动渠道的艺术，是使完美形象化的艺术，是认识全能力量之无所不在的艺术。

43 **真诚，**是一切幸福的必要条件。可以肯定，认识真诚，并自信地坚持真诚，是一种满足，其他任何东西都比不上。真诚是最根本的真实，是所有成功的商业关系或社会关系的先决条件。

44 每一次跟真诚相左的行为，不管是出于无知还是故意，都会削弱我们立足的根基，导致不和谐，以及不可避免的失败与混乱，因为每一次正确行动，最卑微的心智也能准确地预知它的结果；而如果违反正确的原则，对于其所带来的结果，就连最伟大、最深刻、最敏锐的心智，也会晕头转向，毫无概念。

45 那些在内心中确立了真正成功的必备因素的人，也就确立了自信，奠定了胜利的基础，唯一剩下的事情，就是时常采取这样的步骤：让重新唤醒的思想力量指引自己，并由此保持一切力量的不可思议的秘密。

46 我们的精神过程中，有意识的不到10%；另外90%都是下意识的和无意识的。所以，仅仅依靠有意识的思想来产生结果的人，其有效性也不到10%。那些正在实现任何有价值的事情的人，都是能够利用这一更大的精神财富仓库的人。重大的真实，正是隐藏在下意识心智的辽阔领地里，也正是在这里，思想找到了它的创造性力量，它的与目标相联系的力量，使不可见变为可见的力量。

47 那些熟悉电学规律的人都懂得这样的原理：电流必定总是从电压高处流向低处，人应该能够让这种力量为自己所用。那些不熟悉这一规律的人，便不会实现自己的任何目的。统治精神世界的规律也是如此；有的人懂得，心智渗透万物，无所不在、反应迅速；他们能够利用这一规律，控制条件、境况与环境。不懂的人就没法利用它，因为他们对此一无所知。

48 这种知识所带来的结果，原本就是大自然的恩赐。正是这一“真理”让人解除了束缚，不仅免于匮乏和局限，而且还免于悲痛、烦恼和忧虑。而且，这一法则并不因人而异，不管你过去的思维习惯如何、你曾走过的路怎样，它都不会对你区别对待，认识到这些，难道还不令人惊叹吗？

第 3 课 大师的智慧

LESSON THREE

伟人或大师就像孤独的高塔一样矗立在永恒之城中。那些在外部自然之下的深处穿行的秘密通道，让他们的思想能够与更高的智能相互交流，正是这种智能，增强并控制着他们的思想。对此，那些在地面上终年劳作的人做梦也不曾想到。[①]

——亨利 · 沃兹沃斯 · 朗费罗

1 大师的智慧就在你的身体与灵魂之内，并让这二者互相贯通。它也是我们每个人身上的“伟人”——“神人”。它在所有人类生命中都是一样的，是我们熟悉地称作“我是”的那种东西。

2 大师是那个不受血、肉、魔鬼或诸如此类的东西控制或掌握的人。他不是臣民，而是统治者。他知道，而且知道自己知道；正是因为这个，他才是自由的，才不被任何东西所控制。

① 出自亨利 · 沃兹沃斯 · 朗费罗的长篇小说《卡文诺》（*Kavanaugh*）的起始段落。

3 当你达到了这个境地的时候，你就会稳扎稳打地控制与战胜自己，用越来越多的知识武装你的头脑，你让自己的脸朝向光，向前、向上移动。

丰裕富足的思想只会对类似的思想产生共鸣，人的财富与他的内在相一致。内在的富足是实现外在富足的前提，它吸引着外在财富来到你身边。

4 规律变成了你的仆人，不再是你的主人。你说出你的思想或言辞，与真理、意志及恰当的精神图景相伴随，你的言辞实现了它所诉诸的目标。

5 对尚未揭示的、隐藏不露的知识的渴求，应该达到“朝闻道，夕死可矣”的程度。陈规、旧习及名望的偶像，决不允许它们成为前进道路上的绊脚石或障碍。每一个攀上过制高点的人，都不得不到达这样一个位置：在这里，他胆敢挑战客观世界的思想、判断和理由。

6 有这样一个故事：一个学生拜一位智者为师。这位智者似乎对自己帮助弟子进步的工作不感兴趣、粗心大意。弟子对智者抱怨自己没学到什么东西。智者说：“很好，年轻人。跟我来。”他领着弟子翻过了山岗，越过了河谷与田野，来到湖边，进入深深的水里。然后，智者把弟子按在水下，紧紧抓住他，直到这个年轻人的全部渴望都集中为一个至关重要的渴望——对空气的渴望。黄金、财富、荣誉、地位及名声，对他来说全都不再重要了。最后，当他差不多要憋死的时候，智者才把他拉出了水面，说：“年轻人，当你在水里的时候，你最想要的东西是什么？”年轻人说：“空气，空气，空气。”接着，他的老师说：“当你渴望智慧就像你渴望空气一样迫切的时候，你就会得到它。”

7 因此，强烈的渴望是获得“大师智慧”的首要条件。那些曾在这个世界上留下痕迹的人，那些攀登上过高峰的人，就是那些曾强烈地、连续不断地渴望过的人。而那些愿望很微弱的人，除非他们在渴望上变得强烈、变得热切，否则绝不可能到达制高点或高峰。

8 化学品之间的吸引与排斥完全是智能和极性的问题，或者，我们可以说，是爱与恨的问题。正是如此，心智既可以是吸引成功的磁极，也可以是吸引失败的磁极。你的心智，以一种与你操纵自己意识的方式相一致的方式，变成了金钱磁体。当它成为一块金钱磁体的时候，每一笔交易明显会带来利益。

9 一个人的商业价值，取决于他的内在价值，以及他把自己的内在价值带入外部意识和行动的效率。换句话说，正是内部的黄金吸引了外部的黄金，正是内部的价值吸引了外部的价值。一个有财富意识和价值意识的人，加上同等的知识，总会找到自己的一席之地。

10 有人曾说："心智对躯体的主宰是至高无上的，在一定时间内，它可以让肉体和神经变得坚不可摧，让肌肉像钢铁一样强大，弱者就这样成了强人。因为，控制得当的心智，会按照其本来面目去看待所有事物，按照其本来价值去评价所有事物，利用其自身的优势，坚定不移地坚持自己的观点，因为他知道这些观点的力量和分量。"[①]

11 存在这样的规律：如果违反它们，就会让心智变弱，或者阻碍它的发展，反之，则会导致强有力的心智。践行并遵守这些规律，就会防止心智的软弱，发展并表达出被公认为力量的心智品质。

12 别让任何人主宰你的心智！很多人害怕表达他们自己思想的高贵堂皇，因为朋友、邻居或亲属没准会不同意，或者不赞成。这就是遏制或压抑，任何东西在压制之下都不可能生长得强大或强壮。表达是生长的法则。

13 那些阻止你思考的胆小怯懦，总是沿着思想的警戒线，使心智变得愚蠢笨拙，阻挠它被赋予力量。长时期摇摆于两种意见之间，会阻止有力心智的发展。

14 要敢于做一个思想领域的探索者。要敢于深刻地、透彻地思考。这样的勇气，就像肌肉一样，使用得越多就变得越强壮。

15 伟大潜藏于无数男人女人的胸间，因为缺乏主动，而没有诞生下来，没有表达出来。主动性的缺乏，归因于畏惧。畏惧，归因于一个人相信存在这样两种力量：善的力量和恶的力量。那些让伟大潜藏于自己灵魂的胸怀中，而不让它出生的人，更相信恶的力量，而不是善的力量，因为这样的畏惧，他不敢冒险去听从灵魂的召唤并因此获得胜利者和征服者的桂冠。

① 这段话的前一句出自斯托夫人的《汤姆叔叔的小屋》。译者注：后一句出自拉罗什富科的《道德箴言录》。

16 在放弃行动的过程中，他已经因为不敢行动而被战胜了。在这个意义上，畏惧是最大的恶魔，是一切贫穷、不幸、疾病和犯罪的基础与根源。

17 要让任何人都觉得并且相信：他绝不会缺乏任何好东西，他正走在通向胜利的路上。

18 科学家们已经发现：所谓的物质绝不可能被消灭。它的形态可以被改变，它可以被衰减为看不见的东西，但是，它依然存在。

> 生产能力是个体真正的财富之源。因此，一个人如果对他所设定的目标全力以赴，全身心投入，那么他就已经非常接近成功的彼岸了。他的付出和收获成正比，他会不断地付出、给予。他付出的越多，收获的也就越多。

19 如果所有可燃的物质都被焚烧殆尽，我们这颗星球的重量跟以前也完全一样，这证明了没有什么东西能够被消灭。[①]

20 形态被改变了，但物质依然以其他形态存在。

21 这本身就是证据，它证明了：物质是永恒的、不可毁灭的。如果大量看得见的物质能够漂浮在大气中，并通过火的分解力而变成看不见的东西，那么我们应该知道下面的说法也同样正确：看不见的东西也能变成看得见的东西。

22 那些能够更深远地思考，足以深入到关于电力及其他非物质力量的、尚未被发现的知识与规律领域的人，会成为发明家和发现者，他们的名字将被写入“名人堂”中。

23 这样的人必定不畏惧任何事，他们绝不会因为他人的奚落和嘲弄而动摇或改变方向，他们保持自己的精神专注并集中于一个目标上。这样的人一往无前，不断进取，不在乎别人会怎么想、怎么说。

24 这就是主动，而主动导致理想变成现实。相信一切皆有可能的人，对他来说一切都是可能的。一个有这种坚定信念的人，正走在大师之路上。灵感之光照亮他脚下的道路，引导着他的每一步，把他从陷阱与绊脚石中解救出来，带领他从胜利走向胜利。

① 这是一个物理定律，即物质守恒定律，它声称：物质既不能被创造，也不能被消灭。

25 每一个成年人几乎都经历过下面这个事实的不同现象和体验：在他的身上存在这样一种心智，它知道并揭示出那些远远超出心智的道德方面和智力层面的可能性的事实与事件。这些现象的出现，其形式可能是“细微的声音”，或者是生动逼真的、预言性质的梦幻。

26 很多次，它仅仅是作为一种印象或感觉出现的，在那些成功的商人身上尤其如此，这些人的行动，所依据的总是内在的声音或印象，而不是依据外部层面的表象或判断，不管这些判断对理性的头脑来说是多么令人满意。

27 这些经历就是内在的声音，它显示出更高的知识和智慧开始从某个神秘的来源进入显意识心智当中。正是同样的心智，通过古往今来的所有大师在说话。

28 这个声音和这些现象，来自意识的第三层面。它有时候被称作“第六感”。在新心理学中，它被称为“超意识”或“超心智”。这个“超心智”知道你的危险，并保护你。这种保护通常是无法解释的。

29 这一“超心智”还知道绿色的草地和静止的水，勾画出富足与和平的轮廓。它引领那个反应灵敏的学生，他默不作声地倾听着它的智慧，并因此获得了机遇，如果没有这位顾问和向导，他就会被危险和徒劳无功的努力与冒险所战胜。

30 以色列国王中最伟大的财政专家所罗门，让自己的超意识与外部意识联系了起来，并有效地彰显在自己私人的、君主的、财政的事务中，所以他就成了以色列王室中最富有、最显赫的国王。

31 有时候，所有其他活动或前进的途径都对我们关闭了，于是我们走上了这条唯一开放的通道并遭遇了成功，如果我们已经从寂静的声音中听懂了某种东西的话，成功的到来或许要早很多。

32 当你与超意识心智之间建立起了联系的时候，你也就与你的启示者之间建立起了联系，这位启示者以静默不语的方式，让你知道所有出现在你面前的人的内心和意图。“披着羊皮的狼”，扮成天使的恶魔，以及装成温驯小狗的狐狸，全都在你面前原形毕露，足以让你警惕起来，加强戒备。

33 这个无所不知的心智真正成了顾问、辩护者和向导。这一内在的声音，或称直觉，将会明智地引导你。它还会在每一次必要的时候警告你，并找到一条逃生之路。

34 为了应付这一可能发生的情况，重要的是你应该有孤独、平静或沉默的时候，在此期间不要让任何东西扰乱你。

35 每一块肌肉都要放松，把心思从所有外部事件中收回，完全采取接纳的姿态，这样，超心智就会显现出来，并激活、点亮、澄清显意识心智的外部层面。

36 最好的做法是每天拿出一组时间用于这样的静默。你可能还有其他的静默时刻，比如在书桌前、客厅里或者在乘坐公共汽车的那几分钟。

> 一切力量，正如一切软弱一样，皆源于内在。一切成功，正如一切失败一样，其秘密也同样来自人的内心。一切成长都是内心的展开。
>
> 智慧、能量、勇气与和谐的环境，全都是力量的结果，而我们已经看到，一切力量皆来自内心；同样，每一种匮乏、局限或不利的环境，都是软弱的结果，而软弱只不过是无力而已。

37 在这样的静默中如果没有什么令人惊奇的事情发生，请千万不要灰心丧气。这些令人惊奇的事情通常是发生在静默之后，而不是静默之中。

38 自己不要想任何东西，而是让那个无穷的心智去通过你思考，并为你而思考。

39 起初，当想法开始出现的时候，它们或许不是非常清晰或非常正确。你仅仅需要倾听。当思绪流动的时候，它会澄清自己，不大一会儿，你就会接收到将对你的生活和工作大有帮助的智慧。

40 即使你似乎根本没有接收到任何显意识的思考，你也可以肯定它被记录在潜意识当中，在需要它的时候它就会出现在显意识心智里。

41 在静默中，你会被照亮、被启发，在生活的道路上不再是个实验者或投机者。

42 在静默中，你的经验会带有这样的品格：它关乎你的发展与展开。有的人会捕捉到丰富的思想和计划，有的人会有一种感觉或冲动，使得他们去做（或不做）他们所琢磨的事情。

43 静默的理念和意图，就是要跟伟大的智慧仓库建立起联系——里面装有符合你的特殊需要的磁振动，就跟蓄电池蓄电一样。因此，当你在智慧、活力或机敏方面尚不高明的时候，那么，就进入静默状态给自己充电吧。

44 这是在给自己加载力量，这样你就可以带着供应充足的能量重新回到大千世界。因此，这种力量让你能够乘胜前进。

45 只有少数人找到了真正带领他们走向神圣境界的道路。它是一条不为人知的秘密小路。它的入口被遮掩。那些粗心大意、不思进取、注意力不集中的人，从它的旁边漫不经心地走过，毫无觉察。那些践行静默的人会发现它的入口。他们会到达自己的目标。

46 一片剃刀刀片因为它极其锋利的边缘而有了穿透力。在从物质的分子之间穿过时，它只遇到了很小的阻力。注意力集中的头脑，也是尖锐、锋利、有穿透力的头脑，它能找到穿透难题的路；它因此分化、瓦解了表面上看来不可能的事情。

47 许多身陷困惑的生意人，通过每天拿出片刻的时间，对自己在生意中的位置进行沉思默想，从而转败为胜。他们实现了两个目的：跟“普遍规律”同步合拍，让引力法则得以运转，如同磁铁一般，其方式跟花蜜吸引蜜蜂的方式并无不同。

48 静默，是学习大师智慧的大学。正是在这里，所有智者接收了他们的智慧。也正是在这里，最伟大的教师指导着信徒们。

49 真正的静默，让隐藏的光荣彰显出来，就像百合的光荣一样，藏在它的蓓蕾里，被花蕾的绽放带了出来。隐藏在人身上的智慧和力量也是这样，通过自信和对静默的运用，它们被带入了表达——或者说是开花。这是真正的教育。教育这个词，源自拉丁文educio，它的意思就是“从内部拽出来”。

50 如果你把静默变成一种享受，就像跟一位非常要好的朋友聊天一样，那么你就会更快得到结果。

正如大自然中最强大的力量是看不见的无形力量一样，人身上最强大的力量也是看不见的无形力量。——一个人的精神力量，是彰显其精神力量的唯一方式，也是通过思考的过程。

51 态度应该是热切的渴望、关切和决心之一。要实现最大的结果，先要确定你最大的渴望。然后，把注意力集中在这个渴望上。断定它是可以实现的。

52 断定天与地将助你一臂之力。

53 要知道，你不是独自一人，还有内在的心智与你一起工作，监督着你的行动，指导着你的想法、决定与前行。

54 放松每一块肌肉，平静下来。想象那无穷无尽的资源任由你支配。

55 伟大的产业领袖只有很少的密友。他们知道，伟大的想法、伟大的行动，以及伟大的功绩，都是在静默中诞生的。

第 4 课 改变自我的力量

LESSON FOUR

如何控制思考方法以满足一个人的愿望，这个问题对那些不熟悉真正的精神训练的人来说，并不像看上去那么难。一个人可以改变自己，改进自己，重新创造自己，控制自己的外部环境，掌握自己的命运，这一点，是每一个完全意识到了正确思考在建设性行动中的力量的人所得出的结论。

——**拉森**

1 神经系统是物质，它的能量则是心智。因此它是“普遍心智”的手段。它是物质与精神之间的纽带，是我们的意识与“宇宙意识”之间的纽带。它是“无穷力量”的门户。

2 脑脊髓神经系统与交感神经系统，都有种类相同的神经能量控制，这两个系统互相交织，以至于对它们的刺激会互相传递给对方。身体的每一活动，神经系统的每一刺激，我们的每一个想法，都要消耗神经能量。

3 神经系统跟心智的关系，就像钢琴跟它的演奏者的关系一样。心智只有当它赖以发挥作用的工具正确的时候才能完成表达。

> 但凡想法，定会招致生命机体某种组织的物质反应，如大脑、神经、肌肉等。这就会引发机体组织结构中客观的物质改变。

4 脑脊髓神经系统的器官是大脑，交感神经系统的器官是腹腔神经丛。前者是自觉的或有意识的，后者是不自觉的或下意识的。

5 正是通过脑脊髓神经系统和大脑，我们才意识到了自己所拥有的，因此，一切拥有皆源于意识。小孩子的未曾发育的意识，或者是傻瓜与生俱来的意识，都不能“意识”到拥有。

6 这种精神环境——意识——随着我们所获取知识的增加而不断改善。知识是通过观察、经验和反思而获得的。

7 我们开始意识到心智所拥有的这些，所以我们承认：拥有是建立在意识的基础之上，我们把这种意识叫作“内在世界”。我们所获得的那些有形的拥有，则属于“外部世界”。

8 拥有内在世界的是心智。让我们能够在外部世界获得拥有的，也是心智。心智通过思想、精神图景和行动来彰显自己。因此思想是创造性的。

9 我们利用思想去创造条件、环境及其他生活经历的能力，取决于我们的思维习惯。

10 我们做什么，取决于我们是什么；而我们是什么，则取决于我们习惯性地想什么。在我们“做”什么之前，我们首先必须“是”什么；而在我们“是”什么之前，我们必须控制并引导我们内在的思考力量。

11 思想就是力量。宇宙中只有两样东西：力量与形态。当我们认识到我们拥有这种“创造力”、能控制和引导它并通过它作用于客观世界的力量与形态的时候，我们也就完成了我们在精神化学中的第一项实验。

12 普遍心智是一切力量与形态的“实质”，是作为万物之基础的“本体”。与固定的规律相一致，“万物”源于自身，并被自身所创造和维持。这就是得到完美表达的创造性的思想力量。

13 普遍心智是无所不知、无所不能、无所不在的。在它出现的每一个地方，它本质上都是一样的，所有心智都是同一个心智。这解释了宇宙的秩序与和谐。深刻领悟这一陈述，就是拥有了理解并解决生活中所有问题的能力。

14 心智有双重的表达——显意识的（或客观的）与潜意识的（或主观的）。我们通过客观心智与外部世界建立联系，通过主观心智与内在世界建立联系。

15 尽管我们正在把显意识心智与潜意识心智区别开来，但这种区分事实上并不存在，这样处理只不过是为了方便而已。一切心智都是同一个心智；在精神生活的所有层面上，都存在不可分割的统一与完整。

16 潜意识把我们跟普遍心智联系起来，我们就这样跟所有力量建立起了直接的关系。潜意识中所储存的，是我们通过显意识所得到的对生活的观察和体验。它是一个记忆的仓库。

17 潜意识是一个巨大的温床，思想就落在这个温床里，或者是通过观察而得出的经验，或者是偶然事件所播下的种子，然后，它们带着自己成长的果实再一次进入我们的意识。

18 意识是内在的，而思想则是力量的外在表达。二者是不可分割的，想都不想一件东西就能意识到它的存在，那是不可能的。

19 如果两根电线靠得很近，而且第一根电线携带的电负荷比第二根电线的电负荷更大，那么，第二根电线就会通过感应而从第一根电线接受部分电流。这一现象可以用来形象地说明人类对普遍心智的态度。即他们并没有有意识地跟这一力量之源建立起联系。

20 如果让第二根电线接触第一根电线，它就会尽其所能地负载更多的电流。当我们意识到力量的时候，我们就成了一根“生命的电线”，因为意识让我们跟力量之间建立起了联系。随着我们利用力量的能力的增长，我们就越发能够应对生活中的各种境遇。

勇气、力量、灵感、和谐，这些想法取代了原先的失败、绝望、匮乏、限制与嘈杂的声音，慢慢在心中生根，身体组织也随之发生改变，个体的生命将被新的亮光所照耀。

21 普遍心智是一切力量、一切形态之源。我们是这一力量赖以彰显的通道；因此，在我们的内心有着无限的力量、无限的可能，它们全都受到我们自己思想的控制。因为我们拥有这些力量，因为我们与普遍心智息息相通，所以我们可以调整或控制我们可能会遭遇的每一种经历。

22 对于普遍心智而言，不存在任何限制，因此，我们对自己跟普遍心智合而为一这一点认识得越充分，我们所意识到的限制或匮乏就越少，所意识到的力量就越多。

23 出现在任何地方的普遍心智都是一样的，不管是出现在无穷大中，还是出现在无穷小中。其相应彰显出来的力量的不同，完全在于表达的能力。

24 一块黏土和一块相同重量的炸药，包含了同样多的能量。但后者身上的能量很容易被释放，而前者身上的能量，我们至今尚没有学会如何释放它。

25 为了表达清楚，我们必须在我们的意识里创造相应的条件。要么是悄无声息地，要么是通过重复，然后把这一条件烙印在潜意识里。

26 意识领会、思想彰显我们所渴望的条件。我们的生活条件和环境条件，只不过是我们的主导思想的反映。所以，正确思考的重要性怎么估价都不过分。“有目而不视，有耳而不听，都让我们不能去理解”。换句话说：没有意识，就没法去理解。

27 思想，如果得到建设性的利用，就会在潜意识中创造出一些倾向，这些倾向又把自己彰显为性格。性格这个词，其原义是“刻痕”，比如在封印上；它现在的意思是：由天性或习惯在一个人身上留下的特殊品质，它把一个拥有这种性格的人跟所有其他人区别开来。

28 性格有外向表达和内向表达。内向表达是意图，外向表达是能力。

29 意图，是把心智引向要实现的理想，要完成的目标，或者要实现的愿望。意图赋予思想以品质。

30 能力，就是与全能力量协作的能力——尽管这可能是不知不觉地完成的。

31 我们的意图和我们的能力，决定了我们的生活经历。重要的是，意图和能力是平衡的。当前者大于后者的时候，“梦想家”就诞生了；当能力大于意图的时候，结果就是急躁，会产生很多徒劳无益的行动。

32 根据引力法则，我们的经历取决于我们的精神姿态。精神姿态是性格的结果，而性格也同样是精神姿态的结果。彼此互为作用与反作用。

33 在每一次经历的背后，看上去似乎都有“机遇”“厄运”“幸运”与“天命”在盲目地发挥着影响。事实并不是这样，而是，每次经历都由永恒不变的规律所控制，可以控制到产生我们所渴望的条件的程度。

34 每一种成功的商业关系或社会地位，奠定其基础的基本原则，都是要认识到内在世界与外在世界的差别，客观世界与主观世界的差别。

35 外部世界围绕着人旋转，人是它的中心。物质、有组织的生命、人民、思想、声音、光及其他振动，以及包罗万象的宇宙本身，都向人发出振动，光、声音与触觉的振动，喧嚣与柔和的振动，爱与恨的振动，思想的振动，好与坏的振动，智与不智的振动，真与不真的振动。这些振动都指向一个人——他的自我——最小的与最大的，最远的与最近的。它们很少能抵达人的内在世界，大多都匆匆而过，蓦然回首，踪迹已杳。

36 其中有些振动对人的健康、人的力量、人的成功、人的幸福来说，是不可或缺的。那是怎么让它们溜掉了呢？怎么没把它们接收进你的内在世界里呢？

37 把意识看作一个通项，我们就可以说，意识是外部世界作用于内在世界的结果。它连续不断地在发生，不管我们是清醒还是酣睡。意识是感觉或知觉的结果。

38 我们很容易认识到意识的三个层面，它们互相之间存在着巨大的差异。

(1) **简单意识：**这是所有动物共同拥有的。它就是存在感，通过这种意识，我们认识到“我是谁”，以及“我在什么地方”；通过这种意识，我们感知形形色色的对象，以及五花八门的场景和状况。

(2) **自我意识：**这是所有人类(除了婴儿及智力残障者)共同拥有的。它赋予了我们自省的能力，亦即外部世界对我们内部世界所发挥的作用——“自省的自我”。作为其众多的结果之一，语言就这样产生了，每个单词都是代表一种思想或观念的符号。

(3) **宇宙意识：**意识的这一形态高于自我意识之上，就像自我意识高于简单意识之上一样。它不同于前两种意识，就像视觉不同于听觉或触觉一样。盲人不可能对色彩有什么真正的概念，然而，他的听觉却很敏锐，或者触觉很敏感。

要想成功，就必须始终把注意力放在创造性的层面上，它一定不能是竞争性的，你别想从任何别人那里拿走任何东西。你应该为自己创造某个东西，而你自己希望得到的东西，你应该完全乐意让人人都拥有他。

富裕的获得，正是依赖于对“富裕规律”的认知。心智不仅仅是创造者，而且是唯一的创造者。

39 一个人既不能凭借简单意识，也不能凭借自我意识，得到关于宇宙意识的任何概念。宇宙意识跟前两者都不一样，其差别甚至超过视觉与听觉的差别。一个聋人绝不可能借助他的视觉或触觉来欣赏音乐。

40 宇宙意识是意识的一切形态。它傲然凌驾于时间和空间之上，因为它远离身体和物质世界，所以对它而言，很多都不存在。

41 不可改变的意识法则是：意识发展到了什么样的程度，主观力量也就发展到了什么样的程度，其结果彰显在客观对象中。

42 宇宙意识是创造必要条件的结果，所以，普遍心智可以按照人们的愿望发挥作用。一切与“自我”的幸福相和谐的振动都可以被捕获、被利用。

43 当真理直接被我们所理解，或者无须通常的推理或观察过程就成了意识的一部分，它就是直觉。凭借直觉，心智可以立即感知到两种想法之间是一致还是不一致。“自我”总是这样认识真理。

44 通过直觉，心智把知识转变为智慧，把经验转变为成功，并把正在外部世界等待我们的事物带入我们的内在世界。那么，直觉就是那个把真理作为意识的事实呈现出来的普遍心智的另外一种状态。

第 5 课 只有 2% 的人有创造天赋

LESSON FIVE

我们把思考者分为两类：一类是那些自己思考的人，另一类是通过别人思考的人。后者是惯例，前者是例外。第一类人是双重意义上的原创思考者，以及自我主义者（就这个词的高尚意义而言）。这个世界正是（也仅仅是）从他们那里学习智慧。因为只有我们亲手点燃的光亮才能照亮他人。

——叔本华

1 墨西哥所丢掉的所有矿藏，从印度群岛驶出的所有大商船，所有满载金银的传说中的西班牙财宝船队，跟现代商业理念每8小时创造的财富比起来，还不如一个乞丐的施舍有价值。

2 机遇紧跟着感觉，行动紧跟着灵感，成长紧跟着知识，环境紧跟着进步，总是先有精神，然后才转化成品格与成就的无限可能性。

3 美国的进步要归功于它2%的人口。换句话说，我们所有的铁路、所有的电

话、所有的汽车、所有的图书馆、所有的报纸，以及数不清的其他便利、舒适和必需品，都要归功于其2%的人的创造天才。

4 自然而然的结果是，我们国家的百万富翁同样也只有2%。如今，谁是那些百万富翁，那些创造性天才，那些有能力、有活力的人呢？我们从文明中所享受到的所有好处，又要归功于谁？

5 他们当中有30%的人是穷牧师的儿子，这些人的父亲每年挣的钱绝不会超过1500美元；25%的人是教师、医生与乡村律师的儿子；只有5%的人是银行家的儿子。

6 因此，我们很想知道：为什么那2%的人成功地获得了生活中最好的一切，而剩下98%的人却依然过着朝不保夕的生活？我们知道，这并不是机遇的问题，因为正如我们所知道的那样，宇宙是由规律控制的。规律控制着一切。那么，我们难道不该肯定：它也控制着这些慷慨施舍的分配吗？

7 金钱事务，恰如健康、成长、和谐及其他任何生活条件一样必然、一样肯定、一样明确地受到规律的控制，这个规律是任何人都能遵从的。

8 许多人已经在不知不觉中遵从了这个规律，而另一些人则总是有意识地与之和谐相处。

9 服从规律，意味着你正在加入那个2%的行列；事实上，新纪元、黄金时代、产业解放，都意味着那个2%将要扩张，直至优势状况逆转过来——2%很快变成98%。

10 在探寻真理的同时，我们也在探寻着终极原因；我们知道，所有的人类经历都是结果。因此，如果我们可以找出原因，而且，如果我们发现这个原因是我们可以有意识地加以控制的话，那么，结果（或经历）也就在我们的控制之内了。

11 于是，人类经历不再是命运的橄榄球赛，人不会是运气的孩子。劫数、命运和运气，是可以不费力气地控制的，就像船长控制他的船、火车司机控制他的火车一样容易。

> 真正的勇气，是冷静、沉着和镇定，绝不是有勇无谋、争强好胜、脾气暴躁或好辩喜讼。

12 万物最终都可以分解为同样的元素，只是，当它们可以这样转化的时候，它们必定互为关联，而不是彼此对立。

13 物质世界里有着数不清的对立面，为了方便称呼起见，我们给这些对立面赋予了不同的名字。一切事物都有颜色、形状、大小、两端。有北极，也有南极；有内，也有外；有肉眼能够看到的，也有看不到的。所有这些，都不过是对这些对立面的一种表达方式而已。

14 一件事物的两个不同的方面有它们各自的名称。然而，这正反两面是相互关联的，它们不是独立的实体，而是事物整体的两个部分或两个方面。

15 在精神世界中，我们发现了同样的规律。我们说到“知识”和“无知”，但无知不过就是知识的匮乏，因而仅仅是表达“缺少知识”的一个词而已，其本身并没有任何准则。

16 在道德世界中，我们总是谈论“善”与“恶”，但经过研究我们发现：善与恶只不过是两个相关的术语。想法领先于行动并预先决定着行动。如果这一行动给自己和他人带来好处，我们就称这个结果为善。如果这个结果对自己和他人不利，我们就称之为恶。因此我们发现，“善”与“恶”只不过是为了说明我们行动的结果而生造出来的两个词，而反过来，行动是我们想法的结果。

17 在产业的世界里，我们总是说到“劳动”与“资本”，就好像存在两个截然不同的类别似的。但是，资本是财富，而财富是劳动的产物，而劳动必然包括各行各业的劳动——身体的、精神的、管理的、专业的。每一个其全部收入或部分收入依赖于他在商界中所做出的努力的人，都必定被归类为劳动者。因此我们发现，在产业的世界里也只有一个法则，这就是劳动的法则，或产业法则。

18 有许多严肃认真的人都在试图找到解决当前产业与社会混乱的方法，而且，

我们也总是听到人们谈论产品、浪费与效率——有时候还有创造性思考。

19 人们认识到，和谐是一种隐约出现的新观念，新时代的黎明即将到来，人类历史上的新纪元将要诞生。这样的思想正迅速在人们的心里传播，正在改变着关于人及其与产业之间的关系的成见。

20 我们知道，每一种境遇都是某个原因的结果，同样的原因总是产生同样的结果。那么，是什么给人类的思想带来了类似的变化呢——比如：文艺复兴、宗教改革和产业革命？

21 通过把产业集中化为公司和企业托拉斯从而带来了竞争的消除，以及随之而来的经济后果，这使得人们开始思考。

22 人们看到，对于进步来说竞争并不是必不可少的，他们询问："商界里所发生的这一进展，其后果又会是什么呢？"思想开始逐步呈现出来，它正迅速发芽，将要在所有地方所有人的心智中喷发，使人们站立不稳，把每一种自私的观念排挤出去，这种思想认为：商界的解放即将到来。

23 正是这种思想，在唤起人类前所未有的狂热；正是这种思想，集中了力与能量，它将摧毁阻挡在它与它的目的之间的任何障碍。它不是对未来的想象，它不是对现在的想象，它就在门口——而门，已经打开。

24 个体身上的创造本能，就是他的精神天性；它是普遍创造原则的反映，因此是本能的、与生俱来的；它不能被根除，只会被滥用。

25 由于商界中所发生的变化，这种创造本能不再寻求表达。一个人再也不能建造自己的房子，再也不能修建自己的花园，他绝不可能指挥自己的劳动；他因此被剥夺了个体所能获得的最大的快乐——创造的快乐、成就的快乐。所以这一伟大的力量被滥用了，被转变为破坏性的通道；变成了嫉妒，这使他总是企图毁灭那些更幸运的同伴的劳动成果。

26 思想导致行动。如果我们希望改变行动的特性，我们就必须改变思想，而改变思想的唯一方式，就是用健康的精神姿态取代现有的混乱的精神状况。

27 很明显，思想的力量是迄今为止现存的最大力量；它控制着所有的其他力量，而这一知识直到最近才被少数人所拥有，它将成为很多人的宝贵优势。那些富有想象力、富有远见的人将会看到把这一思想引导向建设性的、创造性的通道的机会；他们会鼓励、培养冒险的精神；他们会唤醒、发展、引导创造性本能。在这样的情形下，我们将很快看到世界此前从未经历过的产业振兴。

28 想法是运转中的心智，正如心智是运转中的大气一样。心智是精神的活动；事实上，它是精神上的人所拥有的唯一活动，而精神是宇宙的创造性法则。

机敏，是商业成功中的一个非常微妙、同时也非常重要的因素。机敏跟直觉颇为类似。要想拥有机敏，你必须有精细的感觉，必须凭直觉知道该说什么、做什么。

忠诚，是把有力量、有品格的人联结在一起的最强大的纽带。任何人扯断这样的纽带都不可能不受惩罚。宁愿断臂也不肯卖友的人绝不会缺少朋友。

29 因此，当我们思考的时候，我们便启动了一系列的“因”；想法发布出来，并遇到了其他类似的想法；它们汇合在一起，形成了观念。如今，观念独立于思考者而存在，它们是看不见的种子，存在于每一个地方，发芽生长，开花结果，带来千百倍的收获。

30 这导致我们相信——许多人似乎依然这样认为——“财富”是某种非常具体、非常切实的东西，我们可以获得它、拥有它，为我们所专用、所独享。不知何故，我们忘记了：世界上所有的黄金，按人均计算，每人只有很少的几美元。

31 然而，黄金仅仅是一个量度标准，一个准则。正如有了一根尺子，我们就可以度量成千上万英尺；同样，有了一张5美元的钞票，数以亿计的人就可以使用它，办法只不过是从一个人的手里传到另一个人的手里。

32 因此，我们只要能让财富的符号（我们称之为“钱”）保持流通，每个人就能拥有他所想要的一切；任何需要都会得到满足。只有当我们囤积的时候，当我们被担心和恐慌所攫住而又不能挣脱、不能松开的时候，匮乏的感觉才会出现。

33 因此很明显，我们要想从财富中得到什么好处，唯一的办法就是使用它，而要使用它，就必须散尽它，这样其他人就会从中受益；然后，我们为了互惠互利而互相合作，将富裕的法则付诸实践。

34 我们还看到，财富绝不像许多人所认为的那样是物质的、切实的，而是正好相反，获得财富的唯一方式就是让它保持流转；而一旦有任何协同行动使得这一交易媒介的流通有阻断的危险的话，那么就出现停滞、发烧，以及产业的死亡。

35 正是财富的这种不可捉摸的特性，使得它特别容易受到思想力量的影响，使得许多人能够在一两年的时间里获得其他人努力一辈子也别指望能够获得的财富。这要归功于心智的创造性力量。

36 海伦·威尔曼斯[①]在《征服贫困》(*The Conquest of Poverty*)一书中对这一法则的实际运转给出了一段有趣的描述：

人们几乎普遍都在追求金钱。这种追求仅仅来自贪婪的天赋，它的运作被局限在商界的竞争领域。它是一种纯粹的外部行动，其行为方式并不源自对内在生命的认知，而内在生命有其更美好、更正义、更精神化的渴望。它只是兽性在人的领域的延伸，任何力量都不可能把它提升到人类如今正在接近的神性层面。

因为，这一层面上的所有提升都是精神成长的结果。这种提升，其正在做的，恰好就是基督所说的我们为了富有而必须做的。它首先寻求的内心的天国，它只存在于这里。在这个天国被发现之后，所有这些东西(外在的财富)都会接踵而至。

一个人的内心中，什么可以称之为天国呢？当我回答这个问题时，10个读者当中没有一个会相信我——绝大多数人对他们自己的内在财富完全缺乏认知。但尽管如此，我还是要回答这个问题，真心实意地回答。

我们内心里的天国，就存在于人类大脑里的潜能当中，这种潜能的极大丰富是任何人做梦也想不到的。软弱无力的人，其机体之内也潜藏着上帝的力量；这些力量一直封闭着，直到他学会了相信它们的存在，然后试图展开它

① 海伦·威尔曼斯(1787-1862)是弗罗里达洲的一位信仰疗法师，他写过很多关于："精神科学"的书，包括《精神科学教程》(*Lesson in Mental Science*)和《再生：一篇关于精神疗法的实用论文》(*Sceond Birth:A Practical Treatise on Mental Healing*)

们。人们通常不喜欢反省，这就是他们为什么不富有的原因。在他们对自己以及自己的力量的看法中，他们被贫穷所困；对自己所接触到的每一事物，他们都要留下自己信仰的印记。

即使是一个打短工的人，如果有足够长的时间审视自己的内心，他就能够认识到：他所拥有的才智，完全可以被造就得跟他所效力的那个人一样强大，一样深远；如果他认识到了这一点，并赋予它应得的意义，仅仅这样，就足以解开他的镣铐，让他迎来更好的境遇。

通过认识自我，他应该知道：他跟自己的老板在智力上是平等的，或者可以变得平等；但需要的并不只是这样的认识。他还需要认识法则，并服从它的规定；换句话说，要想让自己攀上更高的位置，还需要更高的认识。他必须认识到这一点，并信任它；因为，正是忠实而信赖地持守这一真理，他的生命才从身体上得以提升。雇员如果不是纯粹的机器，任何地方的老板都会为得到这样的雇员而欢天喜地——他们希望有头脑的人参与他们的经营，并乐意支付报酬。廉价的希望常常是最昂贵的，就本质意义而言也是利润最少的。随着雇员智力的不断增长或者思考能力的不断发展，对老板来说，他的价值也就不断增加；当雇员的能力发展到能够独立做事的时候，就会有尚没有发展到这样程度的人来取代他的位置。

一个人对自己内在潜力的逐步认识，就是内心的天国，它将被彰显在外部世界里，并建立在那些与之相关的环境中。

一幢精神陋室的设计方案，其本身就来自一桩看得见的陋室的精神，这种精神就表现在与其特征相关的、看得见的外部环境中。

一座精神宫殿以与之相关的结果，发送出一座看得见的宫殿的精神。以此，同样可以这样说疾病与恶、健康与善。

第6课 做一个会创造的人

LESSON SIX

我们所具有的跟外部世界某些表象有关的思想，其品质是最真实的东西。这是无可逃避的规律。自古以来，正是这一规律，引领人们相信特殊的天意。

——威廉斯

1 如果化学家不生产任何有价值的产品，不生产任何能换成现金的产品，我们压根儿就不感兴趣。幸运的是，我们这里所说的这位化学家，他生产的商品是人类所有的已知商品中现金价值最高的。

2 他产生一种全世界都想要的东西，一种在任何地方、任何时间都能实现的东西：它可不是一笔呆滞资产；正相反，它的价值在每个市场都被认可。

3 这个产品就是思想，统辖整个世界的思想，统辖现存的每个政府、每家银行、每项产业、每个人以及每样东西的思想。仅仅因为思想，一切都将不同。

4 每个人都是因为他思考问题的方式而成为现在的样子；人与人、民族与民族，之所以彼此不同，仅仅是因为他们以不同的方式思考。

个性，是展开我们所拥有的潜在可能性的力量，要特立独行，有个性的人更自豪于内在力量的开掘，而不是弱者的奴颜婢膝。

5 那么，思想又是什么呢？思想是每个思想个体所拥有的化学实验室的产品；它是盛开的繁花，是复合的智能，是所有“先在思考过程”的结果；它是饱满的硕果，包含着个体奉献的所有果实中最好的果实。

6 关于思想，不存在任何物质的东西，然而也没有人会为了世界上的所有黄金而放弃自己的思考能力。因此思想比现存的任何东西都更有价值。既然它不是物质的，那它必定是精神的。

7 那么，这就解释了思想为什么有着令人惊奇的价值。思想是精神活动；事实上，它是精神所拥有的唯一活动。精神，是宇宙的创造性法则，因为，部分与整体在种类与品质上必定是一样的，差别只能在程度上，所以，思想必定也是创造性的。

8 古人觉得，每件雕刻品都是一种观念或情感的具体化，都是根据这样一个原则创作出来的：精神状态与身体表达之间存在着完美的一致。

9 现如今我们承认，精神状态与人的身体状况存在着直接的一致，而且知识一直是这样被阐述的，以至于我们如今知道：每一种境况都是结果，而这一结果，是一个源于某个理念的原因的产物。

10 现代科学如今把注意力集中在这样一个事实上：理念也是创造各种形式的财富以及财富分配的原因，经济学因此被看作是处理财富及其在物质层面的表达之规律的科学。

11 在我们的生活中，最好要记住智力规则，记住：得到明智引导的建设性思考自动地导致它的客体具体化在客观的层面上，因果率在一个被永恒规律所控制的世界上是至高无上的，正是心智（而且只有心智）能提供用以改善生活境遇的知识。正是心智，建造了每一幢房子，写出了每一本书，画出了每一幅图画。受苦与享乐的，也正是心智。因此，关于心智作用的知识对人类来说是头等重要的。

12 人们开始思考，这一点已经很明显。从前，每当人们不满或不快的时候就会聚集到附近的一家酒馆里，喝点小酒，很快就忘掉了他们的不满和不快。但现在，情形已经大为不同，人们会把时间花在阅读、研究和思考上，他们思考得越多，他们所满意的东西就越少。

13 我们必须记住：生活这宗大买卖，不应该按照经济的方法来经营，除非我们成功地把我们的资源转化成能够用来发展出在身体、精神和道德上都是最高级别的人。

14 或许，如今我们能够向一个人提出的最严肃的问题就是："你会思考吗？"检验一个人对社会是否有功效、是否有益，将集中在他使用心智的能力上。爱默生所发出的危险信号，最引人注目的莫过于他的呼喊："当伟大的上帝把一个思想者释放到这个星球上来的时候，可千万要当心。"因此，每一位有自尊的个人，都必须抓住机会，掌握知识，激发心智。真理总是让人自由，真理也总是只对善于思考的人才有用。

15 思考是一个创造过程，但善于结合才是关键。大自然把电子、原子、分子、细胞结合起来，最终结果就是宇宙。在人类的努力中，所有进步、发展和成就都是遵循从大自然中所学到的经验教训的结果，人类从原始的野蛮状态一步一步上升到如今的主人位置，凭借的就是把思想、事物和力量结合并关联起来。

16 在科学与发明的领域，在艺术、文学与商业的领域，在人类活动的方方面面，通过把常见的、普通的、已知的事物结合起来，人们揭示并发现了罕见的、非凡的、未知的事物。人类取得了迅速的进步，尽管人类在寻找新的结合时所采用的方法是无意识、无系统地使用的。为了排除偶然和机遇，必须有科学的方法，可以有意识地、系统地、彻底地、认真地、真诚地、连续不断地加以应用，从而导致更大的成功，更奇妙的发现，更多、更惊人的发明。

17 人类的大脑是最精细、最有活力的媒介，因此它有控制万物的力量。当我们沿着任何一条特殊的思路思考或集中注意力的时候，我们也就开启了一系列的原因，如果我们的思考足够集中，并持续不断地保持在头脑里，那么会发生什么呢？

18 能发生的只有一件事。无论我们有什么样的幻想，什么样的想象，这幅图景都会被普遍规律所认可，通过我们肉身的细胞和外部环境表达出来，而这些细胞则把它们的呼声发送到巨大的无形能量中，要求创造符合这幅图景的物质存在。因此，与我们相关联的境况，取决于无形能量通过人类头脑的媒介所创造出来的东西。

19 思想会下意识地作用于身体或环境。《纽约时报》（*The New York Times*）曾在一篇文章中提道：

大脑的潜意识部分有很多值得注意的能力，其中有一些能力很早就为人所知，尽管说不出个所以然来，而另外一些，则随着心理学家们研究的继续，正在陆续被发现，几乎每天都有。有不少我们所熟悉的活动，都是只有在我们不再通过有意识的努力去做之后才真正完成了。技巧娴熟的打字员根本不会去寻找键，就好像那些键是他的手指头一样，钢琴演奏者也是如此。一个摩托车驾驶者，如果要等到紧急情况出现的时候才去想该做什么，对坐他的车的人来说，这样的车手可是个危险角色；要想安全，他必须“自动地”做正确的事，人们总是这样说，但如今，他的效率被归功于他的潜意识所接受的训练。

由于潜意识从不睡觉，从不忘却，所以，它所接收的教导有着持续的影响。然而，这样的教导为什么不能像过去那样，是直接的、故意的，而应该是间接的、无意的（或者至少是没有被认识到的），这是没什么道理可讲的。

在专家的指导下，任何人都可以开列一份清单，列出他能够完全放心地托付给他的潜意识力量的日常工作，其数量会让人大吃一惊。这份清单从心跳和呼吸开始，一直到我们遇到一位朋友时决定是不是该伸出手去跟他握手，以及决定到底该伸进哪个口袋才能掏出一把刀子或一支铅笔。

会游泳与不会游泳的差别，对显意识来说是个谜，因为没有哪个游泳者能够说出他学会游泳之后所做的跟学会游泳之前所做的有什么不同。但潜意识却知道这之间的区别，并让不久之前还是不可能的事情变成一件轻而易举的差事。

第7课 学会平衡

LESSON SEVEN

> 思考把人带向知识。你可以看和听，可以读和学，只要你高兴，而且高兴知道多少就知道多少。除非是利用自己的头脑进行思考，否则你绝不会知道任何东西。那么，如果我说：人只有通过思考才能真正成为人，这话是不是太过分了呢？把思想从人的生命中拿走，他还能剩下什么？
>
> ——**佩斯特拉齐**

1　大自然一直在试图制造平衡，根据这一规律，我们发现了连续不断的作用与反作用。

2　物质的浓缩意味着运动的耗散；相反，运动的集中意味着物质的扩散。

3　这解释了每一存在所经历的整个变化循环。而且，它既适用于每一存在的整个循环，也适用于其历史的每个细节。这两个过程都在每一个实例中不断发生着；不过总是有不同的结果，要么有利于此，要么有利于彼。每一次变化，即使只是局部换位，都不可避免地要助长某一因素。

4 引力法则最终导致平衡，耗散所包含的运动量与聚合所包含的运动量一样大，或者更准确地说，必定是同一运动，一会儿表现为摩尔的形式，一会儿表现为分子的形式。从这一结果，不但得出了遍及我们恒星系的局部演化与分解的观念，而且还得出了一般演化与分解不确定交互的观念。

真诚，是一切幸福的必要条件。真诚是最根本的真实，是所有成功的商业关系或社会关系的先决条件。不管是出于无知还是故意，每一次跟真诚相左的行为，都会削弱我们立足的根基，导致不和谐，以及不可避免的失败与混乱。

5 1600年，乔尔丹诺·布鲁诺[①]因为表达了下面的思想而在罗马被活活烧死。

种子最开始变成了苗、穗，然后是面包、营养液、血液、动物、精子、胚胎、尸体，然后再是泥土、石头，或其他矿物，等等。由此，我们认识到：一种东西就这样变成了所有这些东西，但本质上依然是同一种东西。

6 细微粒子的这种无始无终、连续不断的衰退和流动（其本身并无变化）被称作"食物链"。我们只要谈到这些变化与循环就足够了，宇宙中的物质都经历了这些变化与循环，人类也部分地参与了这些变化与循环，它们没有终点，没有界限。

7 分解与产生，毁灭与革新，在一个无休无止的循环中的任何地方都是环环相扣的。在我们所吃的面包中，在我们呼吸的空气里，我们汲取曾经构建过我们祖先躯体的物质。不仅如此，我们自己每天都要拿出构成我们身体部分的物质给外部世界，不久，我们又会取回这些物质，那是我们的邻居用类似的方式拿出来的。

8 这个地球上的所有能量，有机的或无机的，都直接或间接地来自太阳。潺潺流水，习习微风，隆隆响雷，袅袅白云，以及熠熠闪光、从天而降的雨、雪、露、霜或冰雹，植物的生长，以及动物和人类躯体的温暖和运动，木材、煤炭及其他任何东西的燃烧，这一切都是太阳能的结果。

9 通过燃烧的过程，贮存在木材或煤炭中的已经化为乌有的阳光可以再一次被

① 乔尔丹诺·布鲁诺（1548–1600），意大利哲学家、天文学家和神秘学家，因为自己的观念与教会的信条相冲突而被作为异端处死。在审判期间，他对法庭说："法官大人，你们宣判这一判决时，或许比我接受判决更为恐惧。"

释放出来。推动机车向前的力量只不过是阳光转化成了力。

10 1857年，伦敦的默里先生出版了英国著名工程师乔治·斯蒂芬森的传记，书中有一段饶有趣味的关于光热循环的描写是这样的：

礼拜天，这帮人刚从教堂回来，当他们站在阳台上眺望着火车站的时候，一列火车疾驰而过，车后留下了一条长长的白色蒸气。

“现在，”斯蒂芬森对著名地质学家巴克兰说，“您能否告诉我是什么力量驱动了那列火车？”“干吗问这个？”对方回答道，“我想应该是您的一台大机车吧。”“但又是什么驱动了机车呢？”“噢，多半是您的一位身材结实的纽卡斯尔火车司机吧。”

“您对太阳光怎么看？”“您的意思是？”“没有什么别的东西驱动机车，”这位伟大的工程师说，“它是千百年来积聚在地球上的太阳光——被植物所吸收的光，这些植物在它们生长期间可以把碳凝固下来，如今，在埋藏地球煤层中千百年之后，它们再一次被释放出来，以服务于人类的伟大目的，在这里就是机车。”

11 同样是这种太阳能，以水蒸气的形式从海洋中吸收了水。要不是因为太阳的作用，水会永远保持它完美的平衡。太阳的射线落在海面上，把水转变成了水蒸气，这些水蒸气以雾的形式被吸收进了大气当中。风以云的形式把它们聚到一起，并带着它们穿越大陆。在那里，通过温度的改变，它们再一次被转变成了雨或雪。

12 你不妨研究研究雪花那神奇而美丽的形状吧，它们在寒冷的冬天降落在地面上，你会让自己确信：某一天的形状完全不同于前一天或后一天的形状，尽管环境只有极小程度的差异。

13 然而，这种细微的差异足以发展出那些大为不同的形状。这表明——正如卡鲁斯·斯特恩所说的：

这些转瞬即逝的形状，每一种都是湿气、运动、压力、温度、稀薄、电压以及空气中的化学成分之间的复杂关系的精确表达。带着多面的观念（任何一个为编织品设计图案的人都会羡慕），这些最简单、最平凡的化合物的与生俱来的才能向我们表明：它们就是这样跟外部世界的造型影响对着干。

14 太阳的作用重新把雪转变成水，并通过地心引力，从高山流向不同的江河，最终回到它所来的地方，成为海洋的一部分。

我们的精神过程中，有意识的不到10%；另外90%都是下意识的和无意识的。所以，仅仅依靠有意识的思想来产生结果的人，其有效性也不到10%。

15 这些循环，全都受周期规律的控制。万物皆有其诞生、成长、结果和衰亡的周期。这些周期受“七律”控制。

16 “七律”管理着每周的七日，管理着月相以及声音、光、热、磁场、原子结构等的和谐。它控制着个体生命和国家的兴亡，也主宰着商业世界的种种活动。

17 统计学家们知道，每一个经济繁荣时期都会紧接着一个经济萧条时期，因此，预言商业世界的一般状况，对他们来说并不是什么难事。我们可以把同样的规律应用于我们自己的生活，由此可以理解许多看上去似乎令人费解的经历。

18 生命在于成长，成长在于改变，每一个七年的循环，对我们而言意味着一个新的阶段。人生的第一个七年是幼年期，接下来的第二个七年是儿童期，儿童期意味着个体责任感的开端。下一个七年是青春期，第四个七年中将达到生命完全的成熟。第五个七年是建设期，在这个阶段中，人们开始获取财富、成就、住宅和家庭。从35岁到42岁的一个七年是反应和行动的阶段，这个阶段后是一个重组、调整和恢复的阶段。然后，从50岁起，就开始进入了人生下一个七七循环。

19 有很多人认为整个世界即将迈出第六个周期，进入第七个阶段，一个调整、重构与和谐的阶段，也就是通常所说的“千禧年”。

20 数字仅仅是个符号。它们标示出能量的质与量，适用于天地万物。

21 要完成任何被造物（即便是理念）的物理呈现，都需要7个周期。

22 布拉瓦茨基夫人①在她的《秘密的教义》（*Secret Doctrine*）及其他神秘学者在别

① 即海伦娜·彼得罗夫娜·哈恩（1831–1891），她是通神学的创立者。这是一个信仰团体，他们认为：一切宗教都是人试图发现“神”的努力，因此，每一种宗教都拥有部分真理。

的一些作品中，告诉我们：在地球上人类的发展过程中，有7个大的周期，每个周期产生一个“大种族”，每个“大种族”又再分为7个亚种族。

23 在不同的民族中，这7个“宇宙的创造性力量”以7颗神圣行星的“统治者”而著称，这7颗行星是：太阳、月亮、水星、火星、金星、木星和土星。

24 月亮每隔7天都要改变它的外观。一个众所周知的事实是：月相不仅支配着潮汐和植被，而且也对人的精神状态发挥周期性的影响。

25 “7”这个数字，支持了对身体、精神和灵魂合而为一的认识。对于揭示生命的奥秘，它洞察的深度达到了最大限度。“7”是揭示大自然因果律的关键数字。

26 在许多方面，数字、文字和理念之间都存在着实际的、有形的、可论证的关系；全都与因此引起的振动有着作用与反作用的关系。这些振动，既是物理的，也是精神的。

27 大自然的每一次彰显都呈现了一种观念，我们的行动在无意中被弄得与它的规律相一致。这排除了偶然的因素，我们是什么，我们做什么，一切都是明确的、不变的是规律发挥作用的结果，它们反过来作用于我们的生活。

28 法国哲学家帕斯卡尔强有力地指出：“宇宙是一个圆，其圆心无处不在，其圆周无处可在。”

29 正如物质在时间上是无休无止的（或者说是永恒不灭的）一样，它在空间上也没有起点和终点。在它的真实存在中，它退出了时间与空间的观念强加在我们有限心智上的限制。

30 不管我们是在最大限度上，还是在最小限度上，去调查或研究物质的范围，我们在任何地方都找不到终点，或者最终形态，无论我们是借助思考还是求助于实验。

31 显微镜的发现，打开了此前不为人知的世界，向研究者揭示了有机生命与有机构成元素的精密与细微，这是此前人们做梦也想不到的，人们于是便抱有了这样一个大胆的希望：想追寻最终有机元素的踪迹，或许就是在存在的基础上。

“当你渴望智慧就像你渴望空气一样迫切的时候，你就会得到它。”

心智既可以是吸引成功的磁极，也可以是吸引失败的磁极。你的心智，以一种与你操纵自己意识的方式相一致的方式，变成了金钱磁体。当它成为一块金钱磁体的时候，每一笔交易明显会带来利益。

32 这样的希望，其失望的程度跟我们工具的改良成正比。在一滴水的百分之一中，我们也能找到一个有机生命的世界，这些生命，通过它们的运动，让我们丝毫也不怀疑：它们同样有动物生命的两个主要标志：感觉和意志。

33 其中最小的生命个体，在最高倍的显微镜下也几乎不能辨认出它们的轮廓；它们的内部组织对我们来说依然是一无所知。是不是还有更小的生命形态存在，对此我们也一无所知。

34 科塔问道：“在一个由更小有机体所组成的侏儒世界里，凭借改良了的工具，我们是否该把单细胞生命看得像巨人一样呢？”

35 正如显微镜在微观世界里指导我们一样，望远镜也在宏观世界里引领着我们。在这个领域，天文学家们也大胆地梦想着洞彻宇宙的界限，但是，他们的工具越是完美，在他们目瞪口呆的凝视面前展开的世界越是无际无涯。

36 肉眼在天穹上看到的袅袅薄雾，被望远镜分解成了无数的星星、无数的世界、无数的太阳、无数的行星系。地球上的居民是如此天真而骄傲地以为这个小小的星球就是一切存在的王冠和中心，如今却从它凭空幻想的高度一落千丈，成为一粒在无际无涯的空间里移动的原子。

37 “我们所有的实验，并没有让我们捕捉到界限的蛛丝马迹。望远镜威力的每一次增长，都向我们凝视的眼睛打开了新的繁星与星云的世界，这些，即使不是由星系所组成的，也必是自我照明的物质。”

第 8 课 健康生活的真谛

LESSON EIGHT

思想产生想法。你把一个想法写在纸上，另一个想法便会接踵而来，而且还有更多的想法联翩而至，直到你写满这张纸。你没法测量你心智的深度。它是一口无底之井。你从里面汲取得越多，它就会越清澈，越富饶。如果你忽视了自我思考，而使用他人的思想，只让他们发表意见，你就绝不可能知道自己有什么能力。

——G.A.莎拉

1 思想赖以保存的普遍原理就是振动，像所有其他自然现象一样。每一个想法都会导致振动，而这种振动又会一个波环接一个波环地继续扩张并减弱，就像一颗石头扔进水池所激起的波浪一样。来自其他想法的振动波可能会阻遏它，或者它最终消失于自己的虚弱。

2 幸福、繁荣和满足，是清晰思考和正确行动的结果，因为思考领先于行动，并决定着行动的性质。正如经济学和力学中的每一次作用都必然带来反作用

一样，在人类关系中的每一次作用也会带来同等的反作用，因此，我们开始懂得：物的价值取决于对人的价值的认识。任何时候，只要“物比人更有价值”的信条变得流行起来，那么，把财富的利益置于人的利益之上的程序就会固定下来，其所产生的作用必然会带来反作用。

别让任何人主宰你的心智！很多人害怕表达他们自己思想的高贵堂皇，因为朋友、邻居或亲属没准会不同意，或者不赞成。这就是遏制或压抑，任何东西在压制之下都不可能生长得强大或强壮。表达是生长的法则。

3 在托尔斯泰的一篇文章中，我们发现，那个一直看着我们的精神存在（我们通常把它的彰显称为“良心”）总是一端指向正确，另一端指向错误。当我们遵循它所显示的路线时——从错误到正确的路线，我们注意不到它。但是，你只要做某件与良心所指的方向背道而驰的事情，你就会意识到这一精神存在，然后它就会显示动物行为如何偏离了良心所指示的方向。就像一个航海者，意识到他正行驶在错误的航线上，不能继续操作他的桨橹、引擎或船帆，直到把他的航线调整到罗盘所指示的方向，或者消除他的这一背离常规的意识。每个人，只要感觉到了自己的动物行为与自己的良心的两重性，就只有通过把这一行为调整到符合良心的要求，或者通过向自己隐瞒良心所指出的他的动物生命的错误，才能继续行动。

4 我们可以说，所有人类生命都包含了这样两种行为：(1) 使一个人的行为跟良心相协调；(2) 对自我隐瞒良心的指示，为的是能够继续像以前那样生活。

5 有人做前者，有人做后者。要做前者，只有一种手段：道德启蒙——增加你的自我中的道德之光，注意它所照亮的东西。如果做后者（对自我隐瞒良心的指示），有两种手段：一种是外部的，另一种是内在的。外部手段在于那些能占据你的注意力的事情，它们把你的注意力从良心所给出的指示上转移开来；内在手段在于让良心之光变得越来越暗。

6 正如一个人有两种方法可以避免看到眼前的目标一样（要么把视线转移到其他目标上——更引人注意的目标，要么干脆蒙上自己的眼睛），一个人也正是用这样两种方法向自己隐瞒良心的指示：要么通过外部方法把自己的注意力转移到不同的活动、顾虑、娱乐或游戏上；要么通过内在的方法，阻断注意力本身的器官。对于那些感觉迟钝、道德感有限的人来说，外部转移常常足以让他们认识不到良心对他们的生活错误所给出的指示。但对于道德上很敏感的人来说，这些手段常常是不够的。

7　一个人如果意识到了自己的生活与良心的要求之间存在着冲突，而外部手段并没有把他的注意力从这一意识上完全转移开来，这种意识妨碍了他的生活，为了像从前一样生活，人们只好求助于可靠的内在方法，这就是用麻醉品毒害大脑，从而让良心之光变得越来越暗。

8　一个人不按照良心的要求生活，是还缺乏依据这些要求重塑生活的力量。如果转移不足以让一个人的注意力离开对这一冲突的意识，或者转向的目标已经不再新鲜，这样一来（为了能够继续生活下去，不理会良心的指示）人们就会让那些良心赖以彰显自己的器官停止活动，正如一个人蒙住自己的眼睛向自己隐瞒他所不愿意看到的东西。

9　全世界对酒精、烟草等麻醉品的消费，其原因既不在于个人趣味，也不在于它们所提供的愉悦、消遣和快乐，而仅仅在于人们对向自己隐瞒良心要求的需要。

10　人们不仅麻醉自己，以窒息他们自己的良心，而且，当他们希望其他人也跟良心对着干的时候，还会故意去麻醉他们——换句话说，就是为了剥夺人们的良心而着手去麻醉他们。

11　每个人都知道那些由于某件折磨良心的错事而沉溺于饮酒的人。每个人都能注意到：那些过着不道德的生活的人比其他人更容易被麻醉品所吸引。盗匪与小偷团伙没有醉人的东西就活不下去。

12　一句话，我们不可避免地得出这样的结论：麻醉品的使用，无论是大量还是少量，是偶然还是常规，是在高级社交圈子中还是在低级社会阶层中，是因为一个相同的原因引起的——窒息良心声音的需要，为的是不让他意识到存在于他的生活方式与良心要求之间的冲突。

13　人们普遍承认，烦恼或连续的负面情绪刺激会使消化功能紊乱。当消化功能正常时，饥饿感会停止，会在我们吃饱了的时候得到抑制，在我们实际需要进食之前不会感到饥饿。在这样的情况下，我们的抑制中心就会恰当地发挥作用。但是，如果我们得了胃病，这个抑制中心就不再发挥作用了，我们总是感到饥饿，结果往往会导致已经受损的消化器官劳累过度。人类不断地在经历诸如此类的小麻烦。这样的麻烦完全是局部的，只会吸引大中心很少的注意。但是，如果这种不适是源自一个根深蒂固的、不能轻易消除的原因的话，更严重的疾病就会接踵而至。在这种情况下，由于它的严重和长期持续，麻烦就会包括生物体的所有部分，很可能会危及生命。当它达到这种程度的时候，如果大中心的管理有力、坚决而明智，紊乱就不能长期持续；但是，如果大中心软弱无力的话，整个联盟就可能轰然崩溃。

要敢于做一个思想领域的探索者。要敢于深刻地、透彻地思考。这样的勇气，就像肌肉一样，使用得越多就变得越强壮。

注意力集中的头脑，也是尖锐、锋利、有穿透力的头脑，它能找到穿透难题的路；它因此分化、瓦解了表面上看来不可能的事情。

14 林达[①]医生说：“‘自然治疗哲学’介绍了一种恶的理性观念，它的原因和目的，亦即：它是由违背自然规律而引起的，就其目的而言它是矫正的，只能通过遵从自然规律来克服。如果不是自然规律被某个人在某些地方违反的话，任何地方都不会有任何种类的痛苦、疾病和恶。”

15 这些对自然规律的违反可能归咎为无知、漠视、任性或恶意。“果”和“因”总是相称的。

16 关于自然生活和自然康复的科学清楚地表明，我们所谓的疾病，主要是大自然在努力消除身体的病态物质、恢复身体的常态功能；疾病的过程，在方式上跟大自然中任何别的事物一样井然有序；我们一定不要阻止或抑制疾病，而是要跟它们合作。因此，我们缓慢而费力地记住了这样一个至关重要的教训：“服从规律”是防止疾病的唯一手段，也是治疗疾病的唯一手段。

17 正如“自然治疗哲学”所揭示的那样，治疗的基本规律，作用与反作用的规律，以及病情急转的规律，都让我们铭记了这样一个真理：在健康、疾病和治疗的过程中，没有什么事情是意外的或反复无常的；身体状态的每一次变化，

① 亨利·林达（1862–1924），自然医学的先驱。他相信，许多疾病的治疗就是要回归自然，其中最重要的是自然食品。

要么是与我们生命的规律相和谐，要么是相冲突；只有完全听任并服从规律，我们才可以掌握规律，达到和维持完美的身体健康。

18 在研究疾病的原因和特性的时候，我们必须努力从头开始，也就是从“生命”本身开始；因为，健康、疾病和治疗的过程，就是我们所谓的生命和活力的表现。

19 另一方面，生命或生命力的生机观，则把生命力视为一切力量中的主要力量，来自所有力量的中心源。

20 这一力量，弥漫于整个被创造的世界，并使之温暖，使之充满生机，是伟大的创造性智能的表达。

21 归根到底，大自然中的一切事物，从稍纵即逝的想法或情绪，到坚硬无比的钻石或白金，都是运动或振动的形式。

22 我们所谓的“没有生命的自然”是美丽的、有序的，因为它的演奏跟“生命交响曲”的乐谱同调合拍。只有人的演奏才能跑调。这是他的特权，或者说是他的祸根，因为他有选择和行动的自由。

23 现在，我们可以更好地理解健康和疾病的定义了，在“自然疗法”的手册中，它们是这样定义的：

健康是在生命的身体、心理、道德和精神层面上组成人的实体的元素和力量的正常而和谐的振动，与大自然应用于个体生命的建设性原则相一致。

疾病是在生命的身体、心理、道德和精神层面上组成人的实体的元素和力量的反常而不和谐的振动，与大自然应用于个体生命的破坏性原则相一致。

24 这里自然提出了一个问题：“用什么条件来产生正常或反常的振动呢？”答案是：生物体的振动环境，必须与大自然在人的身体、心理、道德、精神和灵魂等生命和行动领域中建立起来的和谐关系相协调。

第 9 课 消除内心的恐惧

LESSON NINE

人们忧惧前途之光明、世间之幸福顷刻间会为黑幕所遮。但勇敢可以征服一切，它甚至能给血肉之躯增添力量。

——哈奈尔

1 你的情感总是试图在行动中表达它们自己。因此，爱的情感总是在展示爱的服务中寻求表达。恨的情感会在报复行动或敌对行动中寻求表达。羞耻的情感会在符合产生这一情感的原因的行动中寻求表达。悲痛的情感会让泪腺产生强烈的行动。

2 由此你会看到，情感总是把能量集中在寻找发泄渠道的理念或愿望上。

3 当情感找到恰当的发泄渠道的时候，那么一切都会顺利；但如果它们被禁止，或者被压抑，那么希求或愿望就会继续积聚能量，但如果它因为任何原因而最终被压制的话，它就会进入潜意识当中，并一直待在那里。

4 这样一种被压制的情感便成了“情结”。这样的情结是一种活的东西——它有生命力，这种生命力非常强烈，除非把它释放出来，否则整个一生都不会减弱。事实上，每一种类似的想法、渴求、愿望或记忆都会让它变本加厉。

5 爱的情感导致腹腔神经丛变得活跃，反过来又会影响到分泌腺的机能，而这些分泌腺对某些身体器官产生振动作用，然后这些身体器官创造出激情。恨的情感导致某些身体活动加速，从而改变血液的化学机能，结果是半瘫痪状态，或者，如果长期持续的话，就会完全瘫痪。

6 情感可以通过精神的、言辞的或身体的行动表达出来，它们通常以这三种方式之一而得到表达，并因此获得释放，这种能量在几个小时之内便烟消云散了。但是，当我们敬畏、骄傲、愤怒、憎恨或痛苦的时候，这些情绪就会被埋在显意识之下，成了潜意识领域中的精神脓肿，导致更大的痛苦。

7 这样的情结可以找到相反的表达。比方说，一个男人，如果禁止他表达对一个女人的爱，他就会发展成一个憎恨女人的人。一看到女性的东西他就会生气、苦恼。他看上去或许大胆、独立而霸道，但这只不过是一种伪装，他就是凭借这种伪装，来掩盖对爱与怜悯的渴望，这些都是不允许他得到的。此人最终如果要选择配偶，他会无意识地选择一个跟那个导致他悲痛的人完全相反类型的人。爱慕已经被颠倒过来了——他不想要提醒者。

8 痛苦是一种情绪，它打开了潜意识心智的大门。“这就是我因为做错事而得到的惩罚”，这个想法导致了一个结论：“好吧，我绝不会再犯这样的错了。”这就是个人的痛苦忏悔，所带来的自我暗示，使之沉入潜意识心智中的洗心革面的暗示。洗心革面就这样发生了，因为它改变了灵魂的渴望，同时也产生了这样一种新的渴望：避免向那种痛苦的结果忏悔。

9 渴望源自潜意识心智。它显然是一种情绪。情绪源自灵魂或潜意识心智。愉快的情绪是愉悦，是对潜意识心智为身体所提供服务的奖赏。

10 你已经看到，当某个想法、观念或意图通过情绪而进入了潜意识的时候，交感神经系统接纳了这些想法、观念或意图，并把它们带向身体的各个部分，就这样把想法、观念或意图转变为你生活中的实际经历。

11 显意识心智和潜意识心智之间必不可少的交互作用，需要神经通信系统之间类似的交互。脑脊髓神经系统，就是我们借以从肉体感官接收显意识感知，并对身体运动行使控制力的通道。这一神经系统有它的中枢，在大脑里。

12 任何对生命现象的解释，都必须建立在“统一”理论的基础之上。在所有活物质的内部所找到的精神成分——这就是宇宙智能——都必定在活物质形成之前就存在，它到今天依然存在于我们周围，流淌于我们体内，穿过我们的躯体。这种“宇宙意识”以活物质的形式彰显自己，它与显意识智能携手合作，制造它的食物供应，在越来越高的生命层面上发展组织。

真正的知识，我们通过自己的活动加以灵活运用；外来的知识，我们一样可以通过他人的行动来获取；二者一起使我们的智力得以发展。慢慢地，我们就形成了独一无二的自我。成为一个被赋予个性的单位。

13 这一“宇宙心智”，就是宇宙的创造性法则——天地万物的神圣本质。因此，它是一种潜意识活动，而所有的潜意识活动都受交感神经系统的控制，交感神经系统就是潜意识心智的器官。

14 人类的智能从未实现过宇宙智能所产生的那些结果：就在植物生命的基础之内发展出一所化学实验室，就在我们自己的身体之内产生出精密的机械装置与和谐的社会组织。

15 在矿物世界里，每一样东西都是固体的、不易挥发的。在动物与植物的王国里，一切都处于变动不居、不断变化、始终被创造与再创造的状态。在大气中，我们发现了热、光与能量。当我们从有形转到无形、从粗糙转到精细、从低潜力转向高潜力的时候，各门各类都变得更加精细，更具有精神性。当我们到达看不见的世界时，我们便找到了最纯粹的、处于最不稳定状态的能量。

16 正如大自然中最强大的力量是看不见的无形力量一样，人身上最强大的力量也是看不见的无形力量——他的精神力量，而彰显精神力量的唯一方式，就是通过思考的过程。

17 是故，增减盈亏，都不过是精神事务而已。推理，乃是精神的过程；观念，乃是精神的孕育；问题，乃是精神的探照灯和逻辑学；而论辩与哲学，乃是精神的组织机体。

18 但凡想法，一定会招致生命机体某种组织的物质反应，如大脑、神经、肌肉等。这就会引发机体组织结构中客观的物质改变。所以，只需针对某一给定主题做出一定数量的思考，就能使人的身体组织发生彻底的改变。

19 勇气、力量与灵感的想法最终会扎下根来，当它发生的时候，个体的生命将被新的亮光所照耀。生命对你来说有了全新的意义。你会被重新塑造，充满了欢乐、信心、希望与活力。你将看到此前你从未看见过的机遇。你将发现新的可能，而此前这些可能对你毫无意义。你的身上充满了成功的想法，并辐射到你周围的人，他们反过来又会帮助你前进与攀升。你将吸引到新的、成功的合作伙伴，而这反过来又会改变你的外部环境。所以，就是通过这样简单地发挥思想的作用，你不仅改变自身，同时也改变了你的环境、际遇和外部条件。

20 这些变化是生命中的精神因素所带来的。这种精神因素不是机械的，因为它具有选择、组织和指引的力量，这样一种力量不可能是机械的。

21 宇宙智能拥有记忆的功能，为的是记录所有它所遭遇过的经历，在更高的生命层面上彰显自己、组织自己。我们在活的生物体内部所发现的遗传的引导力量，正是这种记忆的功能。

22 这种遗传的引导力量常常表现为恐惧。恐惧是一种情绪，因而它不服从理性。你因此像恐惧敌人一样恐惧朋友，像恐惧未来一样恐惧现在和过去。如果恐惧向你发起进攻，你就必须摧毁它。

23 你会对如何实现这个目标感兴趣。理性根本帮不了你，因为恐惧是一种潜意识想法，是情绪的产物。那么必定有其他的办法。

24 这个办法就是唤醒腹腔神经丛。让它行动起来。如果你习惯于深呼吸，那么你就能把腹部扩张到极限。这是你要做的第一件事情。屏住呼吸一到两秒钟，然后（依然把先前吸入的这口气屏住）吸入更多的空气，再把它运到胸腔的上部，并收紧腹部。

25 这样做会让你面红耳赤。继续屏住呼吸一到两秒钟，然后（依然屏住呼吸）收缩胸腔，再次扩张腹腔。不要呼出这口气，而是依然屏住它，迅速地交替扩张腹腔和胸腔4 ~ 5次，然后呼气。恐惧便消失了。

26 如果恐惧并没有立刻离你而去，那么就重复这个过程，直到恐惧消失。用不了多久，你就会感觉到完全正常了。

27 如果你疲惫不堪，如果你想战胜疲劳，那么请就地站住，让双脚承载你的全部重量。然后深深地吸气，踮起脚尖，抬高身体，双手伸向头的上方，十指朝上。把你的双手在头的上方并到一起，缓慢地吸气，猛烈地呼气。重复这套动作三次。只要花一两分钟的时间，你就会觉得比打个小盹更能恢复精力。最后，你就能够战胜疲劳。

首先，我们的成长，经历了野蛮的或无意识的状态；其次，我们的成长，经历了意识发育的智性状态；最后，我们的成长，进入了认知意识的有意识状态。

我们必须散发出一个完整生命所具有的、不断向四周辐射的美，必须坚持向自己、向他人表明：我们是一个力量单位，是那些支配并控制我们成长的规律的主人。

28 这种练习的重点在于意念。意念支配着注意力。这反过来作用于想象。想象是一种思想的形态，而思想则是运转中的心智。

29 所有的思想形态都彼此相互作用，直到它们达到成熟的状态，在这种状态下，它们不断繁殖同类的思想，这就是创造的规律。这些都显示在个体的特性中。如果块头很大，骨头很重，指甲很厚，头发很粗，那么我们就知道身体的特征占优势。如果个头很小，骨头不大，指甲薄而柔软，那么我们就知道精神的特征占优势。粗糙的头发表示物质主义倾向，纤细的头发表示敏感而锐利的精神品质。直发表示性格率直，卷发表示思想上的易变和不稳定。

30 蓝眼睛表示轻松、快乐、愉悦、活泼的性情气质。灰眼睛表示冷静、精明、坚定的性格倾向。黑眼睛表示风风火火、神经兮兮、喜欢冒险的性格特征。褐色的眼睛表示真诚、活力和友爱。

31 因此，你是自己最内在的思想的完全彰显。你眼睛的颜色、皮肤的质地、头发的品质，以及你身体呈现的每一根线条，都显示出了你习惯性保持的思想特征。

32 不仅如此，你所写的字不仅传达了文字本身所包含的信息，而且还携带了一种与你的思想特性相一致的能量，因此常常带来跟你打算传达的意思完全不同的信息。

33 最后，即使是你所穿的衣服，最终也会呈现出环绕着你的精神气氛，所以，训练有素的心理分析师，可以毫不费力地从一个人所穿的衣服上，看出他的性格，哪怕他只穿了一会儿。

第 10 课 坚持科学的思考方法

LESSON TEN

科学的发展涤清了宗教和神学本身的尘埃，并发掘出其伟大思想的光芒。而生活中最大的理性，正是对科学思想的无限忠诚地坚持与执着。我们所秉持的，乃是对普遍规律和伟大智能的自然皈依。

1 科学不是理想主义的，是自然的；它试图知悉任何地方的事实及其逻辑结论，不会预先对这个或那个方向上的体系表示尊崇。格罗夫[①]说："科学，既不应该有欲望，也不应该有偏见；真理应该是它唯一的目标。"

2 赫胥黎[②]说："现代科学已经进入了我们最优秀诗人的作品中，就连文人们也不知不觉地被灌输了科学的精神，并在他们最好的作品中使用科学的方法。我相信，迄今为止人类最伟大的智力革命，如今正通过科学的作用在缓慢发生。科学在告诉世界：最终的上诉途径是观察和实验，而不是权威；它在告诉世

① 威廉·罗伯特·格罗夫爵士（1811-1896），英国物理学家，他与 1839 年开发出了第一个燃料电池。
② 马斯·亨利·赫胥黎（1825-1895），英国生物学家，达尔文的鉴定捍卫者。

界：要评估证据的价值；它在创造一个坚定的、活生生的信念：永恒不变的道德规律和自然规律是存在的，服从这些规律是一个智能生命最高的可能目标。”

3　雷迪[①]懒得费心去深思熟虑，而是用实验方法直接攻击所谓“自然发生说”的特例。

4　“这儿有一些死动物，或几块肉，”他说，“我在大热天里把它们暴露在空气中，要不了几天，它们的身上就会布满密密麻麻的蛆。我把类似的尸体在相当新鲜的时候放进广口瓶里，再在瓶口上蒙一块细密的纱布，这样就不会有一条蛆出现，然而，这些死的物质却以先前一样的方式腐烂了。因此很明显，蛆并不是由腐肉产生的，它们的形成，其原因必定是某种被纱布阻挡在外面的东西。但纱布并没有挡住气体或流体。因此，这个东西必定是以固体微粒的形式存在的，而且大到了无法通过纱布的程度。这些固体微粒究竟是什么，用不了多久你就会揭开这个疑团。因为，那些被腐肉的气味所吸引的苍蝇蜂拥而至，聚集在瓶子的周围，在强有力的但却受到误导的本能的驱使下，把它们的卵（蛆就是从这些卵里出来的）产在了纱布上，并很快就孵化了。因此，结论是不可避免的：蛆并不是由腐肉所产生的，而是苍蝇产下的卵使它们得以产生。”

5　这些实验看上去简单，你或许感到奇怪：之前怎么没人想到呢？然而，它们尽管简单，却值得悉心研究，因为关于这个课题所做的每项实验都符合这位意大利哲学家所提出的模式。他所做的那些实验，结果都是一样的，不管他使用的材料多么五花八门。不足为怪的是，雷迪的脑子里必定产生了这样一个推测：在所有诸如此类的实例中（表面上看起来生命是从死物质中产生的），真正的解释是：活性微生物是从外部进入到那个死物质中的。就这样，下面这个假说得以明确成形：活性物质总是通过先在活性物质的媒介而产生的；并且，从此以后，在每一个特例中，在活性物质以任何能够被细心的论证者所承认的其他方式产生出来之前，这个假说有权利得到尊重，也有义务接受驳难。

① 弗兰西斯科·雷迪（1626-1697），意大利医生，他的实验推翻了自然发生说。

6 它所承受的，并不是生命形态这样那样的联合，而是这样一个过程：宇宙是这一过程的产物，这些生命形态是这一过程的瞬间表达。在活性物质的世界里，这一宇宙过程的一个最典型特征便是生存竞争，每一活性物质与所有其他活性物质竞争，其结果就是选择，也就是说，那些幸存下来的生命形态，总体上最适合它们在任何时期所获得的环境；因此，就这方面而言（仅仅在这方面），它们是最适合的。在丘陵植被中，这一宇宙过程所达到的顶点，可以在长满杂草和荆豆的草皮中看到。在那样的环境下，它们从竞争中胜出，并通过它们的生存证明了它们是最适合生存的。

生命严格服从于规律，我们是自己生命的有意识或无意识的化学家。

7 在有心智的生命中，最终必定有某些完全一致的特征，不管其组织构成可能存在多大的差异。在整个宇宙中，思考的规律无疑都是一样的。

8 正如思考器官的身体发展，有可能显示从最低级动物，到最高级人类的逐步发展的连续过程一样，类似的每一次向上发展的身体特性和精神特性的上升过程，也可以在他的身上找到。无论是生物形态学还是化学，无论是宏观研究还是微观研究，都不能发现人类大脑与动物大脑之间有什么本质的不同。尽管差异可能很大，但毕竟是程度的差异。这解释了为什么有些科学家的努力会一败涂地，他们试图发现任何这样典型的或本质的不同，并据此把人置于自然史上一个特殊的位置和等级。

9 哈佛大学著名的心理学教授威廉·麦克杜格尔[①]在多伦多举行的一次英国科学促进会的会议上，发表了以下非常重要的言论：

若干年前，当我开始科学研究的时候，坚持人的目的性需要相当大的道德勇气。那是斯宾塞和赫胥黎的时代，是克利福德和丁达尔的时代，是兰格和魏斯曼的时代，是弗沃姆和贝恩的时代。世界及其中所有的活物，被人们以如此高的威望、如此大的信心呈现为一个机械决定论的体系，以至于一个人似乎被置于两个尖锐对立的选择面前。

一方面是科学和普遍机械论，另一方面是人道主义、宗教、神秘主义和迷信。

但是，由永恒的坚硬原子和普遍的弹性以太以及纯力学领域所组成的物理宇宙，已经变成了一堆乱七八糟的实体和活动，在发展和消失中不断改变，就

① 威廉·麦克杜格尔（1871—1938）是一位心理学家，他的工作主要影响了本能理论与社会心理学。

像万花筒一样。原子已经离去，物质已经把自己分解为能量；能量是什么，没人说得清楚，这就更不用说变化后的变化及进一步演化的可能性了。

在心理学中，当活性生物体的复杂性被人们更充分地认识的时候，当它的代偿、自调节、繁殖及修复的能力得到更充分探索的时候，19世纪对机械论的信心也就逐渐衰退了。

在普通生物学中，机械论的新达尔文主义在进化的难题面前彻底破产了，这些问题有：变异与突变的起源，在进化过程后阶段中心智的优势，有目的性竞争（哪怕是最低水平上的）的迹象，类型的非凡持久性与遍及生命领域的不定可塑性的结合。

10 我不知道，什么样的哲学才是真知灼见。我只知道，无拘无束的哲学思考，才是唯一能把我们领向真知灼见的东西。我是在为真理的重要性和影响力辩护，在我们这个时代，真理可以为所有人而被勇敢地提升。

11 然而，如果我相信我对约翰·杜威[①]教授所做的极其缺乏自信的解释的话，这个世界上已经产生的科学与批评性思考，带来了两个很大的哲学趋势，我认为，它们对治国艺术来说全都有着重大意义。

12 首先，哲学已经改变了它的知识论——这正是心智的认知过程的特性。生物学做出了这一贡献。老的观念认为：知识是从独立的知觉中构建起来的，也就是说，理性是通向知识的坦途。从这个老观念出发，生物学形成了一种新的观念：知识是活的有机体针对其外部环境的行为、反作用与“反击”。知识因此成了一个生物体实现其内在结构丰富可能性的积极、有效的经验。用不着研究技术行话，为理性主义者的理性主义和经验主义者的经验主义奠定基础的古老心理学，全都被彻底推翻了，以至于我们几乎认不出它变成了什么。

13 其次，关于知识特性的这一变化，给我们关于真理特性以及关于什么是真理、什么是真实的观念带来了巨大的变化。我们发现，真理与我们获取知识的方式完全被绑在了一起。不可改变的真理，属于一个高高在上、不食人间烟火的领域，这一古老的观念如今开始被转变成了这样一种概念：真理是一种正

① 约翰·杜威（1859-1952），美国哲学家和教育改革家，他极力主张教育应该有实际的应用，而不仅仅是一个抽象的工具。

在运转的、活生生的东西。因此，现实与理想、客观与主观、经验与理性、实体与现象之间的古老战斗，已经变得陈腐不堪，因为人们看不出这样的战斗会有什么实际的结果。

> 如果我们思考痛苦，我们就会得到痛苦；如果我们思考成功，我们就会得到成功。
>
> 生命，主要是化学作用，而心智，则是思想的化学实验室，我们都是精神实验室里的化学家，我们所使用的思想，其性质决定了我们所遭遇的境遇和经历。我们在生命中播种什么，我们就会从生命中得到什么——不会更多，也不会更少。

14 因为社会正在承受的痛苦，并非来自不平衡的预算和被破坏的协定，而是来自错误的精神过程。这些过程当中，有许多已经成了制度；而制度，正如马丁所说，只不过是已经被陈规化了的习惯而已。因此，人们思考的方式，就是造就或对或错、或智或愚的制度的那种东西。有一些很大错误的精神过程——其中有一些就是由来已久的制度——阻碍了内在生命为满足新的需要而进行扩张，阻止了它们去呼吸一个新的精神早晨的开阔空气，科学正是凭借这个去点亮世界。这些精神习惯并没有被称为恶，因为它们远远地藏在我们明显的恶之后，以至于并没有被认出来。它们并没有登上善的报纸的头版头条。陪审团与调查委员会决不会把它们列入社会崩溃的"诉讼事由"清单上，因为陪审团与委员会自己也被同样的习惯之网给逮住了。但是，除非它们被人们所注意并且被改正，否则社会就绝不可能变得明智。除非社会变得明智，否则它就绝不可能幸福，也不可能自由。

15 在活的生物体身上，除了纯粹的身体力量和无生命自然的化学之外，必定还有某种别的东西——某种生命一旦停止，它也就是不复存在的东西。存在这样一个至关重要的条件：在这一条件下，分子有力量导致结构变化，它们跟无机自然的那些结构有着广泛的不同，完全是站在一个更高的水平上。存在一种进化的力量，一种建筑上的力量，它不仅会提升化学结果，而且还会发展局部与结构的多样性以及祖先品质的遗产，物质成熟的规律对此无法给出解释。

16 奥古斯特·孔德[①]说："实证的精神就在于要让自己同样远离两个危险——神秘主义和经验主义。"通过神秘主义，他懂得了对不可证解释的依赖，对先验假说的依赖。人们的想象在这些东西中找到了快乐，但我们必须能够把所有"真

① 奥古斯特·孔德（1798–1857），法国哲学家，社会学之"父"。他是实证主义的创始人，这一思想体系主张：知识的目标仅仅是要描述现象，而不是争论现象的存在。

正”的知识带回到一个普遍的或特殊的事实中。因此，实证科学拒绝探索物质、目的甚或原因。它仅仅瞄准现象及其关系。

17 当他借助观察或演绎认识了关于现象及其关系的规律的时候，他就心满意足了。因为这些规律的知识使得他能够在某些情况下干预现象，用人工秩序去取代自然秩序，以更好地满足他的需求。因此，机械的、天文的、物理的、化学的，甚至生物学的现象，就是今天的关系与实证科学所研究的对象。

18 但是，一旦问题是某个源自人类良心的事实，或者是某个跟社会生活、跟历史相联系的事实，那么相反的倾向立刻便变得突出了。我们的心智不单单要探索现象的规律，而且还想解释它们。我们想找出本质和原因。

19 那些乱哄哄的捣乱运动让世界充满了麻烦和骚动，除非最终建立起理性的和谐，否则就会有灭顶之灾，这些动乱并不仅仅归于政治的原因。它们源自道德的混乱。而这种道德混乱又源自智力的混乱；也就是说，源自缺乏共同诉诸心智的原则，缺乏对观念与信仰的普遍认同。因为，对于让人类社会生存下去来说，社会成员中的情感甚或共同利益的某种和谐并不够。最重要的是，在一个共同信仰团体中得以表达的智力和谐是必不可少的。

20 有足够的空闲、受过足够的教育因而能够检验这些结论并拿出他们的证据的人，总是少得可怜。其他人的态度必定是服从或尊重。新的真理是“被证明的”。它不包含任何不是通过科学方法建立并控制的东西，不包含任何超出关系领域之外的东西，不包含在任何时候都不能被证明是心智能够找到实证的任何东西。

21 这种形式的“真理”已经存在于大量科学事实的实例中。因此，如今所有人都相信太阳系的理论，我们把这一理论归功于哥白尼，归功于伽利略，归功于牛顿。然而，又有多少人理解这一理论所依据的实证呢？但他们知道，这对他们来说是个信仰的问题，而对另一些人来说则是个科学的问题，要是他们自己也经过必要的研究的话，结果也会同样如此。

22 由知识所产生的信仰，在永恒的秩序中找到了它的目标，展示出无休无止的变化，通过无尽的时间，存在于无穷的空间。宇宙能量的彰显，在可能性阶段与解释阶段轮流交替。

> 我们最后必定会认识到：作为服从自然规律的结果，我们所得到的只有“和谐”。

23 “神”和“宇宙”只不过是同一个实体，既是精神也是物质，既是思想也是外延，这是神的唯一已知的属性。

24 正如我们没有理由怀疑，在遥远的世界里有组织化程度更高的生命存在一样，这些生命存在（作为理性存在而处于更高的发展阶段）也同样毫无疑问在智力上类似于地球人，因为在整个宇宙中，只有一种在各处都是一样的智能才是可以想象的——这种智能让所有的物理规律呈现为智能规律。

25 整个经验事务存在一种即将到来的崩溃，只有科学的崛起及其精确的科学方法才能避免出现这种崩溃。不管古人是不是对的，可以肯定的是，现代生活如果没有科学的帮助将是不可能的。这种帮助并不纯粹是实用的。现代科学给了我们一片新的天地。它拓展了我们的观念，革新了我们的方法，并直接扩展了我们的现实观念的范畴。下面的说法一点也不过分：我们现代人所生活的这个世界，假如古人曾经梦到过的话，恐怕会认为它实在是太奢侈了，甚至都不敢相信那是梦。

第 11 课 祈祷的力量

LESSON ELEVEN

理想和动机影响了人类世界的发展进程，为了我们不能放弃的理想，每个人都在生命中苦苦追寻，苦苦思索。我们等待内心的觉醒，并在为希望祈祷，以使自己的心灵感知人类千百年来最伟大的思想。

1 无论是国家的命运还是个人的命运，都取决于真正基本的因素和力量——比如人与人之间的态度。对历史的形成，理想和动机比事件更有影响力。对生命的持久关注，人们的所思所想，比同时代的任何骚动和剧变都更有意义。

2 现代令人不满的状况，是根深蒂固的破坏性疾病的症状。以立法和压制的方法对这些症状施治，可以缓解症状，但不能治愈，它会表现为其他的更糟糕的症状。对陈旧朽烂的衣服缝缝补补，对衣服绝不会有什么改善。建设性的措施，必须用之于我们文明的基础，亦即我们的思想。

3 生活的哲学，如果它的基础是盲目的乐观主义，是一种并不全天候起作用的宗教，或者是一个不切实际的主张，那么它对知识分子就根本没有吸引力。结果，我们所要面临的严峻考验是：它会起作用吗？

拥有内在世界的是心智。让我们能够在外部世界获得拥有的，也是心智。心智通过思想、精神图景和行动来彰显自己。因此思想是创造性的。

4 表面上不可能的事，正是那些有助于我们去认识可能性的事。如果我们期望进入“启示的福地”的话，我们就必须走上前人从未踏足过的思想小道，穿越无知的沙漠，涉过“迷信的沼泽”，攀登习俗和礼仪的群山。智能统驭着我们。得到明智指引的思想就是创造力，它自动地促成其目标的实现：在物质层面上彰显。让有耳朵的人去倾听吧。

5 一次普遍的觉醒，其特有的标志之一，就是在怀疑和动荡中闪耀光亮的乐观主义。这种乐观主义表现为照明的形式，当光明普照的时候，恐惧、愤怒、怀疑、自私和贪婪都会消失得无影无踪。我们预见到，对于这一让人变得自由的真理，人们的认识正越来越普遍。在这个新的时代里，几乎不可能有某一个男人或女人首先认识到这一真理，但一个明显的趋势是，对于启蒙之光，人们有越来越普遍的觉醒。

6 在我们的显意识中占据了一定时间的每一事物，最终都在我们的潜意识中留下了痕迹，并成为一种范式，而创造性能量则会把这种范式编入我们的生活和环境中。这就是祈祷力量的秘密。

7 从古至今，对这一规律的运转知之者甚少，但最不可能出现的情况是：由那些深奥的哲学流派的某个学者擅自揭示这一信息。这是因为，那些大权在握的人担心毫无准备的公众不能恰当地运用由于这些原则而释放出的非凡力量。

8 我们知道，宇宙被规律所控制；有果必有因，在同样的条件下，同样的因总是产生同样的果。因此，如果祈祷得到过回应，只要合适的条件得到满足，它就一直会得到回应。这必定是正确的，否则宇宙就是混乱无序的，而不是有序的整体。

9 宇宙的创造性法则没有例外，它不会反复无常，也不会从愤怒、嫉妒或仇恨中发挥作用；不能通过同情或恳求来诱骗、讨好或感动它。但是，如果我们理解我们跟这一宇宙法则是统一的，那么我们就能够受到它的青睐，因为我们将找到智慧和力量之源。

10 每一个思考者都必须承认，对祈祷的回应，提供了无所不能的普遍智能的证据，在所有事物、所有人的身上，这种普遍智能都是迫在眉睫的。我们此前已经把这种永在的智能人格化了，称之为上帝，但人格的观念跟形态相关联，而形态是物质的产物。永在的智能或心智必定是一切形态的创造者，是一切能量的管理者，是一切智慧的源泉。

11 祈祷的价值，取决于精神活动的规律。思考是一种精神活动，由个体对普遍心智的反作用所组成。思考是精神所拥有的唯一活动。精神是创造性的，因此思考是一个创造过程，但是，因为我们绝大部分思考过程都是主观的，而非客观的，所以我们大部分创造性工作都是在主观上进行的。但因为这项工作是精神性的工作，所以它依然是真实的，我们都知道，大自然所有伟大的永恒力量，都是无形的而非有形的，是精神的而非物质的，是主观的而非客观的。

12 但是，正因为思考是一个创造过程，而我们大多数人都是在创造破坏性的条件，我们思考死而不是生，我们思考匮乏而不是富足，我们思考疾病而不是健康，我们思考冲突而不是和谐，所以，我们的经历以及我们所爱的人的经历最后都反映出我们习惯性地抱有的心态，如果我们知道我们是否能为我们所爱的人祈祷，我们也就能通过抱有关于他们的破坏性想法从而损害他们。我们是自由的道德媒介，可以自由地选择我们的所思所想，但我们思考的结果却受到永恒法则的控制。

13 祈祷就是以恳求的形式表现出来的想法，而断言是对真理的陈述，它得到了信仰的增强，而信仰则是另一种强有力的思想形式，它们变得不可征服。这一实质就是精神实质，其本身包含了创造者和被创造者。

14 但祈祷和断言并不是创造性思想的唯一表现形式。当建筑师计划修建一幢奇妙的新建筑的时候，他总是在自己的工作室里冥思苦想，调动自己的想象力来构思它新奇的外形，同时包含额外的舒适或效用，结果通常不会让人失望。

15 想象、形象化、全神贯注，都是精神技能，都是创造性的，因为精神就是一种创造性的宇宙法则，发现了思想的创造力秘密的人，也就发现了时代的秘密。用科学术语来陈述，这一规律就是：思想会跟它的作用对象相关联，但不幸的是，绝大多数人听任他们的思考停留于匮乏、局限、贫困以及其他种种形式的破坏性想法上。因为这一规律对谁都一视同仁，所以他们的所思所想就具体化在他们的环境中。

> 心智有双重的表达——显意识的（或客观的）与潜意识的（或主观的）。我们通过客观心智与外部世界建立联系，通过主观心智与内在世界建立联系。

16 最后，还有爱——爱也是一种思想形态。爱完全不是物质的，它是某种非常真实的东西。爱也是宇宙的创造性法则。

17 爱是情感的产物，情感受腹腔神经丛和交感神经系统的控制。它因此是潜意识活动，完全处在无意识的神经系统的控制之下。因为这个原因，驱使它的动机常常既非理性也非智力。每一个政治煽动家和宗教复兴运动的鼓吹者，都利用了这一法则，他们知道，如果他们能鼓动人们的情绪，他们所希望的结果就会得到确保，因此煽动家总是诉诸听众的激情和偏见，而从不诉诸理性。宗教复兴运动的鼓吹者们总是通过爱的天性来诉诸情感，而从不诉诸智力。他们都知道，当情绪被鼓动起来的时候，理性和智力就会陷入沉寂。

第 12 课 每个人都有同等伟大的思想

LESSON TWELVE

历史已经证明了一个简单的事实，那就是每个人都应具有同等伟大的思想。这种思想受赠于祖先，并融于我们的血液乃至心灵之中。在每个人内心深处，都有一种不变的信仰，一种对未来的刻骨铭心的憧憬。

1 原始种族从未发展到足以把他们的观念具体表现在文学作品中的程度。他们是所谓的野蛮部落，既有古代的也有现代的，在某种程度上，可以通过他们幸存下来的观念和习俗，通过他们已经变得文明的子孙后代，通过这些后人们的著述，从而为人们所了解。

2 在人类社会的早期，人的心理一致给我们留下了深刻的印象。当然，这些早期种族在细枝末节上有所不同，但差异的程度比你所想象的要小得多，因为存在着这样一个惊人的事实：在世界的所有地区，人的心智在触及存在的基本事实时，其工作方式几乎是相同的。人的心智过程在心理上的相似，是现代惊人的发现之一。

3 古代宗教的本质部分，其属于信仰的部分并不如属于实践的部分那么多——人尚未发展到足以能够推理、能够权衡并比较自己的思想的程度。他需要纪律，以训练他的身体和情感。他为生存而战，这种竞争导致他仰望超自然的“存在”，以便获得帮助，他把这种存在命名为“神”。为了转移神的愤怒，他必须献祭；神应该被人畏惧。

意识是内在的，而思想则是力量的外在表达。二者是不可分割的，想都不想一件东西而就能意识到它的存在，那是不可能的。

4 死后的生命是另一种普遍的信仰。有些灵魂要进入冥府，有些则要进入天国。还有一种信仰就是所谓的“泛灵论”，或者说是信仰万物皆有灵（或魂）——不仅仅是动物，而且还包括树、雷、水、土、火等。灵魂可能会因为人的行为让它们不快从而对人实施报复，所以灵魂也应该被人畏惧。

5 这一畏惧体系得到了认可，因为正是借助它，人才学会了服从命令。许多部落都有这样的观念：一个动物的没有生命的部位（比如骨头、爪子、尾巴、脚等），也保留了活物力量中的某种东西，这被称为“拜物教”。

6 跟拜物教密切相关的是“偶像崇拜”。我们因此看到，直到今天，社会组织依然受到古人所抱持的上帝观念的影响。在大地还是女神——无限丰饶的母亲——的那个时代，人就想到了雷霆——勇士的霹雳。

7 我们乐于承认，这些观念为我们所有的文学作品增添了色彩，是许多迷信的起源。

8 “图腾制度”是人们给部落细分制度所取的名字，这些分支部落以“图腾”为标志。图腾通常是自然物，比如动物，但也有树和植物，作为一个氏族或部落的象征。

9 “图腾”是一个美洲印第安语单词，表示“祖先”或者“家族史”，然而这一宗教实践却在世界上许多地方存在。世界上的所有地区都一直在供奉献祭。

10 在这些原始宗教中，一切所谓的文明宗教都可以找到它们的根。一棵树的某些物质是通过它的根而得来的，更多的则是通过树叶来自空气，所以，文明

的宗教在很大程度上也要归功于它从遥远的、不文明的过去所继承的东西。它们的信仰常常是非理性的，它们的仪式常常是令人厌恶的，但正是通过它们，向外、向上的道路才得以打开。

11 既然人性从未达到过完美，因此永远也没有宗教是完美的宗教，宗教总是在极力把自己具体化为形态。但所有宗教本质上是一样的，它们只不过是人性自我与生俱来的渴望，通过不断增加信仰知识，走完它从肉体到深信的漫长旅程。

12 人就其本性而言永远是宗教的，他的内心里永远有一种不灭的渴望，推动他在他的三重思维中展开并不断向前。这就是生命的法则——因此，我们可以把宗教称为“展开生命的技术”。

13 正如“人是时代的继承者”一样，我们发现，在每一个原始时期，都存在这样的教义：它们被传递给后一时期，并合并到他们的信仰中。因此，我们有很多的传说和民间故事，从遥远的年代一直传到我们的手里。

14 当我们阅读、比较这些年代久远的传说与神话时，我们饶有兴味地注意到，有很多故事是通过它们而来的：大毒蛇的故事，亚当与夏娃性别分离的故事，伊甸园的故事，蛋的故事，直到今天它依然是生活的象征。还有很多其他类似的故事，是作为真理的象征，而出现在现代宗教中的。

15 在每一种宗教中，总是有洪水的故事，这一点很重要，因为它与科学相符，科学告诉我们：大地曾多次被淹没。

16 巴比伦、亚述和埃及全都留下了思想的遗产，以及对人类的心灵和心智产生过影响的哲学。

17 但是，谁不曾读到过埃及那块神奇土地呢？——如果读过，他难道没有从古老的埃及那里感觉到一种救赎吗？他难道没有一种想要去那儿的神秘渴望？在那里，他对这一救赎的感受可能会更深。

18 这块已经失去了浪漫的神奇土地，实际上是由三倍浪漫的尼罗河从一片沙漠中创造出来的。这里多半是地球上古老的文明之一。历史已经消失在朦胧而遥远的过去，但是，远在5000年之前，那里就存在这样的部落：众多的神生活在那里，每个部落都有自己的“图腾”。

在我们的内心，有着无限的力量、无限的可能，它们全都受到我们自己的思想的控制。因为我们拥有这些力量，因为我们与普遍心智息息相通，所以我们可以调整或控制我们可能会遭遇的每一种经历。

19 正如周围的国家都有它们的“生殖神”一样，他们这里更受欢迎的神是冥神奥西里斯和他的妻子、繁殖女神伊希斯。奥西里斯代表尼罗河，伊希斯代表埃及的土地，在某些季节，尼罗河泛滥并灌溉别的沙漠土地，河水泛滥给这些沙地带来丰收，奥西里斯与伊希斯之子霍鲁斯代表收获。

20 埃及的神有很多，然而随着时间的推移，埃及的观念与理想也有所改变，它众多的神被分组归类，就像在家族中一样，最终共有9个神，后来被希腊人称为“九尼德”。这种分组是因为我们的十进制数字系统。

21 这一宗教的影响，可以在敏感的社会意识的发展中感觉到。它成了一个反思和哲学研究的时代。

22 然而，埃及却正在成为无神论者。在它的早期，只有国王才能升天。他们问道：“如今，凡夫俗子为什么不能一样升天呢？”在这里，我们看到了民主政治的种子正在萌芽。

23 据说，那里出现了一位国王，有着强烈的宗教情怀，他试图把人的心智带向一神的观念。这一观念蕴含在“太阳神”中，但埃及人尚没有为这样的革新做好准备，依然坚持信奉他们古老的神。

24 在拉美西斯二世和塞提一世的治下，埃及开始受到亚洲的影响，但巴力、亚拿-阿什塔等神并没有在埃及人的信仰中留下很深的印记。

第 13 课 隐藏的甘露

LESSON THIRTEEN

实现了成功的人生活得很不错，笑口常开，充满爱心。他打动了纯真女性的芳心，赢得了小孩子们的热爱；他得到了适合他的职位，完成了他的任务；他离开时的世界，比他来到这个世界的时候更好；他从不缺乏对地球之美的欣赏，也不乏表达这种欣赏的能力；他总是寻找他人身上最好的东西，也把自己最好的东西奉献给他人；他们的生活是一种启示，对他们的记忆是一种祝福。

——斯坦利

1　我们生活在一片深不可测的、由可塑的精神物质所组成的海洋里。这种精神物质永远活力充盈、生机勃发。它敏感到了无以复加的程度。它根据不同的精神需求而成形。它通过思想浇铸的模型或构造的母体而得以表达。

2　宇宙是活跃的。为了表达生命，必须要有精神；如果没有精神，一切都无法

存在。每一个存在的事物，都是这一基本物质的某种彰显，万物由它创造，被它创造，并持续不断地被再创造。正是人的思考能力，使他成为一个创造者，而不是被造物。

思想，如果得到建设性的利用，就会在潜意识中创造出一些倾向，这些倾向又把自己彰显为性格。

3 万物都是思考过程的结果。人完成了看上去不可能的事情，正是因为他不承认这件事是不可能的。

4 通过专心致志，人们在有穷与无穷、有限与无限、有形与无形、有我与无我之间建立起了联系。

5 物质从电子开始逐步形成，这是把智力能量具体化的一个过程。

6 人们学会了如何乘坐浮动的宫殿穿越海洋；如何在空中飞翔；如何通过被激活的电线把思想传遍四面八方；这一切，对于以前的人来说是多么不同寻常，多么令人惊叹，多么不可理解。

7 人们还会转向对生命本身的研究，用这样得来的知识让日子过得平和而快乐，让寿命变得更长。

8 搜寻长生不老药一直是一项引人入胜的研究，让许多有乌托邦倾向的人倾注了全部的心力。古往今来，哲学家们一直梦想着有一天人会成为物质的主人。那些发黄的手稿中就有许许多多的证据，记录着他们付出的痛苦代价：受挫的幻灭感所带来的极度悲痛。成千上万的研究者都为人类福祉的祭坛奉献了他们的祭品。

9 但是，人们长期寻求的身体安康，并不是通过检疫、消毒或健康的膳食实现的；长生不老药和哲学家的石头（即点金石）也不是通过节食、禁食或暗示找到的。

10 圣贤的水银和“隐藏的甘露”并不是健康食品的成分。

11 只有当人的心智变得完美，然后，身体才能完美地表达自己。

12 肉身之躯，通过一个连续不断的毁灭与重建的过程得以维持。

13 健康，不过是一种平衡，这样的平衡，是大自然通过创造新的组织、排除旧的（或废弃的）组织这样一个过程来维持的。

14 憎恨、羡慕、批评、嫉妒、竞争、自私、战争、自杀和谋杀，都是引起血液中酸性状态、引发导致脑细胞发炎的变化的原因，是灵魂演奏“神圣和谐”还是“奇技淫巧”的关键，这取决于大自然的神奇实验室中化学元素的排列。

15 出生与死亡不断在身体中发生。新的细胞通过把食物、水和空气转变为活性组织从而被创造出来。

16 大脑的每一次活动，肌肉的每一次运动，都意味着某些细胞的毁灭，以及继之而来的死亡；这些死的、不再使用的、废弃的细胞的积聚，就是导致疼痛、苦楚和疾病的东西。

17 我们让像恐惧、愤怒、烦恼、憎恨和嫉妒这样一些破坏性的思想去占领我们的头脑，这些思想就会影响身体、大脑、神经、心脏、肝和肾的各种不同的功能活动。反过来它们就会拒绝执行它们不同的功能：建设性的过程停止了，破坏性的过程开始了。

18 对维持生命来说，食物、水和空气是三种必不可少的元素，但还有更加必不可少的东西。我们的每一次呼吸，不仅用我们的肺充满空气，而且让我们自己充满“气能量”，这种生命的呼吸满足了心智和灵魂的每一种需求。

19 这种赋予生命的灵魂，比空气、食物和水更加必不可少。一个人可以没有食物而生活40天，没有水而生活3天，没有空气而生活几分钟；但如果没有以太，则一秒钟也活不了。它是生命的主要本质，包括所有的生命本质，这样一来，呼吸的过程不仅为身体的构建提供了食物，而且也为心智和灵魂提供了食物。

20 在印度，瑜伽学说认为有一个众所周知的事实，但在我们国家却不那么为人所知，这就是：在正常的、有节奏的呼吸中，每次都是通过一个鼻孔呼气和吸气：大约一个小时通过右鼻孔，接下来一个小时通过左鼻孔。

> 性格有外向表达和内向表达。内向表达是意图，外向表达是能力。
>
> 机遇紧跟着感觉，行动紧跟着灵感，成长紧跟着知识，环境紧跟着进步，总是先有精神，然后才转化成品格与成就的无限可能性。

21 通过右鼻孔进入的气息制造着正的电磁流，传到脊椎骨的右侧；通过左鼻孔进入的气息则发送负的电磁流，传到脊椎骨的左侧。这些电磁流通过交感神经系统的神经中枢传送到身体的各个部位。

22 在正常的、有节奏的呼吸中，呼气所花的时间大约是吸气的两倍。例如，如果吸气需要4秒钟，呼气（包括重新吸气前片刻的自然暂停）就需要8秒钟。

23 系统中电磁能量的平衡在很大程度上取决于这种有节奏的呼吸，因此，深度的、畅通无阻的、有节奏的呼气与吸气非常重要。

24 印度的智者都知道，随着呼吸，人们所吸入的不仅是空气的物质元素，还有生命本身。智者会告诉人们，这种所有力量的最初力量（一切能量皆源于此），在整个被创造的宇宙中以有节奏的振动衰退与流动。每一个活物，都是依靠参与这种宇宙的呼吸而活着。

25 需求越积极，供应就越大。因此，当深度的、有节奏的呼吸与宇宙呼吸相和谐的时候，我们就把来自所有生命之源的生命力量与我们生命中最内在的部分联系起来了。如果没有个体生命与生命的大水库之间这种紧密的联系，正如我们所知道的那样，生命的存在将是不可能的事情。

26 自由，并不在于对统领一切的原则视而不见，而是要与它相一致。自然的法则无限正确。违背正确的法则并不是自由的行动。自然的法则无限慈善。自外于慈善法则的作用，并不是自由。只有这样，渴望才能得到满足，和谐才能实现，幸福才能获得。

27 奔腾的江河，只有当它被限制在堤岸之内的时候才是自由的。堤岸使得它能

够执行它特定的功能，并对它慈善的目的做出最出色的回应。正是在抑制自由的情况下，它才发出和谐与繁荣的信息。如果它的河床升高了，或者它的流量极大地增加了，它就会离开河道，蔓延到整个地区，携带着毁灭与荒芜的信息。它不再是自由的。它也不再是一条河。

28 必要就是需求，需求创造行动，结果带来发展。这个过程每隔10年就会创造出更大的发展。所以，我们完全可以说，最近25年世界所取得的进步，比此前任何一个世纪都要大，最近一个世纪世界所取得的进步，比过去所有的时代都要大。

29 尽管不同的人有不同的性格、脾气和特点，但依然有某个明确的规律支配和控制这所有的存在。

30 思想是运动中的心智，精神的重力对于心智的规律来说，就像原子的吸引力对物理科学一样。心智有它的化学力和构成力，这些力就像任何物理力一样明确。

31 创造就是心智的力量，借助这一力量，思想被转向内在，孕育和构思新的思想。正是因为这个原因，只有开化了的心智才能独立思考。

32 心智必须获得某种思想的特性，这会让它能够自己繁殖思想，而无须任何来自外界的种子以孕育思想。

33 当心智获得这一特性的时候，就能够自然而然地产生思想，而无须外部的刺激。

34 这是通过在心智中孕育思想而做到的，是宇宙使之受孕、使之丰饶的结果。

35 一定不要让它们跑到外部空间去，而是恰恰相反，必须让它们留在内心中，在那里，它们会创造出与它们的特性相一致的精神状态。

36 这种对自生思想及其相应精神状态之观念的吸收，便是“因的法则”。

37 这可能要归因于下面这个事实：精神的宇宙作为心智的统一体而不断受到辐射，而这一心智又与人的心智相联系，作为人的心智发挥作用。

金钱事物，恰如健康、成长、和谐及其他任何生活条件一样必然、一样肯定、一样明确地受到规律的控制，这个规律是任何人都能遵从的。

38 它就是本质，它与宇宙的本质为一体，与万物的本质为一体。

39 结果是，在达到并成为思想的无穷大之后，个体就是心智中的全知者，意志中的全知者，以及灵魂中的全知者。他的心智的品质是全知，他的灵魂的品质是全知。

40 一个这样的人，在他所做的所有事情中都拥有了真正的力量。他的确是自己命运的主人和创造者，是自己天命的仲裁者。

41 有许多五颜六色的鲜花。每一朵花都开放在伸向伟大太阳的枝干上——太阳是植物生命的上帝——没有抱怨，没有怀疑，带着植物所有的渴望、信念和期待。

42 它们要求并吸引着丰富的色彩和芳香。人也是这样，他也会在未来释放出心智和灵魂的伟大的渴望力量，把这些力量转向天空，公正地要求着宇宙中最高级的礼物：生命。

43 生命意味着活。年龄是一种偏见，它在你的头脑里变得如此牢固，以至于随便提到哪个岁数，都能在你的脑海里唤起准确的形象。

44 20岁，你看到的少男少女，浑身洋溢着青春的朝气。

45 30岁，年轻的男人女人的生命力与平衡感都得到了充分的发展，依然处于上升阶段，向着那令人眩晕的成熟高度发展。

46 40岁，顶峰已经达到，对即将俯瞰辽阔地平线的期盼维持着曾经做出的努力。你骄傲地看着曾经走过的路，同时却不由得黯然神伤：你已经转向那道深渊，它那令人眩晕的弯道陡然向越来越深的黑暗蜿蜒延伸。

47　50岁，走在下坡的半道上，你依然被来自顶峰的光所照亮，尽管那深渊的寒意已经触动你的心弦。生命越来越衰弱，你被迫做出更多的退让和放弃。

48　60岁把你带向了寒冷的忧郁河谷的入口。你站在晚年的起始处，听任无情命运的摆布。你开始为那段在劫难逃的漫长旅程做准备。

49　70岁的你满脸皱纹，老态龙钟，体弱多病，你坐在候车室等待那最后的旅程，想到自己依然活着觉得真是不可思议。

50　如果有幸挨过了80岁的话，人们提到这个事实时，总认为是一个令人惊异的奇迹，你之所以受到敬重是因为你是个“老古董”。

51　这种类比是正确的吗？年龄和年龄价值之间有什么联系吗？让我们断然宣称：出生证的暴政可以被废黜。

52　一年代表地球绕太阳公转一周，这个事实跟人类生命的演化毫无干系。

53　活了多大的岁数，只不过意味着季节的循环被你观察了多少次，仅此而已。它并没有暗示智力状况或身体状况的因素。看过那永不停息的天文现象40次的人，可能比一个只看过30次的人年轻很多——我们这里是就“年轻”这个词的真正意义而言。

54　让我们想想黄道带的划分吧，它被分为四个类似的大区：春、夏、秋、冬。春季区对应幼年、童年和青年；这段时期从生命之初到21岁，是不承担责任的、接受教育的时期，这个时候个人接受他人的照料，并为下一个重要阶段而学习。在这一时期，忠诚、孝敬、服从和勤奋被灌输进正在成长发育的头脑中。

55　生命的夏季区从21岁到42岁，是生命的实践时期，它与一家之主的生活有关，在这样的生命里，财富成了一个目标，责任变得更大，生活的责任越来越重，充满了商业活动。

56 在这一时期，个人身上社会的一面得以表达，他学会了无私奉献这一课；夏季区里充满了生命的丰富，繁荣也随之而来。这一时期发展出的美德有：细心、节俭、宽厚、慷慨、勤奋和审慎。

> 思想导致行动。如果我们希望改变行动的特性，我们就必须改变思想，而改变思想的唯一方式，就是用健康的精神姿态取代现有的混乱的精神状况。

57 生命的这一时期受“狮子宫”的控制，生命力燃烧得最炽热，在家庭生活和社会生活中对伙伴和子女的爱达到了最大的高度。

58 生命的秋季区，是一个这样的时期：男儿的荣誉和母性的丰富转向更广泛的关切，个人的权利为家庭小圈子之外的那些人的利益而做出牺牲。

59 出于一些在性质上更开放、更利于人的动机而开始专注于政府的职责和国家的福祉，渴望去帮助统治和指导那些属于这个国家的人。应该获得的美德有：平衡、正义、力量、勇气、活力和慷慨。

60 这一时期的集中力量由天蝎宫代表，它是自制的情绪、固定的情感和永久的行为方式的象征，带有水属性的各黄道宫的流动性和变化无常的情绪感受，正变得稳定、可靠和坚固。

61 在生命的下一个阶段，经验不断获得，生活的教训被储存起来，准备做“自我”的养分。在这一阶段里，回顾生平，让人产生智慧，产生对所有人的同情感；最后三个黄道宫彰显为耐性、奉献、服务、纯洁、智慧、温和与怜悯。

62 在宝瓶宫，心智的集中达到了巅峰，此时，人是圆满的，成年的人性化完美达到了顶点，人的心智完全集中于更高的意识状态。这是人性道德进化的最强设计。

第 14 课 上帝的礼物

LESSON FOURTEEN

那些对自己的力量依然一无所知的人，很少得到奖赏——他们很快就会发现，自己是奴隶而非主人，是追随者而非领路人，是劳力者而非思考者。

1 在一根普通的铁棒中，分子是杂乱无章地排列在物体内部的。磁路内部自足，不存在外磁。

2 当这根铁棒被磁化的时候，分了依据引力法则排列：它们绕自己的轴旋转，所排列的位置更接近于直线，其北端指向同一方向。

3 你看不到铁分子在磁力作用下改变它们的相对位置，但结果却表明：改变确实已经发生。当所有分子都绕轴旋转直至全都对称排列的时候，铁棒就被完全磁化了。它不能进一步受到磁的影响，不管磁力多么强。

4 这根铁棒如今成了一个磁体，会向各个方向发挥磁力。距离越远，磁力越弱。

5 把另一根铁棒置于一个磁体的磁场中，它就会呈现磁体的属性。这种现象被称为“磁感应”。这就是始终先于磁体间相互吸引而存在的作用与反作用。而人就是一个独立的磁场。

6 电是看不见的媒介，我们只有通过它各种各样的表现来感知它的存在。你就是一座完美的发电厂。食物、水和空气提供了燃料；腹腔神经丛是蓄电池；交感神经系统是身体赖以充磁的媒介。睡眠是蓄电池重新充电的过程，生命过程得以补充和更新。

7 男性是正负荷，或电荷；女性是负负荷，或磁荷。男性代表电流、力与能量，女性代表电容、阻抗与功率。

8 当一个异性进入你的磁场的时候会发生什么呢？首先，引力法则开始发挥作用。其次，通过感应过程，你被磁化，带有了你所接触的那个人的属性。

很明显，思想的力量是迄今为止现存的最大力量；它控制着所有的其他力量，而这一知识直到最近才被少数人所拥有，它将成为很多人的宝贵优势。

当我们思考的时候，我们便启动了一系列的“因”；而当我们的想法发布出来，并与其他类似的想法汇合在一起，形成了观念，

9 当另一个人进入你的磁场的时候，一个人传递给另一个人的会是什么呢？是什么导致整个交感神经系统战栗、兴奋呢？那是细胞在重新排列自己，以便运送一个人传递给另一个人的能量、生命和活力，这些都是你通过感应过程接收到的。你正在被磁化，在这个过程中，你带有了你所接触的那个人的品质和特性。

10 在人传给人的磁性当中，传递的是遗传与环境储藏在你所爱的人的生命中的所有的快乐，所有的悲痛，所有的爱、恨、音乐、恐惧、痛苦、成功、失败、雄心、胜利、敬畏、勇气、智慧、品德和美。因为它不亚于爱：引力法则就是爱的法则，爱就是生命，正是这一经验激励了生命，使之投入行动，正是借助这一经验，性格的遗传和命运被决定了。

11 当你的生命中开始充满这些爱、成功、雄心、胜利、失败、悲痛、憎恨或痛苦的想法的时候，你是否立刻意识到了它们呢？绝对没有。为什么没有？答案非常简单、容易理解：大脑是显意识心智的器官，它赖以接触显意识世界的方法只有五种。这些方法就是五种感官：视觉、听觉、嗅觉、味觉和触觉。

但爱这种东西，我们看不到，听不到，尝不到，嗅不到，也摸不到。因此它显然是一种潜意识活动或情绪。然而，潜意识有它自己的神经系统，它借助这一系统跟身体的各个部位相联系，接受外部世界的感觉。这个机理是完整的；它控制着所有的生命过程：心脏、肺、消化、肾、肝和生殖器官。大自然显然让这些不受显意识心智的控制，并把它们置于更可靠的潜意识的控制之下，在那里不会有干扰。

12 在那里，身体接触得以完成，完全不同的情境得以创造。在这一情形下，我们也会通过触觉器官让脑脊髓神经系统运转起来。你应该还记得，显意识心智有五种方法接触外部世界，触觉器官就是其中之一，实际的身体接触不仅激发交感神经系统，而且也激发脑脊髓神经系统。

13 由于大脑是脑脊髓神经系统的器官，你立即意识到了任何这样的行动。所以，当情绪或感觉被精神接触和身体接触唤醒的时候，我们就让身体中的每一根神经活动起来。

14 由这些交往所产生的交流，应该是有益的，是令人鼓舞、让人充满活力的，如果交往是理想的、建设性的，情形就是这样。这是一种在意识和生命中产生影响的交往，植物、鸟和动物的杂交中所蕴含的力量和用处就是其典型代表。这个结果意味着额外的力量、效用、美、财富或价值。

15 引力法则在无穷的时间里运转，以生长的形式彰显自身。引力所带来的一个基本的、不可避免的结果，就是把互相之间有亲合力的事物带到一起，持续不断地促进生命的生长。

16 你想必已经发现，当异性进入你的磁场里的时候会发生什么。现在，让我们想一下，当其他同性接近你的时候会发生什么呢？

17 所有的人类交往都是一个适应的问题，在决定彼此之间的关系应该怎样时，你将是因素之一，它取决于你决定自己是否应该在新的关系中成为支配性因素。

18 如果你给予，那么你就是正极因素，或者说是支配性因素。如果你接受，那么你就是负极因素，或者说是接纳性因素。

19 每个人都是一个磁体，都有正极和负极，都带有这样的倾向：它们驱使自发的对接近或被接近的共鸣或反感。

20 通常情况下，正极领路，两个来自相对方向的正极互相接近的话，就预示着冲突。

21 生命的根本原则是和谐。在你的生命之路上潜藏着不和谐与阻碍。它们使深藏于每一次经历中的和平本真晦暗不明，但随着你的阅历的增长，你就能够在表面上的恶中辨识出善，你的吸引力就会成比例地增加。

22 当你被磁化到“饱和点”的程度时，你就可以决定你与其他人的关系，以及他们与你的关系。

> 我们只要能让财富的符号（我们称之为“钱”）保持流通，每个人就能拥有他所想要的一切；任何需要都会得到满足。只有当我们囤积的时候，当我们被担心和恐慌所攫住而又不能挣脱、不能松开的时候，匮乏的感觉才会出现。
>
> 很明显，我们要想从财富中得到什么好处，唯一的办法就是使用它，而要使用它，就必须散尽它，这样其他人就会从中受益；然后，我们为了互惠互利而互相合作，将富裕的法则付诸实践。

23 任何磁体都有这样的力量：它引发与力量较小的磁体形成和谐的联合。这是通过导致一个磁体的极性逆转而实现的。然后，不同的磁极就会平静、和谐地走到一起。

24 正极较强的磁体会迫使正极较弱的磁体成为支配它的较大力量的接受者。

25 较弱的磁体可以被迫接受压倒性的影响。它认识到，这种逼迫性的力量要求它反转自己的极性。它把自己的正极打发走，让它的负极朝向更强磁体的正极，两个磁体便在和谐的关系中相遇了。

26 然而，负极磁体有更高明的认识，它并不想占支配地位。它拥有更大的智慧，对强力的使用不屑一顾。

27 它多半更愿意调和，或者是希望接受，而不是给予。它并不用强力迫使较弱的磁体去适应强加给它的环境，较强的磁体可能会自愿地反转自己的磁极。

28 如果你是一个灵魂博大的人，你也许会凭借直觉知道到底是该行使强制力还是非抵抗力。使用强制力的地方，作为结果的和谐是一种无意识的、暂时的屈服；非抵抗力的方法因为它所给予的自由感从而产生更牢固的结合。

29 如果你在精神上得到了高度的发展，并同样被赋予了智能的力量，你就可以最大限度地使用后者。在这种情形下，你既不会抛弃理性，也不会丢弃逻辑，因为在你对生命数学的理解中，你会根据自己所要解答的问题的要求，而灵活运用精神几何、心理代数和身体算术。

30 你会发现，存在就包括不断再现的适应、妥协和反转极性的机会。你可以通过默认的屈服逃过强制，可以通过引发愉快的默许从而避免使用强制力。你可以命令并强求不情愿的服从，你也可以引发和接受自愿的合作。你可以促成和谐、创造友谊，你也可以培植会起反作用的憎恨，作为最终必须履行的义务。

31 理解人这种磁体的属性，将使你能够解决生活中的许多问题。

32 冲突和反对有它们自己的位置，但一般说来，它们构成了必须避免的障碍和陷阱。

33 你会发现，你总是可以通过反转你自己的极性或者迫使你潜在对手反转他的极性，从而避免无用的反对和无益的冲突。

34 事实上，你正在受到那些不可改变的、仅仅为了你的利益而被设计出来的原则的亲切关照。

35 你可以让自己与它们处于和谐的关系中，并因此表达一种相对平和与幸福的生活，或者，你也可以把自己放在跟不可避免之事相对立的位置上，从而必然带来令人不快的结果。

36 你决定着你跟所有这一切的有意识的关系。你允许一些交往进入你的生活，你通过这些交往获得幸福或者不幸，你表达着这些幸福或不幸的准确程度。

37 你可以迅速而轻易地从经历中积聚智慧，或者，你也可以缓慢而艰难地这样做。

38 当你开始感知到你所吸引的东西的意义时，你就能够有意识地控制自己的境遇，能够从你的进一步成长所需要的每一次经历中汲取有用的东西。

39 当你拥有的这种才能达到很高程度的时候，你就可以迅速地成长，达到新的思想层面，更大的机会在那里等着你。它在每一连续的层面上为你保留着，使你能够学会如何表达更大的和谐，你更高的成长把这些和谐置于你能够到达的地方。

40 如今，你进入了基础、根本、积极的生活原则的边陲。几年前，你还很少认识到环绕在你周围的无数振动——比如电、磁、热和光的振动——如今，对这些振动的控制和利用让你没法闲下来。这些振动会展现一种非凡的心智，而这种非凡的心智深谋远虑，能从开始看到结局。

人们通常不喜欢反省，这就是他们为什么不富有的原因。在他们对自己以及自己的力量的看法中，他们被贫穷所困；对自己所接触到的每一事物，他们都要留下自己信仰的印记。

即使是一个打短工的人，如果足够长时间地审视自己的内心，他就能够认识到：他所拥有的才智，完全可以被造就得跟他所效力的那个人一样强大，一样深远。

41 心智是万物之源，在这个意义上，心智的活动是万物形成最初的因。这是因为，万物最初的源泉是宇宙心智中一个相应的想法。正是事物的本质构成了它的存在，而心智的活动就是这种本质赖以成形的因。

42 一个观念就是心智中孕育的一个想法，这一理性的思想形态是形态之根，在这个意义上，这一思想形态是最初的形态表达，它仅作用于“物质”。

43 除了观念（或称理想形态）之外，任何东西都不可能在心智中形成。这样一些观念作用于普遍心智，并产生相应的形态。

44 数百年来，生命的一个目的，像低级动物和植物的目的一样简单，就是自我保护和生产后代的简单目标。人类生命满足于最简单的有机体的功能、营养和繁殖。饥饿与爱，只不过是他们的行为动机。长期以来，他们必定是紧盯这个单一目标：自我保护。

45 在我们的血统赖以延续的道路上，特定的世系得以传递，特定的特征得以确立。我们既没有失去前者，也没有丢掉后者，因为无论是世系还是特征，都是一代接一代地投射的。世系从未断裂过，尽管我们看不见它。它们也从未突然改变为其他类型的表达。特征也从未失去过，古往今来，它们连续不断地一代接一代地向下投射。

46 我们可以提取、分解、混合所有在构建能量的过程中被用作传送者或媒介物的那些元素，但我们如果不把能量集中于特征世系（它们是必须首先建立的创造性土壤），那我们就找不到能够产生坚果、李子，甚或芥菜籽的元素。

47 特征世系是看不见的轨迹，大自然通过它把建设性的能量注入每一创造的元素和事物中，从真菌的层面到拥有智能和灵魂的人的层面。

48 以最高的表达形式，引力法则在爱中得以表达。它是一种宇宙法则，一视同仁地支配着那些表面看来是无意识的矿物与植物间的亲合力、动物的激情，以及人与人之间的爱。

49 爱的法则是一种纯科学。最古老、最简单的爱的形式，是不同细胞之间的选择亲合力。爱的法则高于所有法则之上，因为爱就是生命。

50 进步是大自然的目标，而利他则是进步的目标，人们发现，“生命之书”所讲述的，就是一个爱的故事。

第 15 课 生命之桥

LESSON FIFTEEN

降生在这个世界上的每一天，都像一首突然爆发的乐曲一样，并且整天都在鸣响。你应该伴着它跳一支舞蹈，唱一曲挽歌，或者随心所欲地迈开生活的步伐。

——卡莱尔

1 生命并没有被创造——它仅仅只是存在。万物都因为我们称之为“生命”的这种力量而充满生机。在这一物理层面上的“生命现象”（我们所关注的主要是这个），是“能量”退化为“物质”而产生的。

2 活组织是有组织的物质——或者说是有机的物质。死组织是无组织的物质——或者说是无机的物质。当生命从有机体中消失的时候，分解也就开始了。

3 组织需要高频率（或者说短波长）的振动，高强度的运动。组成组织的分子处于连续的活跃状态。结果是，这些组织表现出了我们所说的“生命”。

4 衰老是死亡过程的一部分，它是由“土盐”——或者说是所谓的“矿物质”——的积聚而导致的。这种矿物质通常由沉淀在动脉壁上的石灰和白垩组成。这些动脉接下来便会变硬、钙化，并失去弹性。

5 宇宙是由振动构建起来的。也就是说，每一事物所具有的特殊形态（无论是大还是小）都绝对归因于表达它的特殊的振动频率。那么，无论是在总体上，还是特别地，宇宙都是一个振动体系的结果。换言之，天体音乐以我们命名为“宇宙”的那种形态表达自己。

6 这一振动表达着智能。这不是我们所理解的那种智能，而是一种负责指甲、头发、骨头、牙齿和皮肤的生长的宇宙知识。所有这些过程都一直在进行，不管我们是睡是醒。

7 每一事物中都充满了意识或智能，其所特有的东西仅仅在特性上与其他事物不同，因为只有一种普遍意识，或普遍智能，而它的表达却多种多样。岩石、鱼、动物、人，全都是普遍智能的容器。它们仅仅是以不同的形态彰显了宇宙物质——以不同的运动速度或振动频率结合起来。

8 心智是一个振动系统。大脑是一个振荡器。思想是每一特殊振动在通过必不可少的细胞结合表达出来时的有组织结果。限制心智思考范围的东西，并不是细胞的数量，而是其振动的适应性。

9 正是通过普遍心智，“思想的种子”才得以进入人的大脑，所以，普遍心智孕育着思想，而思想变成了一股能量流——在人的心智中是向心的，在普遍心智中是离心的。这些思想的种子有一种发育、萌芽、生长的趋势。它们就这样形成了我们所谓的“观念”。

10 当一幅精神图景在脑海中形成时，符合这幅图景的振动频率立即在以太中被唤醒。然而，这种振动是向内还是向外，取决于发挥作用的是意志还是愿望。

11 如果是意志发挥作用，振动就向外，力的原则得以运转；如果是愿望发挥作用，振动就向内，引力法则得以运转。无论在哪一种情况下，因的法则都是通过具体化原则或创造性原则来表达自己。

> 雇员如果不是纯粹的机器，任何地方的老板都会为得到这样的雇员而欢天喜地——他们希望有头脑的人参与他们的经营，并乐意支付报酬。

12 总有一天，人类将能够让身体免受疾病的伤害，阻止年老体衰的平常过程——甚至在身体过了百年之后依然永葆青春，这个日子为期不远。

13 不朽，或者说永恒的生命，是最受欢迎的希望，是合理的目标，是每个人类生命与生俱来的权利。但所有宗教中的大多数人——还包括那些根本没有宗教信仰的人——似乎都认为，不朽应该是在未来的某个时期、在另外某个存在层面上获得的。

14 每一个在身体和精神上都很健康的人类生命，都有一个与生俱来的愿望，这就是：尽可能活得更长。就算世界上有人不想活下去，那也是因为他处在某种身体或精神的反常情境中，或者他预料会遭遇这样的情境。

15 事实上，个体的文明和发展程度越高，对生命的愿望与渴求就更强烈，任何与生俱来的渴望，其目标不可能是个无法实现的东西。“人一旦学会了在身体中建立正确的原生质反应就会永远活下去。”托马斯·爱迪生说，“我有很多理由相信，人类长生不老的那一天终会到来。”

16 人的血肉之躯中有七分之五是水，而组成身体的物质包括蛋白、纤维、干酪素和胶质。它包含了最初由四种基本元素所组成的有机物质：氧、氮、氢和碳。

17 水是两种气体的化合。空气是几种气体的混合。因此，我们的身体是由这些转化了的气体所组成的。我们的肉身在三四个月之前没有一样东西是存在的——脸、嘴、手臂、头发，甚至指甲。

18 整个生物体仅仅是一股分子流、一团不断更新的火焰、一条这样的溪流：我们一辈子都在看着它，却绝不会再次看到同样的水。这些分子互不沾边，并借助同化而不断更新，这种同化受到吸收它的非物质力量的指挥、控制和组织。

19 我们给这种力量取名曰“灵魂”，伟大的法国天文学家、物理学家、生物学家和玄学家卡米尔·弗拉马里翁是这样写的。

20 “生命之桥”，这个肉体再生的象征符号，一直被用在歌曲、戏剧和小说中。帕拉塞尔苏斯、毕达哥拉斯、莱克格斯、瓦伦丁、瓦格纳，以及古往今来一长串络绎不绝的先知先觉者，都曾与这个“斯芬克斯之谜”异口同声地吟唱他们的史诗，在斯芬克斯的卷轴上写着：“要么给我答案，要么去死。”

21 这个答案，或许就潜藏在对那些腺的特性的理解中，正是这些腺，控制着身体和精神的生长，以及所有至关重要的新陈代谢。这些腺支配着所有的生命机能和身体中的那些关系密切的合作，这种关系或许比得上连锁董事会。

22 它们提供了内分泌——或称激素，这些内分泌决定了我们是高是矮，是仪表堂堂还是相貌平平，是聪明还是愚钝，是乖戾还是温顺。

23 世界上最伟大的思想家之一威廉·奥斯勒爵士说：“人的身体就是一个由工作细胞所组成的嗡嗡叫的蜂房（译者注：英文中的细胞还有‘蜂房的巢室’的意思），所有细胞都受大脑和心脏的控制，都依赖于一种被称作‘激素’的物质（由一些很小的、看上去很不起眼的组织分泌出来），它们润滑着生命的车轮。例如，摘除刚好位于喉结之下的甲状腺，你就剥夺了使人的思想引擎得以运转的润滑剂。这就像你切断了发动机油路一样，逐渐地，他的大脑中所储藏的知识不再可用，不出一年，他就会陷入痴呆。皮肤的正常活动也终止了，头发脱落，面部肿胀，完美的人变成了不成样子的讽刺画。”

24 人体有7种主要的腺：脑垂体、甲状腺、胰腺、肾上腺、松果体、胸腺和性腺。所有这些腺，控制着身体的新陈代谢，支配着所有的生命机能。

25 脑垂体是一个很小的腺，在头的中央附近，直接位于第三脑室之下，蔫头耷脑地靠在头骨的底盘上。它的分泌液在调动碳水化合物、维持血压、刺激其他腺以及维持交感神经系统的强健上扮演着重要的角色。

26 甲状腺位于颈的前底部，在两侧向上扩展，略呈半圆形。甲状腺分泌液在调动蛋白质和碳水化合物上都很重要；它刺激其他腺；帮助抵抗感染；影响头发的生长；并影响消化和排泄器官。无论是在身体的全面发展上，还是在精神的机能上，它都是一个强有力的决定因素。稳定而均衡的甲状腺会确保积极、有效、协调平稳的心智和身体。

会游泳与不会游泳之间的差别，对显意识来说是个谜，因为没有哪个游泳者能够说出他学会游泳之后所做的跟学会游泳之前所做的有什么不同。但潜意识却知道这之间的区别，并让不久之前还是不可能的事情变成一件轻而易举的差事。

一个人不按照良心的要求生活，是还缺乏依据这些要求重塑生活的力量。

27 肾上腺刚好位于后腰的上方。这些器官有时被人称作“美腺”，因为它们的功能之一就是以合适的溶液和配给保持身体的色素。但更重要的是肾上腺分泌液在其他方面的作用。这些分泌液包含了一种最重要的血压媒介，是交感神经系统的滋补剂，因此也是不随意肌、心脏、动脉和肠的滋补剂。这些腺能对某些情绪刺激做出反应，立即增大分泌量，因此也增加整个系统的能量，让它为有效的响应做好准备。

28 松果体是一个很小的圆锥形结构，位于第三脑室的后面。古人早就认识到了松果体的至关重要，称之为“精神的中心”，是灵魂的栖息地，很可能也是永恒青春和不朽生命的所在地。它位于脑袋的后面靠近头顶的地方。

29 胸腺位于（或靠近）咽喉的底部，刚好在甲状腺的下方。它被认为只有对孩子才是必不可少的，但是，胸腺的退化有没有可能是早衰的原因之一呢？

30 胰腺刚好位于腹膜的后面，紧挨着胃部。胰腺帮助消化，当它没有恰当地发挥作用的时候，就可能产生过量的糖，导致糖尿病及其他严重的疾病。

31 性腺位于腹的下部。正是通过性腺的作用，生命得以创造，繁殖的过程得以继续。当这些性腺的分泌液没有被用于生殖目的的时候，它们就会注入细胞的生命中，使能量、力气和活力得以更新。如果它们没能正常发挥作用，就会出现抑郁和虚弱。

32 现在很清楚了，如果我们能找到某种办法，让这些性腺继续发挥作用，我们也就能无限期地恢复我们的健康、力量和青春。之所以这样，是因为甲状腺发展着生命能量，脑垂体控制着血压并发展着精神能量，胰腺控制着消化和身体活力，肾上腺提供了精力和雄心，而性腺则控制着那些彰显为青春、力气和力量的分泌液。

33 如果我们还记得，来自太阳的光线被七颗不同的行星分为七种不同的色调、颜色或品质、而它们又通过沿着脊柱七个神经丛进入人体系统的话，那我们就能更好地理解腺的机理了。如今我们发现，生命被带向了身体中的七个主要腺，它控制并支配着生命的每一项功能。然而很不幸，普通的窗户玻璃实际上不能接受紫外线，而对于维持健康和活力，紫外线是必不可少的。很少有疗养院和医院装配石英玻璃窗户，这种玻璃允许紫外线进入。

34 当这些分泌腺得到我们迄今为止一直颇为缺乏的紫外线的补充的时候，结果将是非凡程度的活力——精神的活力和身体的活力。事实上，我们已经知道，胆固醇可以通过紫外线的作用而被转化为维生素，很可能，其他的惰性物质也可以用同样的方式激活。我们还发现，红外线也是一种非常珍贵的治疗媒介。某些编织物被用来过滤这些红外线。

35 从几个世界顶尖科学家所做的实验中可以推导出这样的结果：人的肉身之躯是可以变得如此纯净而敏感，以至于可以继续世世代代活下去，没有死亡。身体的收入和支出可以被调整得如此完美，以至于生物体不会变老，而是会日复一日地重建。

36 通过非常简单的注意卫生，我们就能延长每一生命的彰显。因此，我们有理由相信，完全认识到了振动的力量以及它对身体结构所产生的影响，将会帮助生物体使生命得以永久彰显。

37 死亡并不是生命必然的、不可避免的结果或属性。死亡在生物学上是一个相对较新的东西，它只有当生物在进化的道路上前进了一段漫长的路程之后才会出现。

38 在临界的实验观察下，单细胞生物体已经被证明了是不死的。它们通过简单的身体分裂来实现繁殖，一个个体变成了两个。倘若细胞的环境一直保持有利的话，这个过程可以无限期地继续下去，细胞分裂的速度没有丝毫松懈，也无须起死回生的过程介入。一切有性别区分的生物体，在类似的意义上，其生殖细胞也是不死的。一言以蔽之，我们可以说，受精卵产生一个躯体以及更多的生殖细胞。躯体最终会死去。某些生殖细胞则在此之前就产生了躯体和生殖细胞，如此循环往复，连续不断，自多细胞生物体出现在地球上以来，迄今为止尚未终结。

> 全世界对酒精、烟草等麻醉品的消费，其原因既不在于个人趣味，也不在于它们所提供的愉悦、消遣和快乐，而仅仅在于人们对向自己隐瞒良心要求的需要。
>
> 我们一定不要阻止或抑制疾病，而是要跟它们合作。
>
> “服从规律”是防止疾病的唯一手段，也是治疗疾病的唯一手段。

39 只要繁殖以这种方式在多细胞生物形态中继续下去，就没有死亡的存身之地。在无限期的时间长度里成功地培养出更高级的脊椎动物的组织证明了死亡并不是细胞生命必然的伴随物。

40 我们完全可以说，身体中所有基本细胞元素潜在的不朽，要么已经被充分证明，要么足以让可能性变得非常之大。综合归纳最近20年细胞培养工作的结果，我们很有可能得出这样的结论：多细胞动物身体中，所有基本组织的细胞，潜在地都是不死的，正如当我们把它个别地置于这样一种条件下所显示出来的那样：适量提供合适的食物，及时除去新陈代谢的有害产物。

41 那么，更高级的多细胞动物为什么不能永远活下去呢？一个基本的原因看来应该是：身体作为一个整体，由于其细胞和组织在功能上的分化和专门化，任何个别的部分，都没有找到使之继续生存下去所必不可少的条件。身体中的任何部分，其生存的必需品都依赖于其他的部分，或者依赖于作为整体的身体的组织。正是组成多细胞动物身体的细胞和组织的互相依赖的集合体在功能上的分化和专门化，导致了死亡，就单个细胞本身而言，其中并没有任何与生俱来的、不可避免的死亡过程。

42 当细胞显示出典型的衰老变化时，那大概是它们在作为整体的身体中互相依赖的联合的结果。在任何特殊的细胞中，这种变化根本没有发生，因为事实上细胞本来就是老的。这种变化，只有当细胞被排除出作为整体的有组织身体的互相依赖关系的时候，这种变化才会在细胞中发生。简言之，死亡看来并不是个体细胞生理学机理的基本属性，更多的是作为整体的身体的基本属性。

43 最近的研究决定性地表明，人体中的组织和细胞未必一定会腐烂。从前人们都认为，没有办法避免衰老，细胞注定要因为年华老去而瓦解，这只不过意味着损耗。然而，从现代科学的观点看，这种观点不再被人们所赞同。对分泌腺所进行的科学研究让很多唯物论者确信：人的细胞能够连续不断地返老还童，或者被取代，像老年期这样的事情能够避开几百年。

44 众所周知，获得宝贵的经验要花上一辈子的时间。那些大工业的领头人常常已经六十开外，人们总是想方设法要得到他们的忠告，因为在这么些年里他们获得了最宝贵的经验。因此，延长生命的跨度看来非常重要，而且事实上，眼下有种种迹象表明，这是可以做到、也必将会做到的。

45 我们的一些最优秀的权威人士也看不出一个人有什么理由不该活到几百岁的高龄。这不是什么非凡的本领，而是被看作是一个合理的平均水平。诚然，如今有人活到了125岁，但这些当然只是例外。医学家断言，未来总有一天人的寿命可以达到200岁的目标。我们只要停下来想一下，以前人的平均寿命通常是40岁，现如今，我们认为50岁的人正当年富力强的时候，而50年后，一个人的盛年没准会是100岁或150岁亦未可知。

46 神经是一些纤细的线，有着不同的颜色，每一根神经对某些有机物质（比如油或蛋白）都有其特殊的化学亲合力，借助并通过这种亲合力，生物体得以具体化，生命过程得以持续。

47 不难想象，这些精微纤细的纤维就是“人类竖琴”的琴弦，分子矿物质是“无穷能量”的手指，拨响某支“圣歌”的美妙音符。

神奇的心理图表

一个心理学上的事实是，人们90％的精神力量从未（或很少）被使用过。因此，大部分人都有力量去实现更多的东西，10倍于他们已经实现的事物。

下面的图表会准确地告诉你：你现在所在的位置，你正在实现什么，如果做出必要的努力你将能够实现什么。填一下这张表吧：

精神产品	（　）%
健康	（　）%
时间效率	（　）%
创造力	（　）%
精力集中	（　）%
合计	（　）%
除以5（平均）	（　）%

精神产品

第一项测试是你的精神产品。它价值几何？你把它兑换成现金了没有？你是否充分地实现了它的价值？你利用自己的精神产品能得到什么，完全取决于你是否有能力让它物有所值。巧的是，很多人能力并不比你强，他们的产品也不见得比你的更好，而他们却靠这样的产品赚到了比你多10倍、20倍，甚或50

倍的钱。如果是这样的话，那一定有理由，这张表会解释这个理由。

评估一下你要卖掉的东西——你的知识、经验、忠诚、活力——的价值，如果你把它卖到了全价，就填上100%，如果只卖到半价就填上50%。但是要公正。不要低估了你所提供的东西的价值。请记住，损失导致更多的损失，而大多数损失来自自我贬值。因和果并不是在某个地方、某个时候起作用，而是在任何地方、任何时候起作用。这是不变的规律，所以，无论我们收到什么（好的或坏的），都是一个明确的因的结果，它所带给我们的，要么是惩罚，要么是奖赏。

还要记住：你以每年25000美元的价格卖掉你的精神产品的能力，既不取决于才干，也不取决于知识。你可以以每年2000美元的价格卖掉自己的产品，而它却可能比许多人以每年25000美元的价格卖掉的产品更值钱。理由很清楚。知识并不能应用自己。你在让它保持静态——你必须通过应用创造力、集中注意力而把它转变为动态。缺乏集中的、智慧的、有计划的努力，可能会让你付出每年20000美元的代价。

健康

接下来测试的是健康。如果你吃得好、睡得好，同时参与适量的娱乐，能够专心于你的生意、职业或家庭职责而无须考量或惦记自己的健康状况，就填上100%吧。但是，如果你的身体需要持续不断的关注，或者，如果你不断担心吃什么或不吃什么，如果你睡不好，或者，如果你有任何种类的疼痛或痛苦，那么就从100%中扣除。如果你认为自己的健康值是90%，或者只有50%，那么就记下来。要绝对公正。

请记住，你的肉身之躯是通过一个不断毁灭、不断重建的过程来维持的。生命只不过是以新换旧而已，健康只不过是大自然在创造新的组织、排除旧的（或废弃的）组织这个过程中所维持的平衡而已。

生与死在我们的体内持续不断地发生。通过把食物、水和空气转变为活组织，新的细胞得以不断形成。大脑的每一次活动，肌肉的每一次运动，都意味着这些部位的某些细胞的毁灭，以及随之而来的死亡。这些死亡的、不使用的、废弃的细胞的积聚，就是导致疼痛、苦楚和疾病的东西。症状取决于身体器官在努力排除这些废弃物时所承受的东西。

理解了这些规律，以及随之而来的，的对于如何在正在被创造的新细胞和正在被排除的旧细胞之间保持平衡的认识，就是完美健康的秘密。

时间效率

就重要性而言，接下来轮到了时间效率，因为时间是我们所拥有的一切，我们能实现什么，完全取决于我们如何利用自己的时间。如果你工作8小时，睡眠8小时，再用8小时从事娱乐、学习和自我改进；所有时间都被充分利用，那么就给自己填上100%吧。

但是，在本该换取利益的8小时当中，如果有任何一部分被耗在了无所事事、闲谈聊天或任何形式的精神浪费上；如果有任何时间被浪费掉，或者比浪费更糟：让你的思想停留在任何批评的、冲突的、不和谐的主题上；那么，就请减去相应的百分比。如果你的脑袋刚一碰到枕头，片刻之间便呼呼大睡，那么很好；但如果你要花上15分钟到一个小时的时间来试图让自己入睡的话，那么再一次减掉你的百分比。如果你的睡眠被任何种类的梦魇、恐惧或烦恼所打扰，那么请再一次减掉你的百分比。

如果你早早起床，并觉得精神焕发、精力充沛，麻利地洗漱完毕，没有浪费时间，那么很好；但如果你无所事事、白日做梦、磨磨蹭蹭，那么就请再次减去百分比。如果你把自己的空余时间花在让你身心受益的健康娱乐上，那么很好——你在获得有现金价值的资本；但是，如果你任由时光流逝，而自己两手空空，如果你身体上、精神上、道德上没有变得更好，如果时间的流逝没有给你留下任何能换成现金的东西，毫无价值，那就是一种损失，很可能比损失更糟糕的是给你留下有害的东西——事实会证明，这种东西是你成功道路上的障碍。这里，你必须再一次公正地对待自己，准确地给自己填上应得的百分比。

创造力

接下来测试你的创造力。如果你遇到的大多数人都做了你想要他们做的事情；如果他们对你的感觉正是你所希望的；如果他们所想的东西正是你希望他们去想的；那么给自己填上100%吧，因为我们得到的每一样东西都必定来自他人。不存在其他的通道让我们走向成功。这种创造性力量必须是在不知不觉中行使的——它必须是你的个性。然而，如果当你希望实现某件事情的时候却要付出巨大的努力，如果你不得不竭尽意志力，如果你必须为一次重要会见的结果而焦虑、烦恼、郁闷，那么就把你的百分比减少到50%、40%，甚或更少，因为你并不理解相关的原则。

当你理解的时候，就没有忧心忡忡的理由——你会懂得。因为首先，你绝不会希望或期待任何一个人做任何事情，除非是对他们最有利的事情。你会懂得，每一笔交易都必须让双方受益。当你理解了这些规律的时候，当这些原则变成了你生命中的一部分的时候，当它们关乎你的心态的时候，你就会找到万能钥匙，所有的门就会对你打开，因为你会懂得：每一事件、每一境遇、每一事物，首先都是一个想法，正是在这个意义上，你变得越来越平静，把你的注意力集中在那个想法上，让心智的所有活动静止下来，把所有其他的想法从你的显意识中排除，专注于这一观念发展的不同阶段和可能性。创造力在做它的工作时所依据的正是你描绘这一观念的准确性，以及这一观念占据你的程度，创造力最终会控制并指挥心智和身体的每一活动，会开始形成与这一观念相关联的每一种状况，这样一来，这一观念或迟或早会以明确、切实的形态出现。如果你透彻地理解了这一点，并一次又一次地证明了这一点，这样你就可以塑造、形成并决定你的境遇，那么，就给自己填上100%吧。

精力集中

接下来是精力集中。你能集中精力吗？你知不知道集中精力意味着什么？你能否做到把思想集中在任何可能出现的问题上5分钟、10分钟或15分钟、绝对排除任何其他事情？你能否把问题拆散、分解、分开，认识它的每个阶段，认识它产生的原因，认识它的解决办法，明确地、最终地、决定性地认识它，并知道你的解决办法是不是正确的？然后，你能否丢下这个问题并把你的注意力转移到别的事情上、不再回到原先的问题上？如果你能做到这些，那么就给自己填上100%吧。然而，如果你时常被恐惧、烦恼、焦虑所困扰；如果，当你没有问题要解决的时候，你便通过想象为自己创造一个问题；如果你总是担心这个人说什么、那个人想什么、另一个人做什么，那么就减去你的百分比，因为如果你懂得如何集中你的注意力，你就不会担心任何人、任何事。你会拥有一种力量，让其他已知的每一种力量都显得毫无意义。要谨慎、准确地给自己填上你觉得你应得的百分比。

好了，现在我们来计算平均值。看看你能得多少。如果比平均数略高一点，你的这张表格大约有点像这个样子：

精神产品	（50）%
健康	（80）%
时间效率	（80）%
创造力	（50）%
精力集中	（10）%
合计	（270）%
除以5（平均）	（54）%

假设你现在每年挣5000美元，而你觉得你的精神产品应该值每年10000美元，这是你计算的基数，那么，任何能够帮助你把自己的挣钱能力从每年5000美元提高到每年10000美元的方法，对你来说都值每年5000美元。

此外，任何能给你带来健康、给你的时间带来效率、给你的创造带来效率，或者提高你集中精力的能力的方法，也至少值每年5000美元。很多人发现，“世界上最神奇的24堂课”体系做到了这一切，甚至做得更多。

THE
MASTER KEY
SYSTEM

从《世界上最神奇的24堂课》体系中能得到什么？

《世界上最神奇的24堂课》体系到底给我们提供了什么？

它解释了所有伟大的、崇高的、卓越的思想和观点的起源。揭示了为什么有时候我们与生俱来地拥有语言技巧、直觉意识、精确的判断和灵感。

它告诉我们为什么那些谙熟控制我们精神王国的规律的人能够成功，能够实现自己的抱负，能成为作家、著作者、艺术家、政府官员、工业巨头，而这些人又为什么总会少于人口的10%。

它告诉我们人体能量散发的中心点，解释了这个能量是如何分配的，能量的散发为什么会使人体拥有愉快的体验，并且讲解能量散发受阻时如何给个体造成紊乱、不和谐和各种各样的缺乏和不足。

它告诉我们一切必须消除的负面力量，并告诉我们如何去消除它。

它解释了那个控制着你“称为自己”的东西到底是什么。你并不是指你的肉体，肉体只是自我用来达到目的的物质工具；你也不是指你的灵魂，灵魂只是自我用来思考、推理和设想的另一个工具。

它告诉我们潜意识的程序如何处于不停的运转中，并启发我们如何积极地去引导这一过程，而不仅仅是这个过程的被动承受者。

它告诉我们在什么条件下我们可以成为健康、和谐和富裕的继承者。那就是要求我们抛弃自身的局限性、奴役性和欠缺性，要求我们最大限度地利用我们所拥有的资源。

它告诉我们构建未来赖以发展的基础和模型。它教我们如何使它变得宏伟和美丽，并告诉我们不能因为物质条件而受到局限，除了自己没有任何人能设置障碍。

它教给我们一个途径，利用这个途径我们只要坚持不懈地努力，就一定会得到和最初预想相同的结果。

它告诉我们为什么一些表面上努力追求自己理想的人看起来却是失败的。

它告诉我们个人的性格、健康和经济状况是如何形成的，在如何取得合理的物质财富方面给我们提出了很好的建议。

它告诉我们如何做、何时做、做什么等来保障未来发展的物质基础是安全的。

它告诉我们处于贸易关系和社会地位的底层时获得成功的基本原则、重要条件和永恒不变的规则。

它告诉我们克服所有困难的秘密。

它告诉我们人类要实现自己的幸福和完善发展仅需要三个事物，指明了它们是什么和我们如何获得。

它表明大自然为人类提供了丰富的物质财富，解释了为什么一些资源好像是远离人类的。它告诉我们个体与供给之间联结的纽带。它还解释了引力原则，让你看到真实的自己。

它告诉我们为什么生活中每一个经历都是这个原则的结果。

它说明了引力原则是根本性的永恒不变的，没有人可以逃出它的控制。

它教给我们一个方法，通过这个方法我们发现无穷大和无穷小归根结底只不过是力量、运动、生命和意志的体现。

它告诉我们很多假象和异常现象，这些现象误导人们认为一些成就的取得是无须付出的。

它告诉我们先有付出才会有回报。如果我们不能提供金钱，那我们就要提供时间或方法。

它告诉我们如何制造一个有用的工具，通过这个工具我们可以使一些规则生效，这些规则又能为我们开启通往大自然无穷资源的大门。

它告诉我们为什么某种形式的思维常常会导致灾难性的后果，并常常会使付出一生努力取得的成果付诸东流。它告诉我们现代的思维方式，启发我们如何保护我们已取得的成果，如何调整目前的状态以便迎合已经改变了的思维意识。

它告诉我们一切力量、智慧和才能的发祥地，并教会我们在处理日常事务时如何使它们协调发展。

它向我们揭示了微粒和细胞的本质，这是人类生命和健康赖以存在的基础，它教给我们进行自身变革的方法和变革所带来的必然结果。

它揭示了成长的规律，为何当我们只是牢牢地抓住已取得的成果不放时，更多的机会已经从我们身边悄悄地溜走。各种困难、矛盾和障碍产生的原因，要么是我们舍不得放弃已经没有价值的东西，要么是我们拒绝接受有用的事物。我们把自己束缚在破旧、陈腐的事物之上，而不去寻找发展所需要的鲜活的源泉。

它告诉我们精神对思维的重要性，决定语言的关键是什么，以及思维活动的载体是什么。

它向我们描述了如何保证财产的安全，为什么我们需要为自己的每一个思想和行为负责任。

它揭示了财富的本质，应如何创造财富和财富存在的基础。

它告诉我们不义之财是灾难的先导。

它揭示了人类利用科学和高科技追求成功的奥秘。尽管人类有创造和谐和利用环境的能力，同样也有创造不和谐和制造灾难的能力。不幸的是，由于无视自然规律的存在，大多数人都在向后一个方向发展。

它向我们揭示了振动原理，为什么最高原则在很大程度上决定了事物的存在环境、方位和事物接触时的相互关系。

它告诉我们人的意志是一个磁铁，它如何以一种不可抵挡的吸引力得到它所需要的。想要得到某一事物先要彻底地了解它。

它揭示了直觉发挥作用的机制和如何依靠直觉走向成功。

它揭示了真实力量和象征力量之间的差别，为何当我们超越象征性力量时它会成为一片灰烬。

它告诉我们创造力起源于什么时候和它起源的方式。

它揭示了个人真正的财富资源来自于何处。

它教给我们集中注意力的方法。表明为何专注是一个人能力的最杰出特点。

它揭示了任何事物最终都会归结为一件事。由于它们都是可以转化的，它们一定是相互联系的，而不是相互对立的。

它揭示了获得基础性知识是一种能力，懂得因果关系是一种能力，而财富则是能力的产物。只有当事件和环境影响到能力时才显现出它们的重要性。最终，一切事物都以特定的形式并在特定的程度上反映了能力。

它告诉我们生命的真谛何在。

它揭示了金钱观念和能力观念，它们使货币实现了流通，产生了巨大的吸引力，并开启了贸易的大门。

它告诉我们如何创造自己的金钱和磁场，如何培养争取和利用机遇的能力。

它告诉我们自身的性格、所处的环境、能力、身体状况产生的原因，并揭示了我们如何实现自己未来的理想。

它揭示了如何仅仅改变振动的频率就可以改变大自然的全景。

它揭示了人体的振动频率是如何不断改变的，这种改变常常是无意识的，并伴随着不利的灾难性后果。它教给我们如何有意识地控制这一改变并把它引向和谐有利的方向。

它告诉我们如何培养足够的能力来应付日常生活中出现的每一种情况。

它告诉我们抵制不利境况的能力取决于精神活动。

它揭示了伟大的思想拥有消除渺小思想的力量，因此持有一种伟大的思想足以对抗和消灭所有渺小的、不利的思想，这是很重要的。

它告诉我们处理重大事务时不会比处理小事情遇到的困难多。

它告诉我们如何使动力发挥作用，它告诉我们它将会产生不可抵挡的力量，使你得到你所需要的事物。

它揭示了所有状况背后的本质，并教给我们如何改变自身的状况。

它告诉我们如何克服所有困难，不论它是什么或在哪里，并揭示了做到这一点的唯一途径。

它同样也送给我们一把万能钥匙，那些拥有深刻理解力、辨别力、坚定的决断力和坚强的奉献意志的人，能利用这把钥匙开启成功之门。